中国能源革命与先进技术丛书

紧凑化直流电网装备与集成控制

赵西贝　许建中　赵成勇　著

机械工业出版社

直流电网是支撑我国新能源高效并网和广域能源互济的先进输电技术，是我国未来电网广域互联的重要发展方向。但是，直流电网具有电容储能大、系统阻尼小、故障演变快的特点，面临装备成本和体积巨大、直流故障难以清除的局限。本书聚焦于直流电网低成本直流故障穿越难题，致力于通过装备拓扑设计和多设备间的协调配合大幅降低设备成本，主要内容包括：直流电网装备发展需求与现状、紧凑化 MMC 拓扑与故障穿越方法、高功率密度直流变压器、直流故障发展刻画、多功能潮流控制器、故障限流器拓扑改进、直流断路器一体化设计、多设备协调配合等内容。

本书内容集成了华北电力大学直流输电团队近年的研究进展，适合于从事直流电网装备拓扑紧凑化、轻型化和多功能化研究的高等院校、科研院所和工程现场的教师、专家、技术人员和研究生阅读。

图书在版编目（CIP）数据

紧凑化直流电网装备与集成控制 / 赵西贝，许建中，赵成勇著 . —北京：机械工业出版社，2024.2

（中国能源革命与先进技术丛书）

ISBN 978-7-111-74783-3

Ⅰ.①紧… Ⅱ.①赵… ②许… ③赵… Ⅲ.①直流输电 – 电网 – 集成控制系统 Ⅳ.① TM721.1

中国国家版本馆 CIP 数据核字（2024）第 040196 号

机械工业出版社（北京市百万庄大街 22 号 邮政编码 100037）
策划编辑：付承桂 责任编辑：付承桂 周海越
责任校对：李可意 牟丽英 封面设计：马精明
责任印制：张 博
北京建宏印刷有限公司印刷
2024 年 4 月第 1 版第 1 次印刷
169mm×239mm・18.5 印张・370 千字
标准书号：ISBN 978-7-111-74783-3
定价：109.00 元

电话服务 网络服务
客服电话：010-88361066 机 工 官 网：www.cmpbook.com
010-88379833 机 工 官 博：weibo.com/cmp1952
010-68326294 金 书 网：www.golden-book.com
封底无防伪标均为盗版 机工教育服务网：www.cmpedu.com

以模块化多电平换流器（modular multilevel converter，MMC）为主的柔性直流技术具备有功无功四象限运行能力，适用于西部地区新能源并网外送、东部地区多直流集中馈入和直流组网互联等多种应用场景，成为我国未来电网发展的重要方向。特别是在柔性直流组网互联方面，直流组网后能够实现我国电网的灵活分区运行，加强区域间功率互济和控制能力，因此成为构建新型电力系统的重要手段。

柔性直流系统具有子模块数量多、电容储能大、系统阻尼低、故障放电速度快的特点，在直流故障后几毫秒内就会达到器件过电流能力上限。因此，直流故障清除技术是确保直流系统安全运行的关键核心技术，通常需要在换流器闭锁前切断万安级的故障电流，并吸收百兆焦的故障能量，对工程设计造成极大挑战。

华北电力大学直流输电团队赵成勇教授和许建中教授于2019年出版专著《架空线路柔性直流电网故障分析与处理》一书，较为系统地阐述了柔性直流电网中的故障发展和故障清除方案。在此基础上，本书聚焦于直流电网设备的紧凑化需求，从多种设备的轻量化和多功能化两个角度出发，总结了团队近年来相关理论探索与技术实践成果。本书分11章，内容包括：第1章概述了直流电网的发展趋势、直流电网相关装备的现状与发展需求，是本书研究的出发点；第2～4章以直流电网稳态运行的核心设备——换流站和直流变压器为研究对象，从控制优化、拓扑改造等角度，分析其高功率密度和多功能复用思路；第5、6章聚焦于直流电网的故障过程分析，提出直流电网设备的故障清除需求，并给出了故障清除过程中多种设备的协同配合原则；第7～10章针对直流侧设备的紧凑化、集成化需求，分别介绍了直流潮流控制器、故障限流器、直流断路器的新型拓扑设计与控制集成方法，并提出了新型的直流电压钳位器概念；第11章在前述多种设备的拓扑与控制创新基础上，采用多个设备共同消散故障能量的思路，提出并验证了多种设备在直流故障清除过程中的协调配合方法。

本书由赵西贝、许建中和赵成勇共同撰写，第1、2、8～10章由赵西贝和许建中完成，第3～5章由赵西贝和赵成勇完成，第6、7章由许建中和赵成勇完成，第11章由赵西贝完成。全书由赵西贝统稿。第2～4章部分内容参考了博士生樊强，硕士生王鋆鑫、王傲群的研究工作。第6～10章部分内容参考了陈力绪、俞永杰的硕士论文。同时，在本书撰写和校核过程中，还得到了团队硕士生袁帅、孙昱昊、王晓婷、徐婉莹、潘恒毅、付丰豪、徐晓宇、朱雯清、张博、许悦和张紫如的大力支持。在此对上述同学表示感谢，他们的工作在很大程度上保证了本书的按时出版。

本书的研究工作得到了国家自然科学基金面上项目"海上风电场群电磁暂态等效建模与内部特性反演方法"（52277094）和北京市自然科学基金面上项目"高频隔离型模块组合换流器的电磁暂态等效仿真通用建模方法研究"（3222059）的联合资助，在此表示感谢！

直流电网的新型装备拓扑研究近年来受到持续关注，我国电力系统的高速发展和紧密互联需求也推动了其发展进程，本书仅反映了团队在直流电网装备拓扑紧凑化、轻型化和多功能化方面的主要进展。受作者水平和学术视野限制，书中难免存在不足甚至错误之处，恳请广大读者批评指正。

赵西贝

2023年4月

目 录 Contents

Chapter 1
第 1 章

绪论

1.1 直流电网发展前景

党的二十大报告指出，积极稳妥推进碳达峰碳中和，加快规划建设新型能源体系。在此背景下，我国将大力开发新能源基地，并使之成为实现双碳目标的重要保证。但是，风、光等新能源的能量密度显著低于传统能源，现在规划中新能源基地面积达数百平方千米，若采用单换流站汇集会显著增大交流系统的连接距离，而采用柔性直流组网多点汇聚的方式将有效增强不同新能源场站的广域互补和协调配合能力，因此成为新能源汇集的优选方案。对于受端系统而言，单直流落点将显著增大本地交流系统的功率疏散难度，并且难以抵御交流侧故障的影响。采用受端多换流站组建直流电网向多点疏散功率，将显著减少单一线路的功率疏散能力，并有更强的交流侧故障冗余能力。因此，直流电网在新能源转型中，将成为构造送受端组网方式的优先选择。

直流电网的应用主要体现在以下两个方面。一是大规模新能源汇集。无论是陆上还是海上大规模新能源场站，均需将大范围新能源机组汇集后送出。采用多个换流站互联，将新能源集中汇集后，再经过线路传输至负荷中心，不仅可以节约线路走廊，还可以充分发挥直流电网的冗余特性，保证单一故障不影响新能源机组的出力。二是区域交流电网互联。通过直流电网与区域交流电网互联，使直流电网成为多个区域电网间的能量通道，可以有效解决超大规模交流系统的电磁耦合问题，并使得区域间的潮流灵活调控成为可能。

我国通过南澳三端（2013）、舟山五端（2014）、昆柳龙三端（2020）和张北直流电网（2020）初步验证了直流组网技术，未来张北规划建设七端直流电网，藏东南在规划多端柔性直流外送方案，新疆也在规划建设五端柔性直流联网。随着柔性直流组网工程不断演化发展，如何安全、高效地实现大规模直流组网成为该领域研究的热点问题。

1.2 直流组网装备面临的问题

构成直流电网的关键设备包括：①换流器；②直流变压器（DC transformer，DCT）；③直流潮流控制器（power flow controller，PFC）；④故障限流器（fault current limiter，FCL）；⑤直流断路器（DC circuit breaker，DCCB）。高压、大功率是上述设备的基本要求，由此带来了成本、体积越发难以接受的问题，而直流故障的清除难题进一步加剧了上述矛盾。一方面，常规的半桥子模块（half-bridge sub-module，HBSM）型MMC（简称半桥MMC）故障放电速度快，不具备直流故障清除能力，在故障后几毫秒内就会达到器件过电流能力上限。由此，直流故障清除技术通常需要在数毫秒内切断万安级的故障电流，并吸收百兆焦的故障能量，对工程设计造成极大挑战。另一方面，上述设备的半导体器件电气特性较为脆弱，在面对极端的故障工况下极易损坏，因此直流故障清除技术成为确保直流系统安全运行的关键核心技术，相应的投资成为设备成本的重要组成部分。

为解决上述问题，瑞士ABB公司在2012年提出了混合式直流断路器的基本结构，我国先后通过舟山（2016）、南澳（2017）和张北（2020）工程验证了多种更低成本、更高性能的直流断路器技术。2016年，我国提出了半桥子模块和全桥子模块（full-bridge sub-module，FBSM）混合型MMC（简称半全混合MMC）故障穿越方案，通过交直流侧控制解耦实现了换流站主导的直流故障清除策略，并成功应用于昆柳龙工程（2020），成为该领域的另一条主流技术路线。从原理上看，直流故障电流的增长遵循欧姆定律，两种方案分别可以归纳为降压/增阻方案，即通过降低电源电压或增大故障回路电阻发挥作用，具体如下：

1）半桥MMC+直流断路器方案。如图1-1a所示，半桥MMC本身不具备直流故障清除能力，需要配置直流断路器。而断路器中的避雷器（MOA）本质上是一个压敏电阻，经过换路过程投入后即可增大线路电阻，实现耗能和隔离。

2）半全混合MMC方案。当采用半全混合MMC时，换流站结构如图1-1b所示。通过充分利用全桥子模块具备的负电平输出能力，可以实现换流站出口电压在零电位附近运行，由此阻断故障源和接地点的电势差，实现故障隔离。

然而，成本问题是制约现有直流故障清除方案进一步推广的关键痛点。在投资成本方面，以±500kV张北工程为例，单台500kV直流断路器采购价为7000万～8000万元，每一极配置两台断路器后的总成本达到约1.5亿元。对±800kV昆柳龙工程而言，每个阀中有70%的子模块被替换为全桥，IGBT（绝缘栅双极型晶体管）需求由半桥换流站的10368支增长到17682支（高低阀的每个桥臂各有216个子模块），总成本增加约2.2亿元。在运行损耗方面，直流断路器因为采用了混合式通流支路，负载开关中的IGBT数量较少，附加损耗较低。子模块混合型MMC因为子模块中半导体数量增多，通态损耗为半桥MMC+断路器方案的 1.3 倍以上, 额外增加了运行成本。

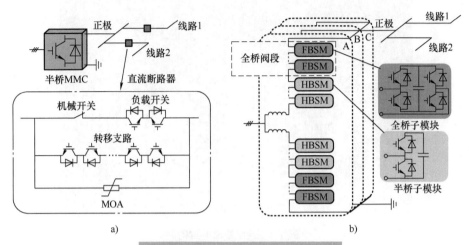

图 1-1　两种主要的直流故障清除方法

a) 半桥 MMC+ 直流断路器方案　b) 半全混合 MMC 方案

　　图 1-2 所示为鲁西工程俯瞰图, 由图可知, 相同容量换流站, MMC 造价与占地面积都高于传统直流输电。图 1-3 所示为现有工程中规模化应用的直流断路器结构图, 整体体积大, 价格昂贵。

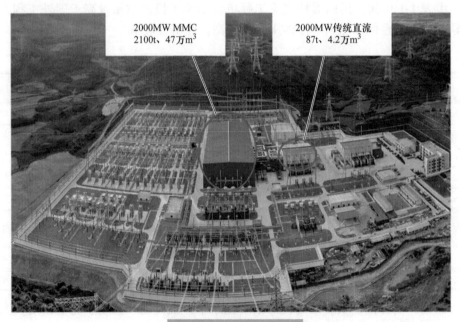

图 1-2　鲁西工程俯瞰图

图 1-3 直流断路器结构图

1.3 直流组网设备发展需求

由上述可知，换流器与直流断路器成为影响直流电网系统成本与占地面积的最主要方面。表 1-1 所示为国内、外海上风电柔性直流（MMC 型）输电工程对比，由表 1-1 可知，国内柔性直流工程单位功率下换流站重量高于国外工程，由此导致海上平台体积巨大、浮体用钢量较高，经济性较低。

表 1-1 国内、外海上风电柔性直流（MMC 型）输电工程对比

工程名称	国家	直流电压 /kV	容量 /MW	海上平台重量 / 万 t	换流阀供应商	投运时间
Dolwin1（alpha）	德国	±320	800	1.20	ABB 公司	2015 年
Dolwin2（beta）	德国	±320	916	1.50	ABB 公司	2016 年
Dolwin3（gamma）	德国	±320	900	1.85	Alstom 公司	2018 年
Borwin3（gamma）	德国	±320	900	1.85	Siemens 公司	2019 年
Dolwin6（kappa）	德国	±320	900	1.10	Siemens 公司	2023 年
Dogger Bank（无人值守）	英国	±320	1200	0.75	ABB 公司	2025 年
如东	中国	±400	1100	2.20	许继集团	2021 年
阳江	中国	±500	2000	2.90	未定标	2024 年

因此，增强国内换流站建设的紧凑化水平，提升功率密度、能量密度，实现设备的多功能化，对于我国新能源并网发展、海上风电建设具有重要意义。主要可从 3 个方面进行设计：①对换流器结构的改造，使换流器稳态与暂态情况下具

有良好的功率密度特性；②对单一功能设备进行改造，如子模块 H 桥结构的扩展，使得整体阀段具有正负电压输出能力以应对不同工况下运行需求，减小设备冗余；③对于直流网侧而言，可扩展直流断路器功能，实现断路器多端口输出，从而大幅减少直流断路器所用电力电子器件，提升故障处理的经济性。

Chapter 2
第2章

紧凑型 MMC 拓扑及 ◀◀◀◀
控制

本章主要介绍基于改进拓扑方案、基于附加控制方案和基于改进拓扑下的附加控制方案三大类 MMC 轻型化方案。给出了不同 MMC 轻型化方案的降容机理，同时对其降容效果进行验证。

2.1 MMC 拓扑及工作原理

MMC 主拓扑由三相六桥臂构成，每个桥臂由 N 个子模块（SM）和一个桥臂电感 L_{arm} 构成。MMC 拓扑如图 2-1 所示。

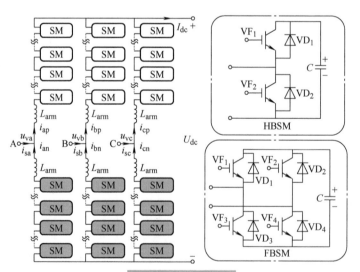

图 2-1 MMC 拓扑

图 2-1 中，A、B 和 C 表示三相交流系统，i_{ap}、i_{bp}、i_{cp} 分别代表 MMC 三相上桥臂电流，i_{an}、i_{bn}、i_{cn} 分别代表 MMC 三相下桥臂电流。U_{dc} 是 MMC 直流侧电压，I_{dc} 是直流电流。VF 是 IGBT，VD 为二极管，C 是子模块电容，u_{va}、u_{vb}、u_{vc} 分

别代表 MMC 交流侧出口处基波电压，i_{sa}、i_{sb}、i_{sc} 分别代表 MMC 交流侧出口处三相基波电流。如无特殊说明，本章 MMC 电压、电流参考方向均以图 2-1 为准。

MMC 上、下桥臂电压如式（2-1）所示（以 A 相为例）：

$$\begin{cases} u_{ap} = \dfrac{U_{dc}}{2} - u_a \\ u_{an} = \dfrac{U_{dc}}{2} + u_a \end{cases} \tag{2-1}$$

式中，u_{ap} 和 u_{an} 分别为 MMC 的 A 相上、下桥臂电压。MMC 运行实质为通过一定的调制策略（如最近电平调制策略），在桥臂上生成桥臂电压，由此得到 MMC 交流端口的电压波形，进而通过与交流系统的电压和相角差完成能量交换[1]。

MMC 作为一个完全对称的拓扑，其各桥臂电气量间的关系为

$$\begin{cases} C_p(t) = B_p\left(t - \dfrac{T}{3}\right) = A_p\left(t - \dfrac{2T}{3}\right) \\ C_n(t) = B_n\left(t - \dfrac{T}{3}\right) = A_n\left(t - \dfrac{2T}{3}\right) \\ A_n(t) = A_p\left(t - \dfrac{T}{2}\right) \end{cases} \tag{2-2}$$

式中，t 为时间变量；T 为交流基频周期。A、B、C 代表三相桥臂，p 表示上桥臂，n 表示下桥臂。从式（2-2）可知，稳态下 MMC 各桥臂电气量只存在时序上的延迟。因此，后续稳态研究均以 A 相为例。

2.2 基于改进拓扑下的 MMC 轻型化方案

本节从改变 MMC 桥臂电感数值角度出发，提出一种桥臂电感可变式 MMC（variable arm inductor–MMC，VAI–MMC）[2]。

2.2.1 桥臂电感可变式 MMC 拓扑

VAI–MMC 拓扑如图 2-2 所示。

图 2-2 中，ISM 为桥臂电感子模块（inductor sub module，ISM）。VAI–MMC 在传统 MMC 的基础上进行如下改动：将传统 MMC 中的桥臂电感分为灵活投切部分 L_{arm2} 和固定投入部分 L_{arm1}，其中灵活投切部分设计为 ISM 以提高可靠性。VAI–MMC 中的桥臂电感 L_{arm1} 和 L_{arm2} 数值的和与传统半桥 MMC 的桥臂电感值 L_{arm} 相等。ISM 中的电感 L_{arm2} 上并联有双向的晶闸管组，晶闸管的数量由 L_{arm2} 的实际承压水平决定。

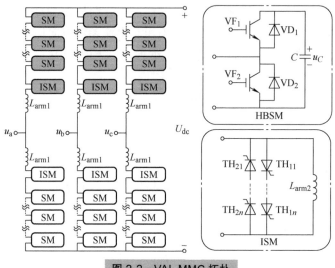

图 2-2　VAI-MMC 拓扑

2.2.2　VAI-MMC 轻型化机理

考虑内部环流，MMC 的 A 相上、下桥臂电流可以表示为

$$
\begin{cases}
i_{\mathrm{ap}} = \dfrac{I_{\mathrm{dc}}}{3} + \dfrac{I_{\mathrm{sa}}}{2}\cos(\omega t + \varphi) + I_{2\mathrm{s}}\cos(2\omega t + \varphi_2) \\[2mm]
i_{\mathrm{an}} = \dfrac{I_{\mathrm{dc}}}{3} - \dfrac{I_{\mathrm{sa}}}{2}\cos(\omega t + \varphi) + I_{2\mathrm{s}}\cos(2\omega t + \varphi_2)
\end{cases}
\tag{2-3}
$$

式中，ω 为基波角频率；φ 为初相角；t 为时间变量；$I_{2\mathrm{s}}$ 为 MMC 固有桥臂二倍频环流幅值；φ_2 为相应的初相角。其他变量含义与图 2-1 中一致。

桥臂电感数值影响交流基波电流在同一相上、下桥臂的分配，因此可通过 VAI-MMC 中桥臂上的 ISM 来动态调节上、下桥臂电感值，从而影响交流基波电流在上、下桥臂的分配，实现子模块电容电压纹波的降低。电感值较大的桥臂电流分量较小，电感值较小的桥臂电流分量较大。

基于平均开关函数[3] 的 MMC 上、下桥臂投入子模块个数 n_{ap} 和 n_{an} 可通过式（2-4）得到：

$$
\begin{cases}
n_{\mathrm{ap}} = \dfrac{1 - m\sin\omega t}{2}N \\[2mm]
n_{\mathrm{an}} = \dfrac{1 + m\sin\omega t}{2}N
\end{cases}
\tag{2-4}
$$

式中，N 为 MMC 单桥臂子模块总数；m 为系统调制比。

假定 MMC 排序过程实时进行，则可从等效电容角度对整个桥臂进行等效，

等效过程为

$$\begin{cases} N\cdot\dfrac{1}{2}Cu_C^2 = n\cdot\dfrac{1}{2}C_{eq}u_C^2 \\[2mm] C_{eq} = \dfrac{NC}{n} \end{cases} \tag{2-5}$$

式中，C 为桥臂单个子模块电容容值；u_C 为单个子模块电容电压值；n 为桥臂投入子模块个数的瞬时值；C_{eq} 为投入的单个等效电容容值。通过式（2-5）可将整个桥臂等效为 n 个实时串联投入的电容容值为 C_{eq} 的电容。进一步，通过式（2-6）可将整个桥臂等效为单个电容：

$$C_{eqb} = \frac{C_{eq}}{n} = \frac{NC}{n^2} \tag{2-6}$$

以 A 相为例，将式（2-4）和式（2-5）代入式（2-6）中可得

$$\begin{cases} C_{eqbap} = \dfrac{4C}{N(1-m\sin\omega t)^2} \\[3mm] C_{eqban} = \dfrac{4C}{N(1+m\sin\omega t)^2} \end{cases} \tag{2-7}$$

式中，C_{eqbap}、C_{eqban} 为 MMC 中 A 相上、下桥臂等效电容。以厦门工程参数为例，C_{eqbap} 和 C_{eqban} 的示意图如图 2-3 所示。

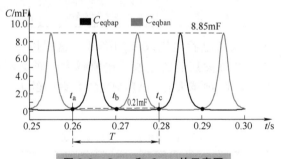

图 2-3　C_{eqbap} 和 C_{eqban} 的示意图

图 2-3 中，T 为基波周期，t_a、t_b 和 t_c 为 C_{eqbap} 和 C_{eqban} 的交点时刻。将一个周期 T 分成两个时间段 $t_a \sim t_b$ 和 $t_b \sim t_c$ 进行讨论。两个时间段内的每部分中 C_{eqbap} 和 C_{eqban} 数值均有较大差距。因此可根据不同时间段 C_{eqbap} 和 C_{eqban} 的大小关系来确定 VAI–MMC 桥臂中 ISM 的通断状态，从而实现子模块电容容值的降低。以单个周期 T 内 A 相进行详细说明：$t_a \sim t_b$ 时间段内，$C_{eqbap} > C_{eqban}$，投入上桥臂的 ISM，可使交流电流更多地流向上桥臂；$t_b \sim t_c$ 时间段内，$C_{eqbap} < C_{eqban}$，投入下桥臂的 ISM，可使交流电流更多地流向下桥臂。

C_{eqbap} 和 C_{eqban} 的交点时刻 t_a、t_b 和 t_c 可通过式（2-8）得到：

$$\begin{cases} C_{\text{eqbap}} = C_{\text{eqban}} \\ t = k\dfrac{T}{2} \quad k = 0,1,2,\cdots \end{cases} \tag{2-8}$$

将式（2-8）中 t 的值代入式（2-4）中，得到 $n_{\text{ap}} = n_{\text{an}} = N/2$。

为更直观判断桥臂 ISM 投切的时段，依据桥臂等效电容和桥臂投入子模块的关系［见式（2-6）］，以上、下桥臂投入子模块个数与 $N/2$ 对比来作为判断依据，即当上桥臂投入子模块个数越过 $N/2$ 并将继续减少（$n_{\text{ap}} < N/2$）时，下桥臂投入子模块个数 $n_{\text{an}} > N/2 > n_{\text{ap}}$。控制单元发出触发脉冲投入上桥臂中的 ISM，同时切除下桥臂中的 ISM，此时上桥臂电流将大于下桥臂，反之亦然。

2.2.3　仿真验证及经济性分析

为更有效验证所提 VAI-MMC 降低子模块电容电压纹波的有效性，在 PSCAD/EMTDC 中搭建了双端 MMC 柔性直流输电系统仿真模型。系统参数见表 2-1。

表 2-1　双端 MMC 柔性直流输电系统参数

换流站	桥臂子模块个数（不含冗余）	子模块电容 /μF	控制方式	子模块电容电压 /kV	桥臂电感 /H
C1	400	10000	定 U_{dc} 640kV 定无功功率 0Mvar	1.6	0.15
C2	400	10000	定有功功率 1000 MW 定无功功率 0Mvar	1.6	0.15

为最大限度实现子模块电容电压纹波的降低，这里以 $L_{\text{arm1}}/L_{\text{arm2}}$ 的比值作为自变量进行桥臂各部分电感参数值的选取（比值越大，对交流基波电流在 MMC 同一相上、下桥臂的分配影响越大），VAI-MMC 方案中的 L_{arm1} 和 L_{arm2} 参数选取过程见表 2-2。

表 2-2　L_{arm1} 和 L_{arm2} 参数值选取

$L_{\text{arm1}}/L_{\text{arm2}}$	L_{arm1}/H	L_{arm2}/H	Δu_C/kV	I_{armrms}/kA
10	0.136	0.0136	0.250	1.005
100	0.1485	0.0015	0.215	1.013
1000	0.1499	0.0001	0.211	1.015

表 2-2 中，Δu_C 为子模块电容电压纹波峰峰值之差，I_{armrms} 为桥臂电流的有效值。从表 2-2 中得到，当 $L_{\text{arm1}}/L_{\text{arm2}} = 1000$ 时，Δu_C 最小，且此时 I_{armrms} 相对于其他组参数值增加不多。因此选取 $L_{\text{arm1}} = 0.1499\text{H}$，$L_{\text{arm2}} = 0.0001\text{H}$ 作为 VAI-MMC 桥臂电感数值。

为验证 VAI-MMC 方案在子模块电容电压纹波降低上的效果，将其与非降容运行状态下的传统 MMC 方案以及投入环流抑制控制器（circulating current suppressing controller，CCSC）方案[3]进行对比分析。3 种方案的每个桥臂中电感值均为 0.15H。

子模块电容电压波动变化率 ε 依据式（2-9）进行：

$$\varepsilon = \frac{u_{Cr1} - u_{Cr2}}{u_{Cr1}} \times 100\% \qquad (2\text{-}9)$$

式中，u_{Cr1} 为加入降容方案后的子模块电容电压纹波峰峰值（波峰、波谷的差值），u_{Cr2} 为对照工况下子模块电容电压纹波峰峰值。

不同工况下的 MMC 降容效果的验证结果如图 2-4 所示，分别将无降容控制措施、CCSC 控制、VAI-MMC 拓扑在同等系统参数与工况下的电容电压波动曲线进行对比。

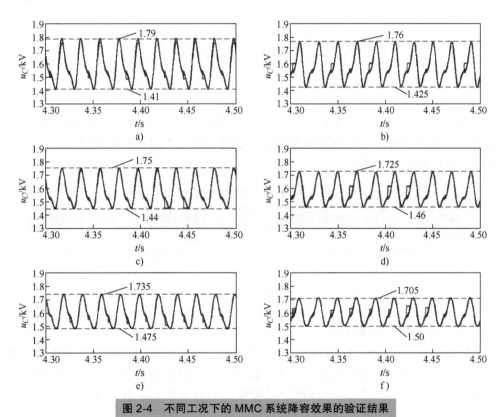

图 2-4　不同工况下的 MMC 系统降容效果的验证结果

a）整流工况下未投入附加控制时子模块电容电压
b）逆变工况下未投入附加控制时子模块电容电压　c）整流工况下 CCSC 模式下子模块电容电压
d）逆变工况下 CCSC 模式下子模块电容电压　e）整流工况下 VAI-MMC 拓扑下子模块电容电压
f）逆变工况下 VAI-MMC 拓扑下子模块电容电压

整流工况下，CCSC 方案 ε 为 18.4%，而未采用其他辅助降容控制的 VAI-MMC 拓扑方案的投入后 ε 为 31.5%。逆变工况下，在 CCSC 投入后 ε 为 21%，而采用 VAI-MMC 拓扑方案后 ε 为 39%。通过以上对比可知，VAI-MMC 拓扑方案在子模块电容电压纹波抑制方面比 CCSC 方案更有优势。

经济性对比方面，将 CCSC 方案和 VAI-MMC 拓扑方案进行对比分析。本节所选用的器件型号如下：晶闸管型号为 T2871N80TOH，其参数为 8kV/2.6kA，厂商为英飞凌公司；IGBT 型号为 5SNA 1500E330305，参数为 3.3kV/1.5kA，厂商为 ABB 公司。

造价对比分析：CCSC 方案采用纯控制的方法达到抑制环流来降低子模块电容电压波动，其仅需要额外消耗计算资源即可实现子模块电容电压波动峰峰值降低 18.4% 以上。

对于 VAI-MMC 方案，所选晶闸管可承受 90kA、持续时间为 10ms 的冲击电流。为了提高可靠性，考虑电压安全裕度，将晶闸管安全承压设计值以 4kV 来进行计算。

由于所提方案下桥臂电感 L_{arm2} 承压极值为 50kV，考虑安全余量可设计承压为 80kV 的投切开关，所以每个桥臂所需晶闸管数量为 $20 \times 2 = 40$ 个，整个 VAI-MMC 共需 240 个晶闸管及相应的晶闸管串联均压电路，为防止故障情况的过电压，每组晶闸管均需额外配置保护电压为 80kV 的避雷器。另外，由于桥臂电感 L_{arm2} 在晶闸管导通的过程中被旁路掉，投入时间得以减少，电流的热效应也得以缓解，因此可选择额定电流较低的电感以降低成本。VAI-MMC 方案与 CCSC 方案的经济性对比见表 2-3。

表 2-3 VAI-MMC 方案与 CCSC 方案的经济性对比

降容策略	电容电压波动降低	晶闸管增加量	避雷器增加量
非降容运行	0%	0	0
CCSC	18.4%	0	0
VAI-MMC	31.5%	240	6×80

VAI-MMC 方案相比于 CCSC 方案能够进一步降低约 16% 的电容电压纹波，从而进一步降低子模块电容容值。考虑到电容体积和重量在子模块中占比较大，有效地降低电容值能够从一定程度上实现柔性直流换流阀的轻型化。以仿真算例为例，VAI-MMC 虽会额外使用 240 个晶闸管及 480 个避雷器，但由于换流器子模块数量众多（仿真模型为 2400 个子模块（不含冗余）），电容容值的有效降低可大幅降低整个换流器的体积和重量。

损耗分析：换流器损耗作为一个重要的经济指标，损耗的主要来源是 IGBT、二极管和晶闸管（VAI-MMC 中 ISM）中的开关损耗与通态损耗。通过计算得到不同方案下 MMC 损耗对比如图 2-5 所示。

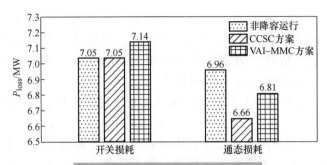

图 2-5　3 种方案下 MMC 损耗对比

图 2-5 中，VAI-MMC 方案中换流器通态损耗为 6.81MW，开关损耗为 7.14MW，该方案下晶闸管投切新增的损耗占换流器总损耗的 1.9%。由图可知 VAI-MMC 方案下的换流器损耗比非降容运行方案的总损耗低约 0.4%，比 CCSC 方案的损耗高约 1.8%。可通过三倍频电压注入提高调制比来降低 VAI-MMC 的损耗。

经上述分析可知：VAI-MMC 方案相对于 CCSC 方案虽会额外增加换流器的损耗，但可有效降低换流器的体积和重量，可应用在一些对换流器体积 / 重量比较苛刻的场景（如海上换流器）。

2.3　基于附加控制下的 MMC 轻型化方案

本节主要介绍基于附加控制方案的 MMC 轻型化方案，具体指在原有半桥 MMC 拓扑基础上，通过附加控制器来降低 MMC 子模块电容电压纹波。根据控制目标的不同，可分为二倍频环流抑制方案[4]、二倍频环流控制方案[5-6]和三倍频电压注入方案[7]。

2.3.1　基于谐波电流和谐波电压耦合注入方案

二倍频环流抑制方案的目的是将 MMC 中固有的桥臂电流二倍频分量抑制到零，实质为对式（2-3）中桥臂电流的二倍频分量抑制为 0，环流抑制控制器框图如图 2-6 所示。

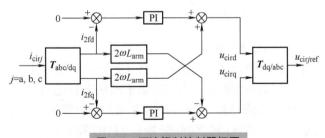

图 2-6　环流抑制控制器框图

图 2-6 中，i_{cirj} 为 MMC 的桥臂二倍频环流，可通过将各相的上、下桥臂电流 [见式（2-3）] 相加除以 2 得到。$T_{abc/dq}$ 为 Park 变换矩阵，$T_{dq/abc}$ 为 Park 反变换矩阵，i_{2fd}、i_{2fq} 分别为桥臂二倍频环流进 Park 变换后在 d、q 轴的分量，PI 为比例积分（proportion integration，PI）调节器，u_{cird} 和 u_{cirq} 为不平衡电压降的 d 轴和 q 轴参考值，$u_{cirjref}$ 为各相的不平衡电压降在时域下的参考值，参与桥臂电压调制，ω 为系统角频率。

二倍频环流控制方法：通过不同的计算方法得出能使子模块电容电压波动降低的环流参考值，向换流器注入对应的二倍频环流，达到降低子模块电容电压的目的。

在该类方法当中，通过遍历寻优来确定环流注入量的幅值相角被最先提出，但物理意义不明显。令桥臂输入、输出的瞬时功率相等[5] 和桥臂环流反向注入[6] 等具有一定物理意义的确定方案也相继被提出，下面详细介绍两种具有一定物理意义的环流电流注入方案。

MMC 的上、下桥臂的共模分量 i_{cma} 如式（2-10）所示：

$$i_{cma} = \frac{I_{dc}}{3} + I_{2s} \cos(2\omega t + \varphi_2) \tag{2-10}$$

式中各物理量含义与式（2-3）相同。

相应的，桥臂电压表达式应满足（以 MMC 的 A 相为例）

$$\begin{cases} u_{ap} = \dfrac{U_{dc}}{2} - u_a = \dfrac{U_{dc}}{2} - \dfrac{U_{dc}}{2} m \sin \omega t \\ u_{an} = \dfrac{U_{dc}}{2} + u_a = \dfrac{U_{dc}}{2} + \dfrac{U_{dc}}{2} m \sin \omega t \end{cases} \tag{2-11}$$

式中，u_a 为 MMC 调制波；m 为调制比；u_{ap}、u_{an} 为 MMC 的 A 相上、下桥臂电压。

令 MMC 相输入功率和输出瞬时功率相等，即

$$U_{dc} i_{cma} = u_a i_{sa} \tag{2-12}$$

由式（2-11）可得出二倍频谐波电流为

$$i_{2s} = \frac{m I_{sa}}{4} \cos(2\omega t + \varphi) \tag{2-13}$$

式中各物理量含义与式（2-3）相同。

当 MMC 桥臂电流中的二倍频分量以式（2-13）计算的值注入时，可消去 MMC 相功率中的二倍频波动分量，从而抑制子模块电容电压波动。

此外，桥臂电流有效值也是一种具有物理意义的桥臂电流二倍频分量确定方法。使 MMC 换流阀桥臂电流的二倍频分量和 MMC 换流阀固有环流量（未投入环流抑制控制器）等大反向[6]，也可有效降低 MMC 子模块电容电压纹波，具体

如式（2-14）所示（以 MMC 的 A 相上桥臂为例）：

$$
\begin{cases}
i_{ap1} = \dfrac{I_{dc}}{3} - \dfrac{I_{sa}}{2}\cos(\omega t + \varphi) + I_{2s}\cos(2\omega t + \varphi_2) \\[2mm]
i_{ap2} = \dfrac{I_{dc}}{3} - \dfrac{I_{sa}}{2}\cos(\omega t + \varphi) - I_{2s}\cos(2\omega t + \varphi_2)
\end{cases}
\tag{2-14}
$$

式中，i_{ap1} 为 MMC 正常运行时的桥臂电流；i_{ap2} 为注入二倍频环流后的桥臂电流。其他参数变量含义同式（2-3）。

在桥臂电流的直流部分 I_{dc} 和基频交流部分 i_{sa} 不变的情况下，通过计算可得，i_{ap1} 和 i_{ap2} 的有效值是相等的，计算公式为

$$
I_{aprms} = \sqrt{\frac{1}{T}\int_0^T i_{ap}^2(t)\,\mathrm{d}t} = \sqrt{\left(\frac{I_{dc}}{3}\right)^2 + \frac{1}{2}\left(\frac{I_{sa}}{2}\right)^2 + \frac{1}{2}I_{2s}^2}
\tag{2-15}
$$

式中，I_{aprms} 为桥臂电流的有效值。通过这种方式进行桥臂电流二倍频分量的注入，使桥臂电流的有效值与 MMC 换流阀（未投入环流抑制控制器）的桥臂电流有效值相等。

三倍频电压注入是一种谐波电压注入法，通过直接在桥臂电压调制波上注入三倍频电压来实现。注入三倍频电压后的桥臂电压[7]可表示为

$$
\begin{cases}
u_{ap} = \dfrac{U_{dc}}{2} - \dfrac{mU_{dc}}{2}\sin(\omega t + \varphi) - U_3\sin(3\omega t + \varphi_3) \\[2mm]
u_{an} = \dfrac{U_{dc}}{2} + \dfrac{mU_{dc}}{2}\sin(\omega t + \varphi) + U_3\sin(3\omega t + \varphi_3)
\end{cases}
\tag{2-16}
$$

式中，U_3 为注入三倍频电压幅值；φ_3 为注入三倍频电压相角。通过适当选择注入三倍频电压的幅值和相角，可抵消桥臂电压的部分基频波动分量，进而扩大 MMC 调制比输出能力，抑制子模块电容电压波动。设目标函数为

$$
f(U_3, \varphi_3) = \frac{mU_{dc}}{2}\sin(\omega t + \varphi) + U_3\sin(3\omega t + \varphi_3)
\tag{2-17}
$$

可以看出，该目标函数的最大值是一个与 U_3 和 φ_3 有关的函数。通过分析得到，当三倍频电压注入的幅值和相角按式（2-18）进行时，可令式（2-17）最小。

$$
\begin{cases}
U_3 = -\dfrac{1}{6}\dfrac{mU_{dc}}{2} \\[2mm]
\varphi_3 = 3\varphi
\end{cases}
\tag{2-18}
$$

考虑到三倍频电压分量会流到交流侧，因此采用此方案的换流变压器需要采用丫/△接线。三倍频电压注入的降容原理可理解为：注入三次谐波电压，提高直流电压利用率，增大调制比 m，从而降低子模块电容电压波动。

2.3.2　基于耦合注入方案的轻型化机理

目前对 MMC 的解析分析应用最多的为引入平均开关函数[1]的概念，其定义为投入的子模块个数 / 桥臂总子模块个数，则 A 相上、下桥臂的平均开关函数为

$$
\begin{cases}
S_{ap} = \dfrac{1 - m\sin\omega t}{2} \\
S_{an} = \dfrac{1 + m\sin\omega t}{2}
\end{cases}
\tag{2-19}
$$

式中，S_{ap}、S_{an} 为上、下桥臂的平均开关函数。

当引入平均开关函数后，式（2-20）自动成立（以 A 相上桥臂为例）。

$$
\begin{cases}
i_C = i_{ap}S_{ap} \\
u_{ap} = Nu_C S_{ap}
\end{cases}
\tag{2-20}
$$

式中，i_C 为子模块电容电流；i_{ap} 为 A 相上桥臂电流；u_{ap} 为式（2-11）中的桥臂电压；u_C 为式（2-5）中的子模块电容电压。

联立所有关于子模块电容电压、电流表达式，得到

$$
\begin{cases}
i_C = i_{ap}S_{ap} \\
i_C = -C\dfrac{du_C}{dt} \\
S_{ap} = \dfrac{1 - m\sin\omega t}{2} \\
i_{ap} = \dfrac{I_{dc}}{3} + \dfrac{I_s}{2}\sin(\omega t + \varphi) + I_{2s}\sin(2\omega t + \varphi_2)
\end{cases}
\tag{2-21}
$$

通过式（2-21）得到 A 相上桥臂子模块电容电压波动 u_{Cap} 的表达式为

$$
\begin{aligned}
u_{Cap} =\ & \frac{I_s}{4C\omega}\cos(\omega t + \varphi) - \frac{m}{6C\omega}I_{dc}\cos(\omega t) - \\
& \frac{I_s m}{16C\omega}\sin(2\omega t + \varphi) + \frac{I_{2s}}{4\omega C}\cos(2\omega t + \varphi_2) - \\
& \frac{I_{2s}m}{12\omega C}\sin(3\omega t + \varphi_2) + \frac{I_{2s}m}{4\omega C}\sin(\omega t + \varphi_2) + C_{on}
\end{aligned}
\tag{2-22}
$$

式中，I_s 为 MMC 交流电流基频分量幅值；C_{on} 为常数。其他参数含义与式（2-3）和式（2-5）相同。

二倍频环流的注入通过影响桥臂电流二倍频幅值［式（2-22）中 I_{2s}］来实现 MMC 子模块电容电压纹波的降低。三倍频电压的注入通过提高调制比后影响桥

臂电流的基频分量幅值 [式（2-22）中 I_s]，来实现 MMC 子模块电容电压纹波的降低。因此，两者耦合注入在子模块电容电压纹波注入方面具有加成作用。

2.3.3　仿真验证及经济性分析

本节详细介绍一种基于谐波电流和谐波电压耦合注入降低 MMC 子模块电容电压纹波的方法。以反向谐波注入方法 [式（2-14）] 和三倍频电压注入方法 [式（2-18）] 为例，并基于厦门工程逆变侧参数进行验证，仿真模型系统结构如图 2-7 所示。

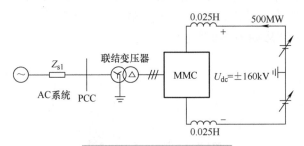

图 2-7　仿真模型系统结构

图 2-7 中，箭头方向为系统潮流方向，Z_{s1} 为交流系统阻抗。MMC 系统参数和不同工况下参数对比见表 2-4 和表 2-5。

表 2-4　MMC 系统参数

系统参数	参数取值
额定直流电压 / kV	320
额定有功功率 / MW	500
电平数	201
桥臂电感 L_{arm}/H	0.06
子模块电容 C/mF	10

注：额定有功功率的负值代表换流站吸收有功功率。

表 2-5　不同工况下参数对比

参数	对照工况	等容值工况
C/mF	10	10
$U_{空二次侧}$/kV	167	178
P/MW	500	500
Q/Mvar	0	0
I_{2s} 含量	0	$-I_{2s}$

（续）

参数	对照工况	等容值工况
注入 U_{3s}	否	是

注：I_{2s} 为 MMC 换流阀桥臂固有环流量。

表 2-5 中的对照工况是指通过 CCSC 方案降低子模块电容电压纹波的工况。等电容工况是指子模块电容容值和对照工况相等，通过二倍频环流注入方案降低子模块电容电压纹波的工况。分别截取两种工况下的有功功率 P、子模块电容电压 u_C、桥臂子模块导通个数 N_{ap}、桥臂电流的二倍频分量 i_{2s} 4 个关键电气量波形图进行比较，本节关于子模块电容电压波动变化率按照式（2-9）计算。两种工况下关键电气量的波形如图 2-8 所示。

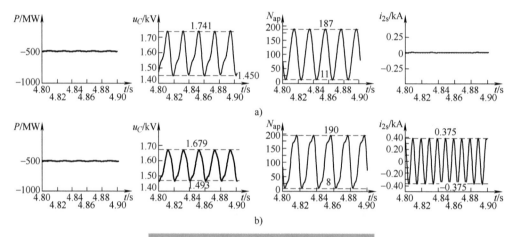

图 2-8　MMC 关键电气量的波形（等容值）

a）对照工况　b）等容值工况

通过对比两种工况的有功功率可知，在等容值工况下程序仍能稳定运行。通过对比两种工况下子模块电容电压纹波，并据式（2-8）的计算方法，可知等容值工况可有效降低子模块电容电压波动纹波幅值达 36.08%。通过对比两种工况下的子模块导通个数的范围，可知虽然桥臂电流的二倍频分量的注入会增加子模块个数的使用，但注入三倍频电压可有效缓解子模块个数的使用情况。通过对比两种工况下桥臂电流的二倍频分量可看出，通过环流注入控制器可有效实现桥臂电流的注入。

MMC 子模块电容容值 C 和电容电压波动变化率 ε 的关系为

$$C = \frac{P_s}{3mN\omega\varepsilon u_C^2}\left[1-\left(\frac{m\cos\varphi}{2}\right)^2\right]^{\frac{3}{2}} \tag{2-23}$$

式中，P_s 为 MMC 换流阀额定容量，其余变量和式（2-22）具有相同的物理意义。从式（2-23）可看出，电容电压纹波的降低可有效实现子模块电容容值的降低。为更直观验证耦合注入方案在子模块电容容值降低的有效性，进行低容值工况下的耦合注入方案的仿真验证。将表 2-5 中等容值工况下的子模块电容容值降低 35%，并将此种工况下的子模块电容电压纹波与 CCSC 方案进行对比。关键电气量的波形如图 2-9 所示。

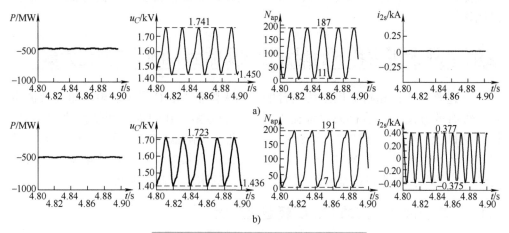

图 2-9　MMC 关键电气量波形（低容值）

a）对照工况　b）低容值工况

图 2-9 的一系列波形为低容值工况下 MMC 的一系列电气量波形图。通过对比两种工况（对照工况和低容值工况）下的有功功率可知，在低容值工况下程序仍能稳定运行。通过对比两种工况下子模块电容电压可知，MMC 运行在低容值工况下子模块电容电压波动波形峰峰值不大于对照工况下子模块电容电压波动范围。通过对比两种工况下桥臂导通子模块个数可知，当运行在低容值工况下时子模块使用个数的峰峰值范围为 7 ~ 191 个，和对照工况相比，又增加了一些子模块个数的使用，但此工况下子模块使用个数仍小于桥臂子模块总数，并留有一定的裕度。通过对比两种工况下的桥臂电流的二倍频分量可知，低容值工况下环流注入控制器仍能有效工作。

以表 2-4 参数为例计算两种不同工况（对照工况和低容值工况）下 1 个半桥子模块（以 A 相上桥臂为例）的通态损耗、开关损耗和总损耗，对应数值见表 2-6。

表 2-6　不同工况下 HBSM 的损耗对比

损耗分类	对照工况	低容值工况
通态损耗 /W	4468	4151

（续）

损耗分类	对照工况	低容值工况
开关损耗 /W	525	375
总损耗 /W	4993	4527

从表 2-6 可以看出，低容值工况下子模块电容电压的损耗相比于对照工况有所降低，主要原因为三倍频电压注入后调制比的提高使得基频电流降低，从而使损耗整体减小。

2.4　基于改进拓扑下的附加控制策略的 MMC 轻型化方案

通过改进拓扑和附加控制相结合的方法来降低 MMC 子模块电容电压纹波也是一种有效方案。目前相关学者提出了相应的方案：在附加中间子模块的 MMC拓扑基础上，辅助以相应的谐波注入，可进一步降低 MMC 子模块电容电压纹波；基于子模块混合型 MMC 拓扑，结合谐波注入策略实现子模块电容电压纹波的进一步降低。本节将详细介绍两种结合相应的附加控制策略拓扑改进方案。

2.4.1　基于桥臂复用的 MMC 轻型化方案

本节提出一种桥臂复用型 MMC（bridge arm multiplexing MMC，BAM-MMC）拓扑[8]，其具有在不增加桥臂子模块个数的基础上实现过调制的能力，并提出一种二倍频环流幅值的确定方法，该算法基于等桥臂电流有效值确定环流的辐值，通过多目标寻优方式确定最优相角。

BAM-MMC 拓扑如图 2-10 所示。

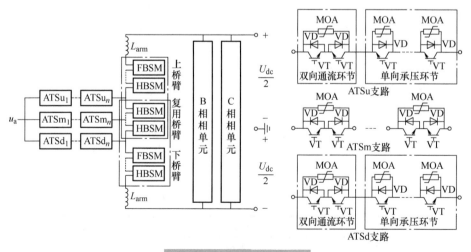

图 2-10　BAM-MMC 拓扑

桥臂复用型 MMC 的单相桥臂子模块共由 3 部分组成，其中上、下桥臂子模块为固定部分，由 HBSM 和 FBSM 构成。中间子模块为复用部分，可由桥臂转换开关（arm transfer switch，ATS）决定其参与上桥臂或下桥臂的子模块电容电压排序过程，每一相的 ATS 包括 3 条支路，包括用于启动过程中的 ATSm 支路和稳态运行周期性投切的 ATSu 支路和 ATSd 支路。MMC 同一相共同使用一部分子模块后，可有效减少相桥臂子模块的使用。ATSm 支路双向通流、双向承压，因此其需进行双向承压、通流配置。ATSu/ATSd 支路双向通流单向承压，因此需配置一个通流环节和一个单向承压环节。图 2 -10 中，MOA 表示避雷器。

BAM-MMC 单相各部分的子模块个数可由式（2-24）得出：

$$\begin{cases} \dfrac{m}{1} = \dfrac{m'}{m_{max}} = \eta \\ N_F = (m_{max} - 1)N \end{cases} \quad (2\text{-}24)$$

式中，N 为支撑直流电压 U_{dc} 的 MMC 桥臂子模块个数；m' 为相同直流电压等级下桥臂复用型 MMC 实际的调制比；m_{max} 为桥臂复用型 MMC 调制比的最大值；η 为 MMC 交流侧输出电压使用率；N_F 为增加的 FBSM 个数。通过式（2-24）可得出在相同交流侧输出电压使用率和最大调制比为 m_{max} 的情况下增加的 FBSM 个数 N_F。通过提高调制比前后 MMC 单相子模块总数维持不变、最大程度减少复用的子模块个数的基本原则，确定 MMC 单相桥臂复用部分的 HBSM 个数 N_R 及桥臂固定部分的 HBSM 个数 N_C，可由式（2-25）得出：

$$\begin{cases} N_R = 2N_F \\ N = N_F + N_C + \dfrac{N_R}{2} \end{cases} \quad (2\text{-}25)$$

通过式（2-25）即可确定桥臂复用型 MMC 各部分子模块个数，进一步确定其拓扑结构。

注入二倍频桥臂电流可增加 MMC 桥臂电流的有效值，进而增加换流阀损耗。本节旨在从桥臂复用型 MMC 的损耗角度出发，来确定其二倍频环流注入量的峰值，这里定义加入 CCSC 的 MMC 为传统 MMC（traditional MMC，T-MMC）。

T-MMC 和 BAM-MMC 的桥臂电流为（以 A 相上桥臂为例）

$$\begin{cases} i_{aupT} = \dfrac{I_{dcT}}{3} + I_{asT}\sin(\omega t + \varphi_{1T}) \\ i_{aupBAM} = \dfrac{I_{dcBAM}}{3} + I_{asBAM}\sin(\omega t + \varphi_{1BAM}) + I_{2as}\sin(2\omega t + \varphi_2) \end{cases} \quad (2\text{-}26)$$

式中，i_{aupT}、I_{dcT}、I_{asT} 和 φ_{1T} 分别为 T-MMC 的桥臂电流（已投入 CCSC，故 i_{aupT} 没有二倍频分量）、直流电流、桥臂基波相电流峰值和基波相电流初相角；i_{aupBAM}、

I_{dcBAM}、I_{asBAM}、φ_{1BAM} 分别为 BAM–MMC 的桥臂电流、直流电流、桥臂基波相电流峰值和基波相电流初相角；I_{2as}、φ_2 分别为 BAM–MMC 桥臂二倍频环流峰值和二倍频电流初相角。

T–MMC 和 BAM–MMC 桥臂电流的有效值 $I_{aupTrms}$ 和 $I_{aupBAMrms}$ 计算公式为

$$\begin{cases} I_{aupTrms}^2 = \left(\dfrac{I_{dcT}}{3}\right)^2 + I_{asT}^2 \\ I_{aupBAMrms}^2 = \left(\dfrac{I_{dcBAM}}{3}\right)^2 + I_{asBAM}^2 + I_{2as}^2 \end{cases} \tag{2-27}$$

相同运行参数和工况下，I_{dcT} 和 I_{dcBAM} 相等，换流阀只传输有功功率时，φ_{1BAM} 和 φ_{1T} 均为零。BAM–MMC 相对于 T–MMC 提高了调制比，因此 $I_{asBAM} < I_{asT}$。可通过令两者的桥臂电流有效值相同的方式来确定 I_{2as} 的数值，即

$$\begin{cases} I_{aupTrms} = I_{aupBAMrms} \\ I_{2as} = \sqrt{1 - \left(\dfrac{m}{m'}\right)^2}\, I_{asT} \end{cases} \tag{2-28}$$

通过式（2-28）可确定谐波注入量幅值大小。

传统桥臂基波电流相峰值 I_{asT} 可通过式（2-29）计算得到（假设 T–MMC 的功率因数为 1）：

$$\begin{cases} P = \dfrac{3}{2} U_{ac} I_{ac} \\ U_{ac} = m \dfrac{U_{dc}}{2} \\ I_{ac} = 2 I_{asT} \end{cases} \tag{2-29}$$

式中，P、U_{ac} 和 I_{ac} 分别为 T–MMC 传输的有功功率、交流侧出口相电压峰值和交流侧相电流幅值。将式（2-29）代入式（2-28）中得

$$I_{2as} = \sqrt{1 - \left(\dfrac{m}{m'}\right)^2}\, \frac{2P}{3m U_{dc}} \tag{2-30}$$

从式（2-30）可知，I_{2as} 由系统的固有物理量决定。

为在尽可能地降低子模块电容电压纹波的基础上兼顾桥臂电流的有效值，进而降低换流阀损耗，桥臂电流二倍频分量幅值的最终选值可在式（2-30）的基础上乘以一个修正系数 k_I，见式（2-31）：

$$I_{2asf} = k_I \sqrt{1 - \left(\dfrac{m}{m'}\right)^2}\, \frac{2P}{3m U_{dc}} \qquad 0.5 < k_I < 1 \tag{2-31}$$

通过修正系数的选取，在保证 BAM–MMC 桥臂电流有效值不大于 T-MMC 桥臂电流有效值的情况下扩大谐波幅值的选取范围。

谐波电流的注入同时会增加 MMC 桥臂电流的峰值，进而恶化子模块中 IGBT 器件的电流应力环境。考虑 BAM-MMC 的桥臂电流峰值并尽可能扩大 φ_2 的可选择范围（这里令 BAM-MMC 的桥臂电流峰值不大于 T-MMC 的桥臂电流峰值的 1.1 倍）。得到关于 φ_2 的不等式约束条件为

$$|i_{aupBAM}|_{max} < 1.1|i_{aupT}|_{max} \tag{2-32}$$

同时，在桥臂电流二倍频分量幅值确定后，桥臂子模块电容电压波动将由 φ_2 决定（系统其他参数确定的情况下），因此同时可将桥臂子模块电容电压波动峰值最小作为最优 φ_{2opt} 的确定条件之一，即

$$f(\varphi_{2opt})|_{max} \leqslant f(\varphi_2)|_{max} \tag{2-33}$$

式中，$f(\varphi_2)$ 为桥臂子模块电容电压波动关于 φ_2 的函数。将式（2-26）、式（2-28）代入式（2-32），并结合式（2-33）可得有关 φ_2 的两个不等式约束条件：

$$\begin{cases} \left|\left(\dfrac{m}{m'}-1.1\right)\sin\omega t + k_I\sqrt{1-\left(\dfrac{m}{m'}\right)^2}\sin(2\omega t+\varphi_{2opt})\right|_{max} \leqslant \dfrac{m}{20} \\ f(\varphi_{2opt})|_{max} \leqslant f(\varphi_2)|_{max} \end{cases} \tag{2-34}$$

通过式（2-34）即可通过寻优确定 φ_{2opt} 的取值。

谐波注入的幅值和相角对子模块电容电压波动峰值和损耗的影响如图 2-11 所示。

由图 2-11 可知，谐波注入的初相角 φ_2 和幅值 I_{2s} 均会对子模块电容电压波动峰值 u_{Cmax} 和损耗 P_{Loss} 产生影响。图 2-11a、c 可知，随着初相角 φ_2 从 0° 变化为 360°，u_{Cmax} 和 P_{Loss} 均先增大、后减小、再增大，二者的区别为取得极小值范围有差异。u_{Cmax} 和 P_{Loss} 随 I_{2s} 幅值的变化关系受角度的影响。

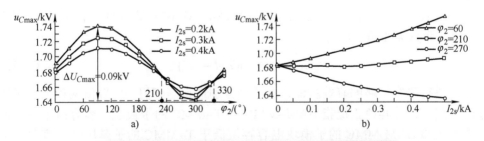

图 2-11　谐波注入的初相角和幅值对 u_{Cmax} 和 P_{Loss} 的影响

a）初相角 φ_2 对 u_{Cmax} 的影响　b）幅值 I_{2s} 对 u_{Cmax} 的影响

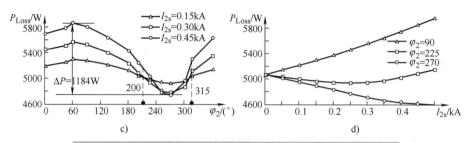

图 2-11　谐波注入的初相角和幅值对 u_{Cmax} 和 P_{Loss} 的影响（续）

c）初相角 φ_2 对 P_{Loss} 损耗的影响　d）幅值 I_{2s} 对 P_{Loss} 的影响

基于式（2-31）可得到谐波注入量的幅值，初相角在 200°～330° 范围内（图 2-11a 的 u_{Cmax} 取得极小值的范围 210°～330° 和图 2-11c 的 P_{Loss} 取得极小值的范围 200°～315° 的并集），可取得兼顾降容效果和低换流阀损耗的效果。

为更加方便进行有效验证，在 PSCAD/EMTDC 中搭建如图 2-7 所示的仿真模型。系统参数见表 2-7。

表 2-7　MMC 系统参数

系统参数	数值	系统参数	数值
额定直流电压 /kV	320	桥臂电感 L_{arm}/H	0.06
额定有功功率 /MW	500	等效变压器漏抗 L_T/H	0.025
电平数	201	子模块电容 C/mF	10

以 T-MMC 为对照（调制比 $m=0.9$，最大调制比为 1，且已投入 CCSC），本节采用的 BAM-MMC 的实际调制比 $m'=1$ 为例，根据式（2-24）和式（2-25）可计算出 BAM-MMC 的最大调制比 $m_{max}=1.1$（实际为 10/9，为方便计算，取 1.1），BAM-MMC 中桥臂各类子模块个数 $N_F=20$，复用的半桥子模块 $N_R=40$，桥臂上的半桥子模块个数 $N_C=160$。

通过式（2-31）和式（2-34）可得出 BAM-MMC 的谐波注入值 i_{2s} 的计算式为（修正系数 k_1 取 0.8）

$$i_{2s} = -0.4\sin(2\omega t - 45°) \tag{2-35}$$

为进行降容策略的有效验证，本节将分别进行等容值和低容值两种工况对比验证。其中，等容值工况指 BAM-MMC 与 T-MMC 的子模块电容容值不变；低容值工况指 BAM-MMC 的子模块电容容值低于 T-MMC 的子模块电容容值。下面将分别进行验证。

等容值工况下 BAM-MMC 与 T-MMC 的主要参数对比见表 2-8。

表 2-8　不同类型 MMC 系统的主要参数对比

系统参数	T-MMC	BAM-MMC
额定直流电压 /kV	320	320
额定有功功率 /MW	500	500
额定无功功率 /Mvar	0	0
调制比 m	0.9	1
子模块电容 C/mF	10	10
二倍频环流 /kA	0	i_{2s}

MMC 子模块电容电压波动范围和幅值的降低比率可按式（2-9）计算得到。等容值工况下不同类型 MMC 的关键电气量波形对比如图 2-12 所示。

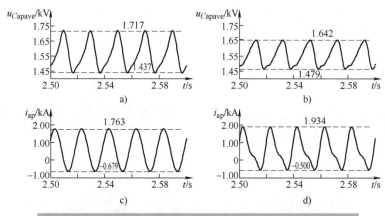

图 2-12　等容值工况下不同类型 MMC 的关键电气量波形对比

a) 子模块电容电压（T-MMC）　b) 子模块电容电压（BAM-MMC）
c) 桥臂电流（T-MMC）　d) 桥臂电流（BAM-MMC）

由图 2-12a、b 可知，在等容值工况下，子模块电容电压波动范围从 1.437 ～ 1.717kV（T-MMC）变为 1.479 ～ 1.642kV（BAM-MMC）。相对于 T-MMC，BAM-MMC 子模块电容电压波动峰峰值减小 41.79%，有效降低子模块电容电压波动范围。由图 2-12c、d 可知，BAM-MMC 在按照式（2-35）进行谐波注入后，桥臂电流的波动范围从 -0.679 ～ 1.763kA 变为 -0.500 ～ 1.934kA，桥臂电流的峰值满足于式（2-32）。

为更有效地验证所提 BAM-MMC 拓扑及其降容策略的有效性，将表 2-8 中 BAM-MMC 的子模块电容电压容值从 10mF 减小为 6mF，其余参量保持不变，进行进一步验证。关键电气量波形如图 2-13 所示。

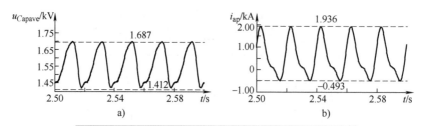

图 2-13 低容值工况下关键电气量波形（BAM-MMC）

a）子模块电容电压 b）桥臂电流

在图 2-13a 中，在降低子模块电容容值后，降容策略下的 BAM–MMC 子模块电容电压波动范围为 1.412～1.687kV。按式（2-9）的计算方法，相比于 T–MMC，BAM–MMC 子模块电容电压波动峰峰值减小 1.79%。图 2-13b 为低容值工况下桥臂电流波形，其波动范围为 –0.493～1.936kA，其峰值仍满足于式（2-32）。

ATS 支路 3 条分支的承压最值与复用桥臂电压密切相关。因此，分别截取 ATS 的 3 条支路的支路电压和复用桥臂电压进行验证，仿真波形如图 2-14 所示。

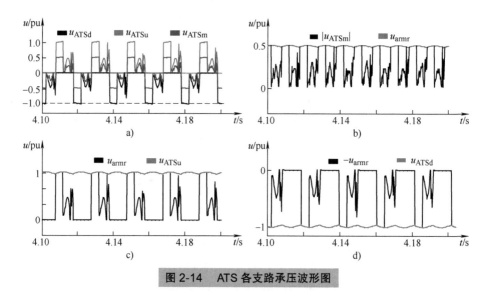

图 2-14 ATS 各支路承压波形图

a）ATS 各支路承压波形图 b）ATSm 支路承压波形图
c）ATSu 支路承压波形图 d）ATSd 支路承压波形图

图 2-14 中，所有波形图的纵坐标均以复用桥臂电压的最大值 $u_{maxarmr}$ 为基准值进行标幺化。图 2-14a 为 ATS 3 条支路的承压波形图，图 2-14b～d 分别为 ATS 3 条支路电压波形和复用桥臂电压波形关系图。从图 2-14b 可知，复用桥臂电压 u_{armr} 的一半为 ATSm 支路承压最值的包络线（为更加方便进行描述对比，将 ATSm 支路承压 u_{ATSm} 取绝对值 $|u_{ATSm}|$）。同理，由图 2-14c、d 可知，ATSu/ATSd

支路承压最值的包络线分别与 $u_{armr}/-u_{armr}$ 重合。

经济性分析包括建设成本分析和运行成本分析。建设成本包括换流站在初期建设过程中的一次投入，运行成本主要为换流阀损耗分析。

本节中 BAM-MMC 增加了转换开关支路会额外增加器件的使用。桥臂转换支路的承压和复用桥臂中的子模块个数有关。ATS 各支路器件使用数量见表 2-9，表中 N_R 为 BAM-MMC 复用的子模块个数。从表 2-9 可知，附加的 IGBT 和二极管个数均为 $3N_R+2$。

表 2-9 桥臂转换开关各支路器件使用数量

ATS 支路	承压极性	承压值	IGBT 数量	二极管数量
ATSu	单极性	$U_{maxarmr}$	N_R+1	N_R+1
ATSd	单极性	$U_{maxarmr}$	N_R+1	N_R+1
ATSm	双极性	$0.5U_{maxarmr}$	N_R	N_R

此外，由于 BAM-MMC 相对于 T-MMC 增加了 $6N_F$ 个 FBSM，虽经过复用使桥臂总子模块个数不变，但仍增加了 $12N_F$ 个 IGBT/ 二极管。根据 N_F 与 N_R 的关系，最终增加 $9N_R+2$ 个 IGBT/ 二极管。

在拓扑方面，由于 BAM-MMC 组成部分相较于 T-MMC 复杂，降低了其拓扑可靠性。但由于可有效降低子模块电容容值达 40% 以上，因此整体上具有一定的经济效益。

对比分析 BAM-MMC 和 T-MMC 的换流阀损耗，不同类型 MMC 子模块损耗对比见表 2-10。

表 2-10 不同类型 MMC 子模块损耗对比

子模块类型		损耗 /W	子模块数	单桥臂损耗 /W
BAM-MMC	半桥子模块	4821.6	160	981348
	全桥子模块	9643.2	20	
	半桥子模块（复用）	851.4	20	
T-MMC	半桥子模块	5017.9	200	1003580

同一桥臂级联的半桥子模块和全桥子模块中，全桥子模块的损耗是半桥子模块的 2 倍。BAM-MMC 单桥臂的总损耗略低于 T-MMC。

2.4.2 采用子模块混合型的 MMC

基于子模块混合型 MMC 的柔性直流换流阀由于其桥臂电压具有负电平输出能力，备受关注，并已成功应用在南方电网昆柳龙工程中。基于二倍频环流注入策略下的子模块混合 MMC 的轻型化方案也层出不穷。本节提出一种基于二倍频环流和三倍频电压混合注入的混合型 MMC 轻型化方案[9]，下面依次介绍。

相应的注入方案见式（2-14）和式（2-16），为了简化表示，定义二次、三次谐波注入系数为

$$\begin{cases} k_2 = I_{2s} / \dfrac{1}{3} I_{dc} \\ k_3 = U_3 / \dfrac{1}{2} U_{dc} \end{cases} \qquad (2\text{-}36)$$

将式（2-36）代入式（2-14）和式（2-16），重写 MMC 的 A 相上桥臂电压表达式 u_{ap} 和电流表达式 i_{ap} 为

$$\begin{cases} u_{ap} = \dfrac{1}{2} U_{dc} \left[1 - m\sin\omega t - k_3\sin(3\omega t + \varphi_3) \right] \\ i_{ap} = \dfrac{1}{3} I_{dc} \left[1 + \dfrac{2}{m\cos\varphi}\sin(\omega t - \varphi) + k_2\sin(2\omega t + \varphi_2) \right] \end{cases} \qquad (2\text{-}37)$$

因此 A 相上桥臂瞬时功率可表示为

$$s_{uam} = \sum_{i=0}^{5} s_{uam\_i} \qquad (2\text{-}38)$$

式中，s_{uam_i} 为桥臂瞬时功率中第 i 次分量，根据式（2-38）可推导出各次分量表达式为

$$\begin{bmatrix} s_{ua\_inj\_0} \\ s_{ua\_inj\_1} \\ s_{ua\_inj\_2} \\ s_{ua\_inj\_3} \\ s_{ua\_inj\_4} \\ s_{ua\_inj\_5} \end{bmatrix} = \dfrac{I_{dc}U_{dc}}{6m\cos\varphi} \begin{bmatrix} 0 \\ \begin{aligned} &[k_2k_3m\cos(\omega t - \varphi_2 + \varphi_3) - k_2m^2\cos(\omega t + \varphi_2) - \\ &2m^2\cos\omega t\cos\varphi + 4\cos(\omega t + \varphi)]/2 \end{aligned} \\ \begin{aligned} &[k_2m\cos(2\omega t + \varphi_2) + k_3\cos(2\omega t - \varphi + \varphi_3) - \\ &m\cos(2\omega t + \varphi)] \end{aligned} \\ m\left[k_3\sin(3\omega t + \varphi_3)\cos\varphi - mk_2\cos(3\omega t + \varphi_2)\right] \\ k_3\cos(4\omega t + \varphi + \varphi_3) \\ mk_2k_3\cos(5\omega t + \varphi_2 + \varphi_3)/2 \end{bmatrix} \qquad (2\text{-}39)$$

从式（2-39）可看出，桥臂功率的主要分量为基频分量和二倍频分量。通过选取特定的二倍频环流和三倍频电压混合注入对功率波动的基频、二倍频分量进行抑制，则可大幅抑制子模块电容电压波动。

考虑到子模块混合型 MMC 的正常运行约束和器件应力，本节给出二倍频环流和三倍频电压注入系数 k_2、k_3 范围限定如下：

对于三倍频电压注入，在三倍频电压注入前桥臂参考电压的负峰值 u_{ap_min} 为

$$u_{\text{ap\_min}} = \frac{1}{2} U_{\text{dc}} \left(1 - m \right) \tag{2-40}$$

在三倍频电压注入后，桥臂参考电压的负峰值 $u_{\text{ap\_min}}$ 为

$$u_{\text{ap\_min}} = \min u_{\text{ap}} \tag{2-41}$$

在桥臂电压为负时，子模块混合型 MMC 仅由全桥子模块支撑负向的桥臂参考电压，因此三倍频电压注入后的负峰值不应超过三倍频电压注入前的负峰值，解得三次谐波电压注入系数 k_3 应满足

$$k_3 \leqslant -\frac{m}{3} + \text{Re} \left[\frac{\left(\frac{2}{3} \right)^{1/3} m^2}{\left(-3m^3 + \mathrm{i}\sqrt{3}m^3 \right)^{1/3}} + \frac{\left(-3m^3 + \mathrm{i}\sqrt{3}m^3 \right)^{1/3}}{2^{1/3} 3^{2/3}} \right] \tag{2-42}$$

对于二倍频环流注入，经典环流抑制方法[7]中二倍频环流注入幅值 k_{2t} 为

$$k_{2t} = \frac{\frac{1}{4} m I_{\text{s}}}{\frac{1}{3} I_{\text{dc}}} \tag{2-43}$$

为了不增加器件应力，本节采用的二倍频环流注入系数 k_2 应满足

$$|k_2| \leqslant |k_{2t}| \tag{2-44}$$

桥臂功率基频波动分量为

$$s_{\text{uam\_1}} = \frac{I_{\text{sa}} U_{\text{dc}}}{16} \left[k_2 k_3 m \cos(\omega t - \varphi_2 + \varphi_3) - k_2 m^2 \cos(\omega t + \varphi_2) - 2m^2 \cos \omega t \cos \varphi + 4 \cos(\omega t + \varphi) \right] \tag{2-45}$$

展开式（2-45），可以将基频功率表示为两个正交量：

$$s_{\text{uam\_1}} = A_1 \cos \omega t + B_1 \sin \omega t \tag{2-46}$$

式中，A_1、B_1 分别为

$$\begin{cases} A_1 = k_2 k_3 m \cos\left(\varphi_2 - \varphi_3 \right) - k_2 m^2 \cos \varphi_2 - 2m^2 \cos \varphi + 4 \cos \varphi \\ B_1 = k_2 k_3 m \sin\left(\varphi_2 - \varphi_3 \right) + k_2 m^2 \sin \varphi_2 - 4 \sin \varphi \end{cases} \tag{2-47}$$

令 $A_1 = B_1 = 0$，则对应的 k_2、k_3、φ_2 和 φ_3 需满足

$$\begin{cases} k_2 = f_1\left(\varphi_2, \varphi_3 \right) \\ k_3 = f_2\left(\varphi_2, \varphi_3 \right) \end{cases} \tag{2-48}$$

式中，函数 f_1、f_2 的定义为

$$\begin{cases} f_1(\varphi_2,\varphi_3) = \dfrac{m(4-2m^2)\cos\varphi\sin\varphi_2 - 4m\sin\varphi\cos\varphi_2}{(2m^2-4)\cos\varphi\sin(\varphi_2-\varphi_3) - 4\sin\varphi\cos(\varphi_2-\varphi_3)} \\[4mm] f_2(\varphi_2,\varphi_3) = \dfrac{4\sin\varphi\cos(\varphi_2-\varphi_3) + (2m^2-4)\cos\varphi\sin(\varphi_2-\varphi_3)}{m^2\sin(2\varphi_2-\varphi_3)} \end{cases} \quad (2\text{-}49)$$

从式（2-49）可以看出，若要将子模块电容电压基频波动分量抑制为 0，当给定实际工况的调制比 m 和功率因数角 φ 时，二次、三次谐波注入系数 k_2、k_3 是注入相角 φ_2 和 φ_3 的函数。

根据式（2-39），桥臂功率二倍频波动分量为

$$s_{\text{uam\_2}} = \frac{I_{\text{sa}}U_{\text{dc}}}{8}\left[k_2 m\cos(2\omega t+\varphi_2) + k_3\cos(2\omega t-\varphi+\varphi_3) - m\cos(2\omega t+\varphi)\right] \quad (2\text{-}50)$$

展开式（2-50），二倍频功率分量可表示为

$$s_{\text{uam\_2}} = A_2\cos 2\omega t + B_2\sin 2\omega t \quad (2\text{-}51)$$

式中，A_2、B_2 分别为

$$\begin{cases} A_2 = k_2 m\cos\varphi_2 + k_3\cos(\varphi_3-\varphi) - m\cos\varphi \\ B_2 = -k_2 m\sin\varphi_2 - k_3\sin(\varphi_3-\varphi) + m\sin\varphi \end{cases} \quad (2\text{-}52)$$

根据式（2-52），二倍频功率分量幅值可表示为

$$\begin{aligned} S_{\text{am2}} = k_3^2 + (1+k_2^2)m^2 - 2m[k_2 m\cos(\varphi-\varphi_2) + \\ k_3\cos(2\varphi-\varphi_3) - k_3 k_2\cos(\varphi+\varphi_2-\varphi_3)] \end{aligned} \quad (2\text{-}53)$$

令 $A_2=B_2=0$，解得对应的 k_2、k_3、φ_2 和 φ_3 需满足

$$\begin{cases} k_2 = f_3(\varphi_2,\varphi_3) \\ k_3 = f_4(\varphi_2,\varphi_3) \end{cases} \quad (2\text{-}54)$$

式中，函数 f_3、f_4 的定义为

$$\begin{cases} f_3(\varphi_2,\varphi_3) = \dfrac{\sin(\varphi_3-2\varphi)}{\sin(\varphi_3-\varphi-\varphi_2)} \\[4mm] f_4(\varphi_2,\varphi_3) = \dfrac{m\sin(\varphi_2-\varphi)}{\sin(\varphi_2-\varphi_3+\varphi)} \end{cases} \quad (2\text{-}55)$$

为了最大程度降低子模块电容电压波动，考虑子模块电容电压基频波动和二倍频波动的同时抑制，联立式（2-48）和式（2-54），理论最优解应满足方程

$$\begin{cases} f_1(\varphi_2,\varphi_3)=f_3(\varphi_2,\varphi_3) \\ f_2(\varphi_2,\varphi_3)=f_4(\varphi_2,\varphi_3) \end{cases}$$ （2-56）

考虑约束条件式（2-42）和式（2-44），方程组式（2-56）的有解区间图如图 2-15 所示，图中 $area_1$、$area_2$ 标识的区域分别为方程组有解和无解的区域。在 $area_1$ 中联立方程组有解，且注入量均在合理区间，可以实现。而在 $area_2$，即调制比较小且功率因数接近 0 时，不能实现功率波动的基频、二倍频波动同时抑制为 0 的目标。

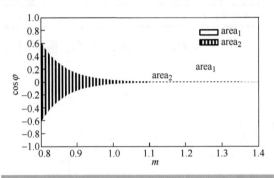

图 2-15　基频和二倍频功率波动抑制方程有解区间图

因此对于 $area_1$，方程组式（2-56）给出了最优注入量使得桥臂功率的基频分量和二倍频分量抑制为 0；对于 $area_2$，应在满足完全抑制基频功率波动的式（2-56）下，尽可能地抑制分量第二大的二倍频波动，优化目标如下：

$$\begin{aligned} \min S_{am2} =\ &k_3^2+(1+k_2^2)m^2-2m[k_2m\cos(\varphi-\varphi_2)+\\ &k_3\cos(2\varphi-\varphi_3)-k_3k_2\cos(\varphi+\varphi_2-\varphi_3)] \end{aligned}$$ （2-57）

$$\text{s.t.}\begin{cases} k_2=f_1(\varphi_2,\varphi_3) \\ k_3=f_2(\varphi_2,\varphi_3) \end{cases}$$

为了检验本节提出的基频、二倍频波动综合抑制策略的有效性，在 PSCAD/EMTDC 中搭建双端混合 MMC 仿真系统进行验证。子模块混合型 MMC 交流侧接三相交流电网，变压器采用丫/△接法，其他基本参数见表 2-11。

表 2-11　仿真算例参数表

系统参数	数值
交流侧电压 /kV	136/152/168/184/200
电压调制比	0.85/0.95/1.05/1.15/1.25
额定有功功率 /MW	500

（续）

系统参数	数值
直流母线电压 /kV	320
桥臂电感 /H	0.06
阀侧变压器漏抗 /H	0.05
单个桥臂全桥子模块个数	130
单个桥臂半桥子模块个数	100
子模块电容容值 /μF	10000
子模块电容电压参考值 /kV	1.39

以工况 $m=0.85$，$\cos\varphi=1$ 为例，图 2-16 给出了子模块混合型 MMC 传输额定功率时的稳态运行波形。

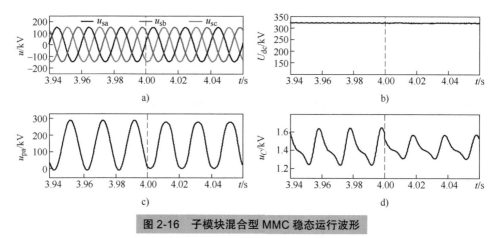

图 2-16　子模块混合型 MMC 稳态运行波形

a）三相交流电压　b）直流电压　c）桥臂电压　d）子模块电容电压

图 2-16a、b 分别为子模块混合型 MMC 三相交流电压和直流电压波形，在 4s 时投入所提策略，投入前后稳态运行波形几乎不受影响，可以看出所搭建系统具有良好的稳态运行性能。图 2-16c 为子模块混合型 MMC 桥臂电压波形，当控制策略投入后，桥臂电压波形对应改变。图 2-16d 为子模块电容电压波形，4s 后子模块电容电压纹波峰峰值大幅降低。

图 2-17 给出了各工况下所提策略、经典混合注入策略以及未投入降容策略时子模块电容电压波动峰峰值 $u_{\text{p-p}}$ 对比。

从图 2-17 可看出，相比于未投入降容策略，本节所提策略较大程度降低子模块电容电压波动。相比于现有的混合注入策略，投入本节所提策略可使子模块电容电压波动峰峰值更低，尤其当 m 较大时波动抑制策略更明显。各工况下所提控制策略相比经典混合注入策略可降低至少 21.1%［计算公式式（2-9）为准］

的子模块电容电压波动峰峰值。

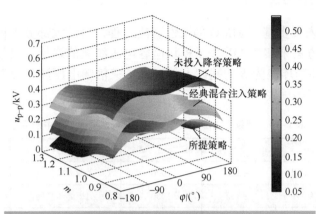

图 2-17　所提策略、经典混合注入策略以及未投入降容策略
时子模块电容电压波动峰峰值对比

　　理论分析和仿真结果表明，所提策略相比经典混合注入策略，降低子模块电容电压波动的能力更强。选取工况 1（$m=0.85$，$\cos\phi=1$）、工况 2（$m=1.25$，$\cos\phi=1$）作为 area_1、area_2 的代表，计算和仿真结果见表 2-12。在两种工况下，投入经典混合注入策略子模块电容容值分别可以降低 28.1% 和 29.2%，投入所提策略子模块电容容值可分别降低 42.5% 和 43.4%。

表 2-12　降低电容容值结果比较

工况	子模块电容容值降低比例	
	经典混合注入策略	本节所提策略
工况 1	28.1%	42.5%
工况 2	29.2%	43.4%

　　为了评估所提策略对稳态损耗的影响，对策略投入前后换流站中 IGBT、二极管的开关损耗与通态损耗进行计算和比对。损耗计算结果见表 2-13。

表 2-13　投入策略前后损耗对比结果

工况	策略投入	通态损耗 /MW	开关损耗 /MW	总损耗占比
工况 1	投入前	6.411	0.638	1.411%
	投入后	6.476	0.636	1.422%
工况 2	投入前	5.637	0.516	1.231%
	投入后	5.689	0.507	1.239%

　　表 2-13 表明，策略投入后通态损耗和开关损耗相较投入前无太大变化，可认为所提策略对损耗影响较小。

2.5 谐波注入法在实际工程中的应用

我国已投入很多基于 MMC 的柔性直流工程,目前大部分工程都采用了将环流抑制到零的方案来实现 MMC 子模块电容电压纹波的降低。但张北四端柔性直流电网[10]在基于环流为零的基础上,采用了三倍频电压注入方案。不同的柔性直流工程中的应用见表 2-14。

表 2-14　谐波注入法在基于 MMC 的柔性直流工程中的应用

投运时间	名称	电压等级 /kV	额定容量 /MW	建设目的	谐波电压 / 电流注入
2015 年	厦门工程	± 320	1000	无源海岛供电	环流抑制
2016 年	鲁西工程	± 350	1000	交流异步联网	环流抑制
2019 年	渝鄂工程	± 420	4 × 1250	交流异步联网	环流抑制
2020 年	张北工程	± 500	2 × 3000 2 × 1500	四端直流电网 可再生能源并网	三倍频电压注入 结合环流抑制
2020 年	昆柳龙工程	± 800	5000	三端混合直流乌东德 水电外送	环流抑制
2021 年	如东工程	± 400	1100	海上风电送出	环流抑制
2022 年	白鹤滩工程	± 800	4000 柔性直流	白鹤滩水电外送	环流抑制

从表 2-14 中可看出,环流抑制和零序电压注入已在目前已有工程中成功应用,环流注入方案目前在现有工程中未有体现。

张北四端柔性直流电网的框架如图 2-18 所示。

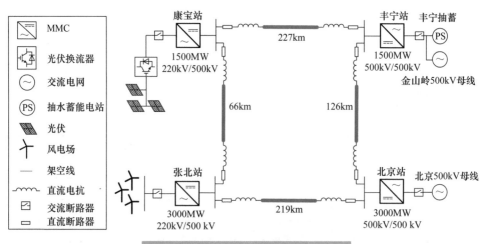

图 2-18　张北四端柔性直流电网的框架

张北四端柔性直流电网各站的参数见表 2-15。

表 2-15　张北四端柔性直流电网各站的参数

换流站	桥臂子模块数	子模块电容 /μF	桥臂电抗 /mH
康宝站	233	7500	100
张北站	233	15000	75
北京站	233	15000	75
丰宁站	233	7500	100

在 PSCAD/EMTDC 中搭建张北柔性直流电网程序，并将投入 CCSC 和三倍频电压控制器，截取康宝站关键电气量波形如图 2-19 所示。

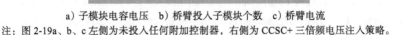

图 2-19　张北工程康宝站关键电气量波形

a) 子模块电容电压　b) 桥臂投入子模块个数　c) 桥臂电流

注：图 2-19a、b、c 左侧为未投入任何附加控制器，右侧为 CCSC+ 三倍频电压注入策略。

图 2-19 为康宝站在投入 CCSC 和三倍频电压耦合注入策略前、后子模块电容电压、桥臂投入子模块个数和桥臂电流波形图，均以 MMC 的 A 相上桥臂为例。通过投入相应策略前、后关键电气量的对比可看出：耦合策略的注入可有效降低 MMC 子模块电容电压纹波峰峰值达 23.23%。桥臂投入子模块个数范围从 27 ~ 206 变为 30 ~ 201。桥臂电流只含有直流偏置的基频分量。

2.6 本章小结

为降低 MMC 换流站对子模块电容容值的要求，实现 MMC 的紧凑化，有必要降低 MMC 正常运行时子模块的电容电压纹波幅值，从而降低子模块电容容值。本章主要从谐波注入方案、拓扑改进方案及基于拓扑改进方案下的谐波注入方案进行了全面的梳理和归类，得到如下结论：

1）二倍环流注入方法是控制类方法的主流策略，方法的核心在于环流注入量参考值的计算。最优的谐波注入量需根据所关注的物理量决定，基本原则为在保证不影响 MMC 桥臂电流峰值、MMC 换流阀损耗的前提下，最大限度地实现 MMC 子模块电容容值的降低。

2）相比控制类方法，改进拓扑类方法需对原有 MMC 拓扑进行修改，增加部分器件，一定程度上增加了投资成本。因此关键在于如何平衡增加器件的成本与降低电容容值带来的经济效益，相比控制类方法，其工程应用更加困难。

3）部分原本具有特定功能的拓扑，如全桥比例 50% 以上的半全混合 MMC 拓扑，具有无闭锁直流故障穿越能力，同时也具有降低子模块电容电压波动的特性，及优良的应用前景，并可与较为成熟的控制类方法配合使用，达到更好的电容电压抑制效果。

参考文献

[1] 赵成勇. 柔性直流输电建模和仿真技术 [M]. 北京：中国电力出版社，2014.
[2] ZHAO C, FAN Q, LI S, et al. Operation method of MMC capacitance reduction under arm inductor switching control [J]. IEEE transactions on power delivery, 2021, 36 (1): 418-428.
[3] 许建中，李钰，陆锋，等. 降低 MMC 子模块电容电压纹波幅值的方法综述 [J]. 中国电机工程学报，2019，39 (2): 571-584, 654.
[4] TU Q, XU Z, XU L. Reduced switching- frequency modulation and circulating current suppression for modular multilevel converters [J]. IEEE transactions on power delivery, 2011, 26 (3): 2009-2017.
[5] VASILADIOTIS M, CHERIX N, RUFER A. Accurate capacitor voltage ripple estimation and current control considerations for grid-connected modular multilevel converters [J]. IEEE transactions on power electronics, 2014, 29 (9): 4568-4579.
[6] 樊强，陆锋，张帆，等. 基于桥臂二倍频电流分量重构的 MMC 降容控制方法 [J]. 电力建设，2019，40 (2): 87-93.
[7] 陆锋，李钰，樊强，等. 混合 MMC 电容电压波动差异机理及抑制策略 [J]. 电力系统自动化，2019，43 (17): 92-101.
[8] 樊强，赵成勇，许建中. 桥臂复用型 MMC 拓扑启动及降容策略研究 [J]. 中国电机工程学报 2022，42 (19): 7150-7159.

［9］XU J，DENG W，GAO C，et al. Dual harmonic injection for reducing the submodule capacitor voltage ripples of hybrid MMC ［ J ］. IEEE journal of emerging and selected topics in power electronics，2020，9（3）:3622-3633.

［10］郭铭群，梅念，李探，等 . ±500kV 张北柔性直流电网工程系统设计［J］. 电网技术，2021，45（10）：4194-4204.

Chapter 3

第3章

紧凑化混合型 MMC ◀◀◀◀ 拓扑及其故障穿越方法

第 2 章针对柔性直流换流阀体积 / 重量大、成本高的问题,主要研究适用于稳态工况的换流阀紧凑化策略。本章主要面向柔性直流电网在交直流故障穿越期间的换流阀紧凑化问题,详细介绍换流阀子模块电容电压波动抑制策略和直流故障穿越方法。

3.1 半全混合换流站暂态电容过电压抑制方法

电网运行中经常会出现电网电压不平衡的情况,此时产生的负序电压会引起输出电流的不平衡,加剧 MMC 子模块电容电压的波动[1-2]。抑制电网电压不平衡期间的子模块电容电压波动,能够保证紧凑化 MMC 系统在子模块降容后的安全稳定运行。本节将着重介绍电网电压不平衡时的电容电压波动抑制策略。

3.1.1 不平衡电压下子模块电容电压波动特性

交流电压在不平衡运行条件下,三相直流电流不再均分,且存在正 / 负序的电压和电流分量[3],此时的电容电压波动特性与稳态期间有所不同,本小节首先分析在不平衡电压条件下的电容电压波动特性。

子模块的电容电压特性需要根据 MMC 系统的电压电流特性得到,因此本节首先从 MMC 网侧电压进行分析。当 MMC 换流阀运行在交流电压不平衡的条件下时,此时的网侧三相电压可以表示为

$$\begin{cases} u_{ga} = xkU_m \sin(\omega t + \delta) \\ u_{gb} = ykU_m \sin(\omega t + \delta - 120°) \\ u_{gc} = zkU_m \sin(\omega t + \delta + 120°) \end{cases} \tag{3-1}$$

式中,u_{ga}、u_{gb}、u_{gc} 为网侧三相电压;x、y、z 为三相电压跌落系数,取值为 0 ~ 1;k 为变压器电压比;U_m 为稳态条件下的阀侧交流相电压幅值;ω 为基波角频率;

δ 为变压器移相角。

三相电压经过对称分量法分解，可以得到网侧 A 相电压的正、负、零序分量：

$$\begin{bmatrix} u_{\mathrm{ga}}^+ \\ u_{\mathrm{ga}}^- \\ u_{\mathrm{ga}}^0 \end{bmatrix} = \frac{1}{3} \begin{bmatrix} 1 & \alpha & \alpha^2 \\ 1 & \alpha^2 & \alpha \\ 1 & 1 & 1 \end{bmatrix} \begin{bmatrix} u_{\mathrm{ga}} \\ u_{\mathrm{gb}} \\ u_{\mathrm{gc}} \end{bmatrix} \tag{3-2}$$

式中，u_{ga}^+、u_{ga}^- 和 u_{ga}^0 分别为网侧三相电压的正、负和零序电压分量；$\alpha = \mathrm{e}^{\mathrm{j}120°}$。

由于变压器常采用 丫/△ 接线方式，阀侧没有零序电压存在，即 $u_0 = 0$，MMC 阀侧三相交流电压可以表示为

$$\begin{cases} u_{\mathrm{a}} = U_{\mathrm{am}}^+ \sin(\omega t + \alpha^+) + U_{\mathrm{am}}^- \sin(\omega t + \alpha^-) \\ u_{\mathrm{b}} = U_{\mathrm{bm}}^+ \sin(\omega t + \beta^+) + U_{\mathrm{bm}}^- \sin(\omega t + \beta^-) \\ u_{\mathrm{c}} = U_{\mathrm{cm}}^+ \sin(\omega t + \gamma^+) + U_{\mathrm{cm}}^- \sin(\omega t + \gamma^-) \end{cases} \tag{3-3}$$

式中，U_{im}^+、U_{im}^-（i=a，b，c）分别为阀侧三相正、负序电压幅值；α^+、α^- 为 A 相正、负序电压相角；β^+、β^- 为 B 相正、负序电压相角；γ^+、γ^- 为 C 相正、负序电压相角。

以 A 相为例，假设在不平衡工况下采用 CCSC 消去了二次环流分量，则上、下桥臂电流分别表示为

$$i_{\mathrm{pa}} = I_{\mathrm{dca}} + \frac{I^+}{2} \sin(\omega t + \varphi^+) + \frac{I^-}{2} \sin(\omega t + \varphi^-) \tag{3-4}$$

$$i_{\mathrm{na}} = I_{\mathrm{dca}} - \frac{I^+}{2} \sin(\omega t + \varphi^+) - \frac{I^-}{2} \sin(\omega t + \varphi^-) \tag{3-5}$$

式中，I^+ 为正序交流电流幅值；I^- 为负序交流电流幅值；φ^+、φ^- 分别为正、负序交流电流的相角。在不平衡工况下 A、B、C 三相直流电流不再均分（即不是 $I_{\mathrm{dc}}/3$）。I_{dca} 表示 A 相桥臂电流中的直流电流值。

定义调制比 $m = 2U_{\mathrm{m}}/U_{\mathrm{dc}}$，此时，A 相上、下桥臂的调制电压分别为

$$u_{\mathrm{pa}} = \frac{U_{\mathrm{dc}}}{2}[1 - m^+ \sin(\omega t + \alpha^+) - m^- \sin(\omega t + \alpha^-)] \tag{3-6}$$

$$u_{\mathrm{na}} = \frac{U_{\mathrm{dc}}}{2}[1 + m^+ \sin(\omega t + \alpha^+) + m^- \sin(\omega t + \alpha^-)] \tag{3-7}$$

式中，m^+、m^- 分别为正、负序电压调制比。

则上、下桥臂的开关函数可分别表示为

$$S_{pa} = \frac{1}{2}[1 - m^+ \sin(\omega t + \alpha^+) - m^- \sin(\omega t + \alpha^-)] \tag{3-8}$$

$$S_{na} = \frac{1}{2}[1 + m^+ \sin(\omega t + \alpha^+) + m^- \sin(\omega t + \alpha^-)] \tag{3-9}$$

根据电流平均值模型，上、下桥臂流过子模块的电流表达式为

$$i_{pa}^{avg} = i_{pa} S_{pa} \tag{3-10}$$

$$i_{na}^{avg} = i_{na} S_{na} \tag{3-11}$$

A 相上桥臂电流展开式为

$$
\begin{aligned}
i_{pa}^{avg} = \frac{1}{2}\Big[& I_{dca} - \frac{1}{4}m^+I^+\cos(\alpha^+-\varphi^+) - \frac{1}{4}m^+I^-\cos(\alpha^+-\varphi^-) - \frac{1}{4}m^-I^+\cos(\alpha^--\varphi^+) - \\
& \frac{1}{4}m^-I^-\cos(\alpha^--\varphi^-) + \frac{I^+}{2}\sin(\omega t+\varphi^+) + \frac{I^-}{2}\sin(\omega t+\varphi^-) - I_{dca}m^+\sin(\omega t+\alpha^+) - \\
& I_{dca}m^-\sin(\omega t+\alpha^-) + \frac{1}{4}m^+I^+\cos(2\omega t+\alpha^++\varphi^+) + \frac{1}{4}m^+I^-\cos(2\omega t+\alpha^++\varphi^-) + \\
& \frac{1}{4}m^-I^+\cos(2\omega t+\alpha^-+\varphi^+) + \frac{1}{4}m^-I^-\cos(2\omega t+\alpha^-+\varphi^-) \Big]
\end{aligned}
\tag{3-12}
$$

根据电容的电压电流特性可以得到 A 相上桥臂子模块电容电压表达式为

$$
\begin{aligned}
u_{Cpa} = \frac{1}{C}\int i_{pac\_avg}\mathrm{d}t = U_{C0} + \frac{-1}{2\omega C}\Big[& \frac{I^+}{2}\cos(\omega t+\varphi^+) + \frac{I^-}{2}\cos(\omega t+\varphi^-) - \\
& I_{dca}m^+\cos(\omega t+\alpha^+) - I_{dca}m^-\cos(\omega t+\alpha^-) - \frac{1}{8}m^+I^+\sin(2\omega t+\alpha^++\varphi^+) - \\
& \frac{1}{8}m^+I^-\sin(2\omega t+\alpha^++\varphi^-) - \frac{1}{8}m^-I^+\sin(2\omega t+\alpha^-+\varphi^+) - \frac{1}{8}m^-I^-\sin(2\omega t+\alpha^-+\varphi^-) \Big]
\end{aligned}
\tag{3-13}
$$

式中，U_{C0} 为子模块电容电压的直流分量，通常认为 $U_{C0}=U_{dc}/N$，N 为每桥臂上的子模块个数。

MMC 子模块上能量不能无限积聚，式（3-12）中的直流分量应为 0[4]，由此可得桥臂中流过的直流电流为

$$
\begin{aligned}
I_{dca} = & \frac{1}{4}m^+I^+\cos(\alpha^+-\varphi^+) + \frac{1}{4}m^+I^-\cos(\alpha^+-\varphi^-) + \\
& \frac{1}{4}m^-I^+\cos(\alpha^--\varphi^+) + \frac{1}{4}m^-I^-\cos(\alpha^--\varphi^-)
\end{aligned}
\tag{3-14}
$$

上下桥臂的电容电压波动分量中，奇次分量方向相反，偶次分量方向相同，此性质与电网电压平衡情况下的电容电压波动特性相同。

以上表达式都以 A 相为例，由于三相电网电压不平衡，三相的子模块电容电压波动也不再对称，但各相计算方式相同，只需将以上各式中的各相角进行修正即可得到 B 相和 C 相的对应表达式。本章此后的推导计算也以 A 相为例进行。

3.1.2 不平衡电压下子模块电容电压波动抑制方法

MMC 三相桥臂间的二倍频环流是影响子模块电容电压波动的重要因素。因此，在桥臂上主动注入一定幅值与相角的二次谐波电流是抑制电容电压波动的一种灵活有效的方式[2]。本小节主要介绍在不平衡电网电压条件下，抑制子模块电容电压波动的二次谐波电流注入方法。

电网电压不平衡时，换流站交流母线的电压会含有负序和零序分量，而 MMC 正常时不提供与之相对的反电势，因此会在 MMC 阀侧产生负序电流分量（连接变压器通常采用丫/△接法，阀侧没有零序电流通路，因此没有零序电流），与桥臂电流其他分量叠加后可能会超过 IGBT 等器件的电流限值，故 MMC 控制器应在平衡状态时的控制器基础上增加负序电流控制环节，以将 MMC 负序电流降为 0 为控制目标。因此，3.1.1 节推导的公式中：$m^- \neq 0$，$I^- = 0$，且考虑到二次谐波电流注入策略的投入，A 相上、下桥臂电流需要修正为

$$\begin{cases} i_{pa} = I_{dca} + \dfrac{I^+}{2}\sin(\omega t - \varphi^+) + I_2\sin(2\omega t + \varphi_2) \\ i_{na} = I_{dca} - \dfrac{I^+}{2}\sin(\omega t - \varphi^+) + I_2\sin(2\omega t + \varphi_2) \end{cases} \quad （3-15）$$

式中，I_2 和 φ_2 分别为二次谐波电流注入的幅值和相角。

以 A 相上桥臂为例，桥臂电流、电压可以表示为

$$\begin{cases} i_{pa} = \dfrac{I^+}{2}[I_{dc\_a} + \sin(\omega t - \varphi^+) + k_2\sin(2\omega t + \varphi_2)] \\ u_{pa} = \dfrac{U_{dc}}{2}[1 - m^+\sin(\omega t + \alpha^+) - m^-\sin(\omega t + \alpha^-)] \end{cases} \quad （3-16）$$

式中，I_{dc_a} 为 A 相桥臂电流的直流分量；k_2 为二次谐波注入系数，定义 $k_2 = 2I_2/I^+$。

根据式（3-16）桥臂电流和电压的表达式，可以得到 A 相上桥臂瞬时功率 P_{pa} 为

$$P_{pa} = \frac{U_{dc}I^+}{4}\sum_{i=0}^{3}k_{pa\_i} \quad （3-17）$$

式中，k_{pa_i} 表示桥臂瞬时功率中的第 i 次分量，式中各次分量具体表达式为

$$\begin{cases} k_{\text{pa\_0}} = I_{\text{dc\_a}} - \dfrac{m^+ \cos(\alpha^+ + \varphi^+) + m^- \cos(\alpha^- + \varphi^+)}{2} \\[2mm] k_{\text{pa\_1}} = \sin(\omega t - \varphi^+) - I_{\text{dc\_a}} m^+ \sin(\omega t + \alpha^+) - \dfrac{m^+ k_2}{2} \cos(\omega t + \varphi_2 - \alpha^+) - \\[2mm] \qquad\quad I_{\text{dc\_a}} m^- \sin(\omega t + \alpha^-) - \dfrac{m^- k_2}{2} \cos(\omega t + \varphi_2 - \alpha^-) \\[2mm] k_{\text{pa\_2}} = k_2 \sin(2\omega t + \varphi_2) + \dfrac{m^+}{2} \cos(2\omega t + \alpha^+ - \varphi^+) + \dfrac{m^-}{2} \cos(2\omega t + \alpha^- - \varphi^+) \\[2mm] k_{\text{pa\_3}} = \dfrac{m^+ k_2}{2} \cos(3\omega t + \varphi_2 + \alpha^+) + \dfrac{m^- k_2}{2} \cos(3\omega t + \varphi_2 + \alpha^-) \end{cases} \tag{3-18}$$

桥臂功率波动幅值与电容电压波动幅度呈正相关, 合理选取谐波注入的幅值、相角来抑制桥臂功率波动就可以达到抑制电容电压波动的效果[5]。从式 (3-18) 可以看出, 桥臂瞬时功率的三倍频分量完全由注入的二次谐波产生, 由于 k_2 和 m^+、m^- 都是数值较小的常数, 相比于基频和二倍频分量, 三倍频分量幅值较小, 可以忽略, 功率波动量主要受基频和二倍频分量影响[5]。下面将基于桥臂瞬时功率的基频和二倍频分量进行分析。

根据式 (3-18), 可以得到 A 相上桥臂瞬时功率波动的基频和二倍频分量 $P_{\text{pa\_1}}$、$P_{\text{pa\_2}}$ 的表达式。通过正交三角变换, $P_{\text{pa\_1}}$、$P_{\text{pa\_2}}$ 可以表示为

$$P_{\text{pa\_1}} = A_{\text{pa\_1}} \sin \omega t + B_{\text{pa\_1}} \cos \omega t \tag{3-19}$$

$$P_{\text{pa\_2}} = A_{\text{pa\_2}} \sin 2\omega t + B_{\text{pa\_2}} \cos 2\omega t \tag{3-20}$$

根据式 (3-19)、式 (3-20) 变换的结果, 可以得到 A 相上桥臂瞬时功率的基频和二倍频波动的幅值为

$$\begin{cases} |P_{\text{pa\_1}}| = \sqrt{A_{\text{pa\_1}}^2 + B_{\text{pa\_1}}^2} \\[2mm] |P_{\text{pa\_2}}| = \sqrt{A_{\text{pa\_2}}^2 + B_{\text{pa\_2}}^2} \end{cases} \tag{3-21}$$

使用相同的推导方法可以得到 B 相和 C 相上桥臂瞬时功率的基频和二倍频分量幅值的表达式, 即 $|P_{\text{pb\_1}}|$、$|P_{\text{pb\_2}}|$ 和 $|P_{\text{pc\_1}}|$、$|P_{\text{pc\_2}}|$。

稳态运行时, MMC 是三相对称的, 仅需分析一相桥臂功率即可; 但是如果有电网电压不平衡的情况发生, MMC 三相桥臂的瞬时功率不再对称, 因此需要同时考虑三相桥臂功率的基频和二倍频分量。为了使三相功率波动的幅值最小, 目标函数可以定义为

$$\min P(m, k_2, \varphi_2) = \sum |P_{\text{px\_1}}| + \sum |P_{\text{px\_2}}| \tag{3-22}$$

式中，$|P_{px\_1}|$ 与 $|P_{px\_2}|$（x=a，b，c）分别为三相上桥臂瞬时功率的基频和二倍频波动的幅值。

以式（3-22）最小化作为目标进行全局优化，获得最优的二次谐波电流注入的幅值和相角。根据不同的正、负序调制比以及功率因数角来确定 m、k_2、φ_2 三个变量的最优取值。下面以遍历参数的方式为例，对二次谐波电流注入参数以及最优调制比的选取进行详细说明。

二次谐波注入参数的优化过程如图 3-1a 所示。首先输入系统参数，包括三相电压的正、负序调制比、相角和功率因数角等参数，并确定变量初值和遍历步长。根据 MMC 系统运行条件，设定参数 $m \in [1, 1.5]$，$\varphi_2 \in [0, 2\pi]$，$k_2 \in [-1, 1]$，m_0、φ_{20}、k_{20} 是 m、φ_2 和 k_2 的初始值（$m_0=1$，$\varphi_{20}=0$，$k_{20}=-1$），d_1、d_2 和 d_3 是对应的遍历步长。然后，将变量代入桥臂功率幅值表达式中计算三相桥臂功率波动基频和二倍频分量的幅值，即 $|P_{px\_1}|$ 和 $|P_{px\_2}|$。$|P_{px\_1}|$ 和 $|P_{px\_2}|$ 用于计算目标函数 P 的值，把该值与相应的参数记录为一个数据组（m，k_2，φ_2，P）。再改变 m、k_2 和 φ_2 的值，重复以上流程，通过寻找使得目标函数值最小的数据组，得到最优注入参数（k_{2min}、φ_{2min}）以及最优调制比 m_{opt}。

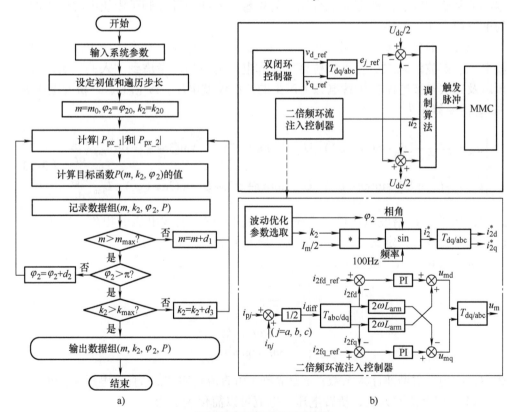

a)　　　　　　　　　　　　　　b)

图 3-1　参数优化流程图

图 3-1b 所示的整体系统控制框图中，下方点划线框展示的是二倍频环流注入控制器的工作过程，k_2 和 φ_2 表示需要注入二倍频环流幅值和相角；$T_{abc/dq}$ 模块为 dq 变换模块，$T_{dq/abc}$ 模块为 dq 反变换模块；i_{2d}^* 和 i_{2q}^* 分别为 d 轴和 q 轴二倍频环流参考值；PI 模块为比例积分环节；L_{arm} 为桥臂电感值；i_{diff} 为相环流测量值；i_{2fd} 和 i_{2fq} 分别为 d 轴二倍频环流和 q 轴二倍频环流；二倍频环流的 dq 轴测量值与参考值作差后经过 PI 调节得到 d 轴二倍频环流调制电压和 q 轴二倍频环流调制电压，两者经过 dq 反变换生成二倍频环流调制电压信号 u_2。上方实线框展示系统整体工作控制框图。双闭环控制器生成调制波参考信号 e_{j_ref}，二倍频环流注入控制器输出二倍频环流调制电压信号 u_2，进而影响调制环节，最终实现二倍频环流的注入。

3.1.3 谐波耦合注入的子模块电容电压波动抑制方法

三次谐波电压注入是常见的波动抑制方法，其目标为最大限度地降低调制波基波的峰值，达到更高的调制比，从而使子模块电容电压波动水平更低。因此，本小节基于二次、三次谐波混合注入的思想，介绍一种抑制子模块电容电压波动的谐波耦合注入策略。

谐波耦合注入策略是指在桥臂上注入二次谐波电流，在参考波上注入三次谐波电压。谐波注入之后将重塑桥臂电流和电压的波形。考虑到注入的三次谐波电压以及二次谐波电流在桥臂电感上产生的二次谐波电压，A 相上、下桥臂电压 u_{pa} 和 u_{na} 需要修正为

$$\begin{cases} u_{pa} = \dfrac{1}{2}U_{dc} - U_{am}^+ \sin(\omega t + \alpha^+) - U_{am}^- \sin(\omega t + \alpha^-) - U_3 \sin(3\omega t + \varphi_3) + L_{arm}\dfrac{di_{cir}}{dt} \\ u_{na} = \dfrac{1}{2}U_{dc} + U_{am}^+ \sin(\omega t + \alpha^+) + U_{am}^- \sin(\omega t + \alpha^-) + U_3 \sin(3\omega t + \varphi_3) + L_{arm}\dfrac{di_{cir}}{dt} \end{cases} \quad (3\text{-}23)$$

式中，U_3 为三次谐波电压注入幅值；φ_3 为注入三次谐波电压的相角；i_{cir} 为注入的二次谐波电流，定义二次谐波电流分量 $i_{cir} = I_2 \sin(2\omega t + \varphi_2)$。

为了简化表示，做以下定义：

$$\begin{cases} k_3 = \dfrac{2U_3}{U_{dc}} \\ c = \dfrac{8\omega L_{arm}P_{dc}}{3m^+ \cos\varphi^+ U_{dc}^2} \end{cases} \quad (3\text{-}24)$$

式中，k_3 为三次谐波注入系数；c 为常数，由直流功率 P_{dc} 和直流电压 U_{dc} 决定。

以 A 相上桥臂为例，桥臂电压、电流可以简化表示为

$$\begin{cases} i_{\mathrm{pa}} = \dfrac{I^+}{2}[I_{\mathrm{dc\_a}} + \sin(\omega t - \varphi^+) + k_2\sin(2\omega t + \varphi_2)] \\ u_{\mathrm{pa}} = \dfrac{U_{\mathrm{dc}}}{2}[1 - m^+\sin(\omega t + \alpha^+) - m^-\sin(\omega t + \alpha^-) - k_3\sin(3\omega t + \varphi_3) + ck_2\cos(2\omega t + \varphi_2)] \end{cases}$$

$$(3\text{-}25)$$

根据桥臂电流和电压的表达式，可以得到 A 相上桥臂瞬时功率 P_{pa} 的各次谐波分量为

$$\begin{cases} k_{\mathrm{pa\_0}} = I_{\mathrm{dc\_a}} - \dfrac{m^+\cos(\alpha^+ + \varphi^+) + m^-\cos(\alpha^- + \varphi^+)}{2} \\ k_{\mathrm{pa\_1}} = \sin(\omega t - \varphi^+) - I_{\mathrm{dc\_a}}m^+\sin(\omega t + \alpha^+) - \dfrac{m^+ k_2}{2}\cos(\omega t + \varphi_2 - \alpha^+) - \\ \qquad I_{\mathrm{dc\_a}}m^-\sin(\omega t + \alpha^-) - \dfrac{m^- k_2}{2}\cos(\omega t + \varphi_2 - \alpha^-) - \dfrac{k_2 k_3}{2}\cos(\omega t + \varphi_3 - \varphi_2) - \\ \qquad \dfrac{ck_2}{2}\sin(\omega t + \varphi^+ + \varphi_2) \\ k_{\mathrm{pa\_2}} = k_2\sin(2\omega t + \varphi_2) + \dfrac{m^+}{2}\cos(2\omega t + \alpha^+ - \varphi^+) + \dfrac{m^-}{2}\cos(2\omega t + \alpha^- - \varphi^+) - \\ \qquad \dfrac{k_3}{2}\cos(2\omega t + \varphi_3 + \varphi^+) + I_{\mathrm{dc\_a}}ck_2\cos(2\omega t + \varphi_2) \\ k_{\mathrm{pa\_3}} = \dfrac{m^+ k_2}{2}\cos(3\omega t + \varphi_2 + \alpha^+) - I_{\mathrm{dc\_a}}k_3\sin(3\omega t + \varphi_3) + \\ \qquad \dfrac{m^- k_2}{2}\cos(3\omega t + \varphi_2 + \alpha^-) + \dfrac{ck_2}{2}\sin(3\omega t + \varphi_2 - \varphi^+) \\ k_{\mathrm{pa\_4}} = \dfrac{k_3}{2}\cos(4\omega t + \varphi_3 - \varphi^+) + \dfrac{ck_2^2}{2}\sin(4\omega t + 2\varphi_2) \\ k_{\mathrm{pa\_5}} = \dfrac{k_2 k_3}{2}\cos(5\omega t + \varphi_2 + \varphi_3) \end{cases}$$

$$(3\text{-}26)$$

$$P_{\mathrm{pa}} = \dfrac{U_{\mathrm{dc}}I^+}{4}\sum_{i=0}^{5} k_{\mathrm{pa\_}i} \qquad (3\text{-}27)$$

从式（3-26）可以看出，由于进行了谐波耦合注入，桥臂功率额外产生了三次谐波分量。因此，为了有效地抑制桥臂功率波动，不仅要考虑基频和二倍频分量，还要考虑三倍频分量。

根据式（3-26），可以得到 A 相上桥臂瞬时功率的基频、二倍频和三倍频分量 $P_{\mathrm{pa\_1}}$、$P_{\mathrm{pa\_2}}$ 和 $P_{\mathrm{pa\_3}}$。通过正交三角变换，$P_{\mathrm{pa\_1}}$、$P_{\mathrm{pa\_2}}$ 和 $P_{\mathrm{pa\_3}}$ 可以改写为

$$P_{\mathrm{pa\_1}} = A_{\mathrm{pa\_1}}\sin\omega t + B_{\mathrm{pa\_1}}\cos\omega t \qquad (3\text{-}28)$$

$$P_{\mathrm{pa\_2}} = A_{\mathrm{pa\_2}} \sin 2\omega t + B_{\mathrm{pa\_2}} \cos 2\omega t \qquad (3\text{-}29)$$

$$P_{\mathrm{pa\_3}} = A_{\mathrm{pa\_3}} \sin 3\omega t + B_{\mathrm{pa\_3}} \cos 3\omega t \qquad (3\text{-}30)$$

根据式（3-28）～式（3-30）变换的结果，可以得到 A 相上桥臂瞬时功率的基频、二倍频和三倍频波动分量的幅值为

$$\begin{cases} |P_{\mathrm{pa\_1}}| = \sqrt{A_{\mathrm{pa\_1}}^2 + B_{\mathrm{pa\_1}}^2} \\ |P_{\mathrm{pa\_2}}| = \sqrt{A_{\mathrm{pa\_2}}^2 + B_{\mathrm{pa\_2}}^2} \\ |P_{\mathrm{pa\_3}}| = \sqrt{A_{\mathrm{pa\_3}}^2 + B_{\mathrm{pa\_3}}^2} \end{cases} \qquad (3\text{-}31)$$

使用相同的推导方法可以得到 B 相和 C 相上桥臂瞬时功率波动各次分量的幅值即 $|P_{\mathrm{pb\_1}}|$、$|P_{\mathrm{pb\_2}}|$、$|P_{\mathrm{pb\_3}}|$ 和 $|P_{\mathrm{pc\_1}}|$、$|P_{\mathrm{pc\_2}}|$、$|P_{\mathrm{pc\_3}}|$ 表达式。
则目标函数可以定义为

$$P(k_2, \varphi_2, k_3, \varphi_3, m) = \sum |P_{\mathrm{px\_1}}| + \sum |P_{\mathrm{px\_2}}| + \sum |P_{\mathrm{px\_3}}| \qquad (3\text{-}32)$$

以式（3-32）最小化作为目标进行全局优化，获得最优的谐波耦合注入的幅值和相角参数。根据不同的正、负序调制比以及功率因数角来确定 m、k_2、φ_2、k_3、φ_3 五个变量的最优取值。本小节以遍历参数的方式为例，对如何确定环流注入参数进行详细说明。

谐波耦合注入参数的优化过程与图 3-1 的流程图类似。首先输入系统参数，包括三相电压的正、负序调制比、相角和功率因数角等参数，并确定变量初值和遍历步长。根据 MMC 系统运行条件，设定参数 $k_2 \in [-1, 1]$，$\varphi_2 \in [-\pi, \pi]$，$k_3 \in [-0.5, 0.5]$，$\varphi_3 \in [-\pi, \pi]$，$m \in [1, 1.5]$，$k_{20}$、$\varphi_{20}$、$k_{30}$、$\varphi_{30}$ 和 m_0 是 k_2、φ_2、k_3、φ_3 和 m 的初始值（$k_{20}=-1$、$\varphi_{20}=-\pi$，$k_{30}=-0.5$，$\varphi_{30}=-\pi$，$m_0=1$），d_1、d_2、d_3、d_4 和 d_5 是对应的遍历步长。然后，将变量代入桥臂功率幅值表达式中计算三相桥臂功率波动各次谐波分量的幅值，即 $|P_{\mathrm{px\_1}}|$、$|P_{\mathrm{px\_2}}|$ 和 $|P_{\mathrm{px\_3}}|$，其用于计算目标函数 P 的值，把该值与相应的参数记录为一个数据组 $(k_2, \varphi_2, k_3, \varphi_3, m, P)$。再改变 k_2、φ_2、k_3、φ_3 和 m 的值，重复以上流程，通过寻找使得目标函数值最小的数据组，得到最优注入参数 $(k_{2\mathrm{min}}, \varphi_{2\mathrm{min}}, k_{2\mathrm{min}}, \varphi_{2\mathrm{min}})$ 以及最优调制比 m_{opt}。

图 3-2 所示为混合型 MMC 系统中谐波耦合注入控制框图。通过参数优化过程，可以得到谐波耦合注入的 5 个参数，即 k_2、φ_2、k_3、φ_3 和 m。参考信号 $i_{2\mathrm{fd\_ref}}$ 和 $i_{2\mathrm{fq\_ref}}$ 可以由参考信号发生器产生，其中 $i_{2\mathrm{fd\_ref}}$ 是谐波电流注入控制器的 d 轴参考信号，$i_{2\mathrm{fq\_ref}}$ 是谐波电流注入控制器的 q 轴参考信号。通过谐波电流注入控制器可以得到环流参考电压信号 $U_{\mathrm{cirj\_ref}}$，使用得到的 k_3 和 φ_3 参数，通过电压注入控制器得到注入三次谐波电压的调制信号 U_{3j_ref}，最后通过改变调制环节的调制波

来实现谐波的耦合注入。

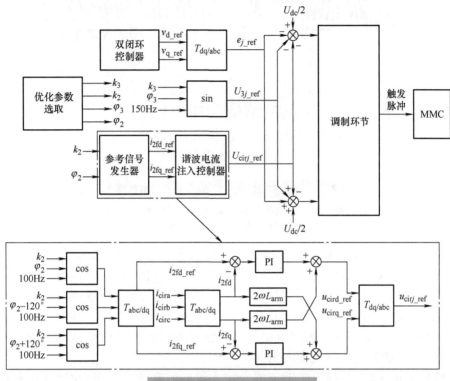

图 3-2　谐波耦合注入控制框图

3.1.4　仿真验证

首先验证 3.1.2 节提出的二次谐波电流注入策略的有效性，在 PSCAD 仿真软件中搭建混合型 MMC 模型，阀侧交流电压有效值为 245kV，直流电压为 800kV，全桥子模块个数为 188，半桥子模块个数为 80，子模块电容电压参考值为 2kV，初始运行状态 $m=1$，$\phi=0$[2]。

以 A 相发生单相接地（SLG）故障为例，当 A 相发生 SLG 故障时，三相电压不平衡，根据式（3-1）～式（3-9）的分析可知，该工况下三相正序电压调制比 $m_a^+ = m_b^+ = m_c^+ = 2m/3$，负序电压调制比 $m_a^- = m_b^- = m_c^- = m/3$，A 相正、负序电压相角 α^+、α^- 为 0°、120°，B 相正、负序电压相角 β^+、β^- 为 -120°、0°，C 相正、负序电压相角 $\gamma^+ = \gamma^- = 120°$，根据图 3-1 计算得到该工况下二次谐波电流注入的最优参数，k_2 和 φ_2 分别为 0.47 和 -90.05°，最优调制比 m_{opt} 为 1.2。仿真结果如图 3-3 所示。

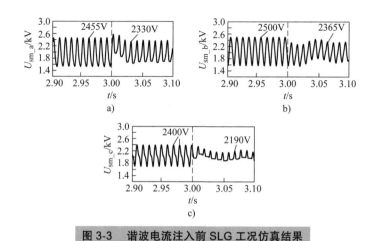

图 3-3 谐波电流注入前 SLG 工况仿真结果

a）A 相子模块电容电压平均值 b）B 相子模块电容电压平均值
c）C 相子模块电容电压平均值

图 3-3 是三相子模块电容电压波形，从图中可以看出，A 相发生 SLG 故障后，三相子模块的电容电压幅值都有明显的增大，超过了 1.2 倍额定电容电压。与故障期间相比，t=3s 投入所提策略后，A 相子模块电容电压峰值由 2455V 降为 2330V，B 相子模块电容电压峰值由 2500V 降为 2365V，C 相子模块电容电压峰值由 2400V 降为 2190V，表明所提策略能够有效抑制网侧 SLG 故障下的电容电压，避免了子模块过电压现象的出现。

然后验证 3.1.3 节提出的谐波耦合注入策略的有效性，在 PSCAD 仿真软件中搭建混合型 MMC 模型，阀侧交流电压有效值为 245kV，直流电压为 800kV，半、全桥子模块个数都为 120 个，子模块电容电压参考值为 2kV，初始运行状态 m=1，φ=0[1]。

同样以 A 相发生 SLG 故障为例进行验证，三相电压不平衡，根据式（3-1）～式（3-9）的分析可知，该工况下三相正序电压调制比 $m_a^+ = m_b^+ = m_c^+ = 2m/3$，负序电压调制比 $m_a^- = m_b^- = m_c^- = m/3$，A 相正、负序电压相角 α^+、α^- 为 0°、120°，B 相正、负序电压相角 β^+、β^- 为 –120°、0°，C 相正、负序电压相角 $\gamma^+ = \gamma^- = 120°$，通过优化计算得到该工况下谐波耦合注入的最优参数，其中二倍频环流注入参数 k_2 和 φ_2 分别为 0.3 和 –85.46°，三倍频电压注入参数 k_3 和 φ_3 分别为 –0.3 和 175.23°，最优调制比 m_{opt} 为 1.3。仿真结果如图 3-4 所示。

图 3-4 是三相子模块电容电压波形。t=1s 时投入 CCSC 策略，t=2s 时系统发生 SLG 故障，从图中可以看出发生 SLG 故障后，三相子模块的电容电压纹波有明显增加。与故障期间相比，t=3s 投入谐波耦合注入策略后，A、B、C 三相电容电压纹波幅值分别从 655V 降低到 459V、620V 降低到 430V、470V 降低到 120V，A、B、C 三相的纹波抑制率分别为 29.92%、30.65% 和 74.47%。结果表明

所提策略对 SLG 故障下三相子模块的电容电压纹波具有很好的抑制效果。

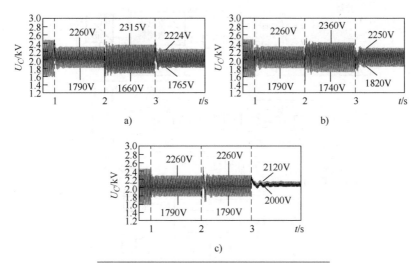

图 3-4　谐波电流注入后 SLG 工况仿真结果

a）A 相子模块电容电压波形　b）B 相子模块电容电压波形　c）C 相子模块电容电压波形

3.2　半全混合换流站的自适应直流故障穿越方法

通过充分利用全桥子模块的负电平输出能力，实现直流故障的穿越是半全混合换流站的重要作用。然而，现有方案依然不足以充分发挥混合型换流站的控制能力，本节将在传统直流故障穿越方法的基础上，提出一种自适应直流故障穿越方法，能够以较低比例的全桥子模块达到较快的故障穿越速度。

3.2.1　混合型 MMC 自适应限流控制器基本原理

混合型 MMC 自适应限流控制器结构如图 3-5 所示，其采用 dq 电流解耦的矢量控制策略，实现有功、无功功率解耦控制。有功外环控制可以调节直流电压 U_{dc_set}、有功功率 P_{s_set} 或子模块电容电压 U_{C_avg}；无功外环控制可以调节无功功率 Q_{s_set} 或交流电压幅值 U_{s_set}。同时控制器也采用了环流抑制控制和最近电平调制（nearest level modulation，NLM）。

图 3-5 包括了直流参考电压 3 种控制方式：稳态电压控制（状态 Ⅰ）、定电流控制（状态 Ⅱ）和自适应比例系数控制（状态 Ⅲ）。控制器 3 种控制方式具体动作过程和机理如下。

状态 Ⅰ：在稳态时投入定直流电压控制，额定直流电压 U_{dc} 作为直流电压参考值 U_{dcref}。

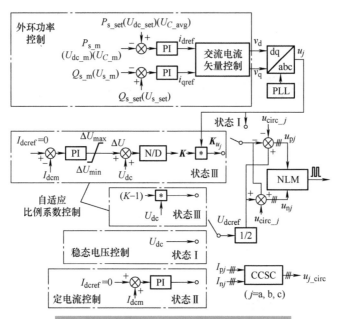

图 3-5 混合型 MMC 自适应限流控制器结构

状态 Ⅱ：定电流控制能够依据故障电流改变直流电压参考值，当检测到直流故障后，电流参考值 I_{dcref} 与故障电流 I_{dcm} 比较后经 PI 控制器得直流参考电压 U_{dcref}，如式（3-33）所示。

$$U_{dcref} = \left(I_{dcref} - I_{dcm}\right)\left(k_p + \frac{k_i}{s}\right) \tag{3-33}$$

式中，k_p 和 k_i 为 PI 控制器的控制系数；s 为积分的时间常数。

状态 Ⅲ：比例系数控制包含了桥臂交流电压控制环节和直流电压控制环节，其具体结构如下。

1）桥臂交流电压控制环节。直流侧短路后，直流电流参考值 I_{dcref} 与故障线路电流 I_{dcm} 的差量经 PI 环节得到一个波动的电压增量 ΔU。ΔU 的幅值限制依据比例系数 K 变化范围设定，K 与故障电流的关系可由式（3-34）表示。

$$K = \left[\left(I_{dcref} - I_{dcm}\right)\left(k_{p1} + \frac{k_{i1}}{s}\right) + U_{dc}\right]\Big/ U_{dc} \tag{3-34}$$

将 K 作为调制系数与桥臂电压交流分量 u_j 相乘，得到桥臂电压参考值的交流分量系数 K_{u_j}，由此减少交流电压输出。

2）直流电压控制环节。桥臂交流电压幅值减小到原来的 $1/K$，则桥臂电压拥有 $|K-1|$ 倍的幅值裕度。此时桥臂直流电压参考值变为比例系数电压 $(K-1)U_{dc}/2$，假如 FBSM 占比为 50%，桥臂直流电压最低值可由 0 变为 $(K-1)U_{dc}/2$，实现直

流电压的降低。

对比状态 Ⅱ 与状态 Ⅲ 后可知，故障后两种控制方式都可以自适应改变直流侧电压，但定电流控制通过增加混合 MMC 中 FBSM 占比来减小直流输出电压，获取更优异的控制性能，加快故障清除速度。比例系数控制通过 K 改变了桥臂交直流电压分量，缩减交流分量幅值大小换取直流分量下降空间，进而使直流侧输出低于故障点电位的电压，加快故障电流衰减。相比定电流控制，比例系数控制减少了 FBSM 使用数量，提升了经济性的同时降低了稳态损耗。

图 3-6 所示为故障后桥臂电压演变曲线，上方曲线为高比例 FBSM 混合型 MMC 采用定电流控制，下方曲线为 50%FBSM 混合型 MMC 采用比例系数控制。其中，U_{cn} 为混合型 MMC 中 FBSM 与 HBSM 的额定电压。

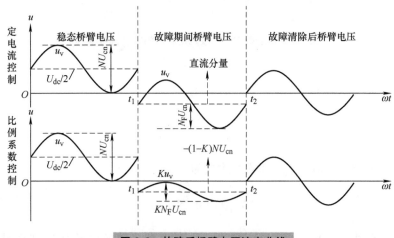

图 3-6 故障后桥臂电压演变曲线

对于采用定电流控制的混合型 MMC，系统在 t_1 时刻检测到故障，结合式（3-33），桥臂电压 u_v 的直流分量变为负值，桥臂产生的负电压 $-N_F U_{cn}$ 由 FBSM 反向投入输出。t_2 时刻，电流衰减至 0，直流电压也自适应恢复到 0。

对于采用比例系数控制的混合型 MMC，t_1 时刻，桥臂电压交流分量受限减小到原来的 $1/K$，为直流分量创造（$1-K$）倍的下降空间。桥臂直流电压降为 $-（1-K）NU_{cn}$，t_2 时刻，随着故障清除，直流电压也自适应恢复到 0。

对比两种控制方式，故障期间，当直流侧输出相同大小的负直流电压时，采用比例系数控制的混合型 MMC 使用的 FBSM 数量更少，但能够达到相近故障处理能力。

3.2.2 自适应限流控制对故障电流作用机理分析

本小节主要分析 50%FBSM 混合型 MMC 直流侧发生故障后，不同限流控制方式对直流电流的作用机理。当系统检测到故障后，混合型 MMC 采用定电流控制，换流站直流输出电压降为 0，此时直流故障的频域等效电路如图 3-7a 所示。图中桥臂等效电阻和电感分别为 R_{arm} 和 L_{arm}；直流等效电阻和电感分别为 R_{dc} 和 L_{dc}；R_f 为故障等效电阻；$I_{dc1}(s)$ 为直流电流频域值；I_{dc0} 为系统检测到故障时直流电流幅值。

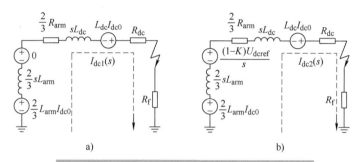

图 3-7　混合型 MMC 故障清除期间直流等效电路

a）定电流控制　b）比例系数控制

根据基尔霍夫定律，I_{dc1} 频域表达式为

$$I_{dc1}(s) = \frac{0 + L_{eq1}I_{dc0}}{sL_{eq1} + R_{eq1}} \tag{3-35}$$

由式（3-35）可知，I_{dc1} 时域表达式为

$$i_{dc1}(t) = e^{-\frac{R_{eq1}}{L_{eq1}}t} I_{dc0} \tag{3-36}$$

式（3-35）和式（3-36）中，L_{eq1} 和 R_{eq1} 分别为直流等效电路的等值电感和等值电阻，具体表达式如式（3-37）所示。

$$\begin{cases} L_{eq1} = \dfrac{2}{3}L_{arm} + L_{dc} \\ R_{eq1} = \dfrac{2}{3}R_{arm} + R_{dc} + R_f \end{cases} \tag{3-37}$$

采用比例系数控制时，故障清除阶段 MMC 的直流频域等效电路如图 3-7b 所示。

图 3-7b 中，U_{dcref} 为稳态直流电压参考值，$(1-K)U_{dcref}$ 为 MMC 直流侧输出电压。$I_{dc2}(s)$ 为直流电流频域值，其表达式为

$$I_{dc2}(s) = \frac{\dfrac{(1-K)U_{dcref}}{s} + L_{eq1}I_{dc0}}{sL_{eq1} + R_{eq1}} \tag{3-38}$$

由式（3-38）可知 I_{dc2} 时域表达式为

$$i_{dc2}(t) = e^{-\frac{R_{eq1}}{L_{eq1}}t} I_{dc0} + \frac{U_{dcref}}{R_{eq1}}(1-K)\left(1 - e^{-\frac{R_{eq1}}{L_{eq1}}t}\right) \qquad (3\text{-}39)$$

结合式（3-36）和式（3-39），相比于定电流控制，采用比例系数控制后，直流电压由 0 变为（1–K）U_{dc}，在直流等效电路中引起额外的负值衰减分量，加速故障电流恢复到零。因此，对于 FBSM 占比皆为 50% 的混合型 MMC，比例系数控制相对于定电流控制可有效加快直流故障电流衰减速度。

3.2.3　典型示例仿真分析

为验证采用自适应比例系数控制的混合型 MMC 直流故障清除能力，在 PSCAD 中建立典型双端 MMC-HVDC 系统，子模块个数为 200，电容容值为 10mF，FBSM 和 HBSM 比例为 1：1，传输线路采用 100km 的架空线路。仿真系统 MMC_1 为整流站，采用定直流电压和定无功功率控制，MMC_2 为逆变站，采用定有功功率和无功功率控制。MMC_1 和 MMC_2 在检测到故障后均切换为定子模块电容电压和定无功功率控制，同时比例系数控制投入。各控制量的参考值为：U_{dcref}=320kV，P_{ref}=500MW，两端 Q_{ref}=100Mvar。

为验证分别采用定电流控制与比例系数控制的混合型 MMC 故障清除能力，分别搭建了 4 种采用不同组合案例的混合型 MMC 仿真模型进行分析。案例 1 FBSM 占比为 80%，采用定电流控制；案例 2 FBSM 占比为 60%，采用定电流控制；案例 3 FBSM 占比为 50%，采用定电流控制；案例 4 FBSM 占比为 50%，采用比例系数控制。其中案例 4 比例系数控制取 K_{min}=0.5，系统 2s 时故障，2.001s 时限流控制策略投入。

不同 FBSM 配比及限流控制方式的混合型 MMC 故障后整流站仿真波形如图 3-8 所示。图 3-8a 中案例 1 故障处理速度最快，直流电流在 2.0046s 第一次过零，即用交流断路器隔离故障，或在 2.025s 电流完全衰减到零时用快速隔离开关分断故障线路。案例 3 故障清除时间最长，电流衰减至 0 需要 200ms。案例 4 故障处理速度仅次于案例 1，且两者故障清除时间较为接近。

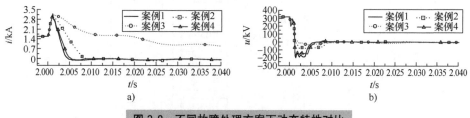

图 3-8　不同故障处理方案下动态特性对比

a）直流电流　b）MMC 直流电压

图 3-8b 中，案例 1 中 80%FBSM 的混合型 MMC 可输出最低电压为 –192kV 直流电压；由式（3-33）和式（3-34）得，案例 4 中 50%FBSM 混合型 MMC 在采用 $K_{min}=0.5$ 的比例系数限流控制后，可输出最低电压为 –160kV，故障清除相对较慢，但 FBSM 占比大幅下降，换流站建设成本与运行损耗降低。

综合以上分析，定电流控制与比例系数控制都可以明显抑制故障电流，在相近故障处理能力下，采用比例系数控制的混合型 MMC 使用 FBSM 数量较少，提升了经济性。

3.3　换流阀嵌套型换流站及其直流故障穿越方法

本节设计了一种嵌套型 MMC 方案，将子模块混合型 MMC 扩展到换流站混合型 MMC，该拓扑结构使换流站整体具备负电平输出能力，故障后输出负电压清除故障，具有经济性优势。这里主要介绍嵌套型 MMC 拓扑的原理及故障穿越策略，并分析方案中各支路器件参数的选取原则。

3.3.1　嵌套型 MMC 拓扑原理及工作方式

嵌套型 MMC 拓扑将半桥型 MMC 视作电压源，半桥型 MMC 与外部的嵌套桥臂 1 ~ 4 并联，其与嵌套桥臂整体为全桥结构，嵌套桥臂 1 ~ 4 根据桥臂功能的不同分为通流支路和暂态阻流支路，采用不对称设计，降低运行损耗，如图 3-9 所示。

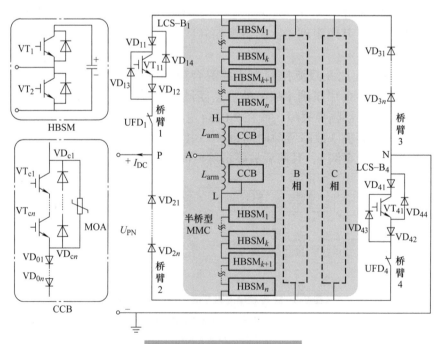

图 3-9　嵌套型 MMC 拓扑图

图 3-9 中，HBSM 表示半桥子模块，桥臂 1 与桥臂 4 为通流支路（current-flowing branch，CFB），桥臂 2 与桥臂 3 为暂态阻流支路（transient block branch，TCB），桥臂 1 ~ 4 共同构成 H 桥结构。电流换向支路（current commutator branch，CCB）并联在 A、B、C 三相的上、下桥臂电感 L_{arm} 处，两者与串联的 HBSM 共同构成该拓扑的半桥型 MMC。

CFB 由超快速机械开关（ultra-fast disconnector，UFD）和桥式负载换向开关（load commutation switch-bridge，LCS-B）组成。$LCS-B_1$、$LCS-B_4$ 能够实现稳态时电流的双向传输，由一个 IGBT（VT_{11}、VT_{41}）与四个二极管（VD_{11} ~ VD_{14}、VD_{41} ~ VD_{44}）以桥式结构连接[6]，分别与 UFD_1、UFD_4 串联构成 CFB。CFB 上的开关结构能够实现主动关断以实现换流站电流向 TCB 过渡。

TCB 由同向串联的二极管（VD_{21} ~ VD_{2n}、VD_{31} ~ VD_{3n}）构成，故障后为电流提供通路，使换流站输出负电压清除故障。该支路中的二极管具有单向导通性，能够将故障电流钳位在零。

CCB 由串联的 IGBT 支路（VT_{c1} ~ VT_{cn}）、串联的二极管支路（VD_{c1} ~ VD_{cn}）和避雷器（MOA）并联后（其中 IGBT 与二极管反并联），再同向串联二极管 VD_{01} ~ VD_{0n} 构成。其作用为实现桥臂电感上电流的换向，并吸收桥臂电感上的能量。

以换流中 A 相为例分析嵌套型 MMC 的工作过程，故障假设为直流侧双极短路故障。当嵌套型 MMC 工作在稳态工况时，VT_{c1} ~ VT_{cn} 处于关断状态，CCB 支路开路，无电流流过。桥臂 1、4 的 CFB 处于通路状态，VT_{11} 与 VT_{41} 处于导通状态。以桥臂 1 为例，电流流过 $LCS-B_1$ 和 UFD_1，桥臂 2、3 的 TCB 承受反压，处于开路状态。稳态运行时，嵌套型 MMC 运行状态等价于半桥型 MMC，对外输出正电压 U_{PN}。

当嵌套型 MMC 直流侧发生短路故障时，其故障电流的清除可分为 3 个阶段。

1）故障电流自然发展阶段：从嵌套型 MMC 直流侧发生故障的时刻 t_0 到嵌套型 MMC 检测到故障的时刻 t_1 的阶段为故障电流自由发展阶段。CCB 的 IGBT 处于关断状态，子模块电容自由放电，如图 3-10a 所示，故障电流经桥臂 1、4 流过 MMC 三相，桥臂电感上电流从 L 点流向 H 点，换流站对外输出正电压 U_{PN}。

2）故障电流换向阶段：t_1 时刻检测到故障后旁路全部 HBSM，防止在桥臂切换瞬间 HBSM 的电容电压击穿绝缘能力没有恢复的 UFD，导致桥臂切换失败。t_2 时刻导通 CCB 中的 VT_{c1} ~ VT_{cn}，桥臂电感上电流一部分流过 VT_{c1} ~ VT_{cn} 与 VD_{01} ~ VD_{0n}，一部分流过旁路的子模块，此时电流通路如图 3-10b 所示。

t_3 时刻关闭 CFB 中 VT_{11} 和 VT_{41}，UFD_1 和 UFD_4 开始分断，由于续流作用，直流线路上电感的电流方向不变，流过旁路 HBSM 的直流电流反向，与桥臂电感上续流的电流一起流入 CCB，经 TCB 流进直流线路，如图 3-10c 所示。

UFD 可靠分断后，t_4 时刻关断 CCB 中的 $VT_{c1} \sim VT_{cn}$，直流线路上电感的电流与桥臂电感电流流经 CCB 中的避雷器，电感上的能量通过避雷器释放；t_5 时刻重新投入全部 HBSM，能量释放过程电流通路如图 3-10d 所示。t_6 时刻能量释放完成，桥臂电感上电流完成换向，由 H 点流向 L 点。

3）故障电流衰减阶段：故障电流在桥臂电感上换向完成后，换流站对外输出电压 U_{PN} 变为负值，进入故障电流的衰减阶段，如图 3-10e 所示。直至 t_7 时刻故障电流衰减到零，由于 TCB 中二极管的单向导电性，故障电流被钳位在零点，嵌套桥臂中无电流通路。

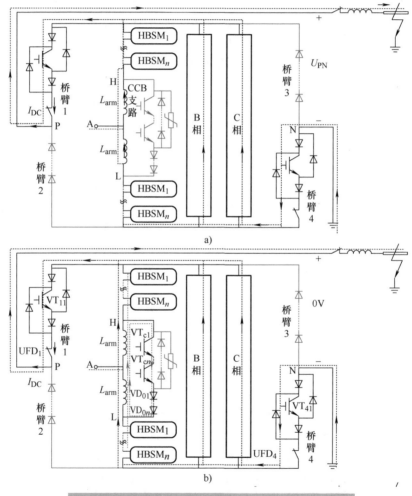

图 3-10 嵌套型 MMC 故障电流自然发展阶段电流通路

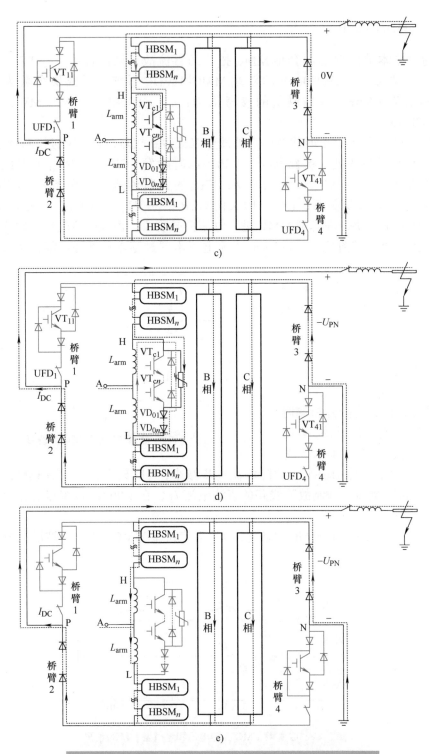

图 3-10　嵌套型 MMC 故障电流自然发展阶段电流通路（续）

3.3.2 典型示例仿真分析

为验证本节所提的嵌套型 MMC 拓扑的直流故障清除能力，在 PSCAD 中建立一个典型 750MW/500kV 的双端 MMC-HVDC 系统，子模块个数为 233，电容容值为 7.5mF。各控制量的参考值为：U_{dcref}=500kV，P_{ref}=750MW，两端 Q_{ref}=300Mvar。

假设双端系统在 1s 时线路中点处发生双极短路故障，1.001s 时检测到故障，使桥臂所有子模块处于旁路状态，1.00101s 时触发 CCB 中的 $VT_{c1} \sim VT_{cn}$，关断 CFB 中的 VT_{11} 和 VT_{41}，为 UFD_1 和 UFD_4 的关断创造低电压条件，UFD_1 和 UFD_4 经过 2ms 成功关断，1.003s 时关闭 CCB 中的 $VT_{c1} \sim VT_{cn}$，1.00301s 时重新投入所有子模块，嵌套型 MMC 进入电流换向阶段，桥臂电感能量吸收完成后进入故障电流衰减阶段，1.0042s 时直流电流出现过零点且维持在零，实现故障清除。

在整个故障清除过程中故障线路的直流电流波形如图 3-11 所示。

从图 3-11 中可看出，正常运行工况下，整流站稳定输出直流电流 I_{dc}=1.476 kA，在整个故障期间，在故障检测时间内故障电流增长最快，t_1 时刻故障线路的电流最大，为

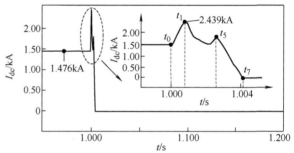

图 3-11 故障线路的直流电流波形

2.439kA，之后旁路 HBSM，故障电流逐步减小，t_5 时刻重新投入 HBSM，嵌套型 MMC 桥臂翻转，抑制故障线路的直流电流 I_{dc}，在 1.0042s 过零点后完全关断为零。

故障工况下嵌套型 MMC 直流电压 U_{dc} 和半桥型 MMC 电压 U_{co} 波形如图 3-12 所示。

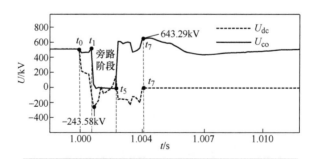

图 3-12 嵌套型 MMC 直流电压和半桥型 MMC 电压

从图 3-12 中可看出，正常运行工况下，嵌套型 MMC 直流电压 U_{dc} 和半桥型 MMC 电压 U_{co} 稳定在 500kV，t_0 时刻（1.000s）直流侧故障，在 1ms 的故障检测时间内，U_{dc} 和 U_{co} 均有不同程度的下降，t_1 时刻（1.001s）旁路，由于桥臂电感的续流作用，U_{co} 迅速下降至零附近，换流站输出电压达到负电压最大值 -243.58kV；t_5 时刻（1.00301s）子模块重新投入后，桥臂切换完成，桥臂上电流反向，桥臂电感上的能量流经 CCB 释放，使半桥型 MMC 直流电压达到峰值 643.29kV；换流站输出的负电压抑制故障电流，t_7 时刻（1.0042s）后，由于暂态阻流桥臂上二极管的单向导电性，直流电流过零后换流站内没有电流通路，负压 U_{dc} 下降到零后被钳位在零点，U_{co} 电压逐渐稳定在 500 kV。

3.3.3　嵌套型 MMC 经济性分析

换流站的成本主要包括运行成本和建设成本，为更全面比较，从器件成本与运行损耗方面，对半桥型 MMC+ 高压直流断路器（DCCB）方案（方案 a）、半全混合型 MMC+ 机械断路器（mechanical circuit breaker，MCB）方案（方案 b）、嵌套型 MMC+MCB 方案（方案 c），3 种方案进行对比。由于半全混合型 MMC 中，50%FBSM 比例即可满足故障清除的要求，且 FBSM 的占比越大，器件成本越高，考虑方案 b 的经济性，设置 HBSM 与 FBSM 的比例为 1∶1。

由于 500kV/750MW 的双端系统中换流站有两条出线，在故障线路的切断方面，方案 a 需要 2 个混合式 DCCB（1280 个 IGBT 和 2 个 UFD）[7]，方案 b 与方案 c 需要 2 个 MCB。3 种方案所用器件数量比较见表 3-1。

表 3-1　3 种方案所用器件数量对比

器件	方案 a	方案 b	方案 c
母线出口线路数	2	2	2
IGBT	1280	700	632
UFD	2	0	2
额外二极管	2	0	109
MCB	0	2	2

工程实际中，IGBT 的单价约为二极管的 15 倍，从表 3-1 中可以看出，方案 c 中 IGBT 的使用量相较于方案 a 减少了 63.80%，相较于方案 b 减少了 10.29%。方案 c 中电力电子器件的成本相较于方案 a 减少了 63.39%，相较于方案 b 减少了 7.17%。假设在 750MW/500kV 的双端系统中换流站运行在额定功率下，工程中半桥型 MMC 的总损耗约为额定有功功率的 0.67%[8]，混合式 DCCB 损耗约为半桥型 MMC 总损耗的 3%，则方案 a 的总损耗为额定有功功率的 0.627%。全桥型

MMC 的功率损耗约为半桥型 MMC 的 1.716 倍[8]，则 50% 的半全混合型 MMC 总损耗约为 1.245%。方案 c 中，嵌套型 MMC 稳定运行时，CCB 未投入，嵌套型 MMC 的运行方式等价于半桥型 MMC，损耗为额定有功功率的 0.67%，嵌套桥臂中桥臂 1、4 采用混合式 DCCB 中 CFB 的结构[9]，其通态损耗与混合式 DCCB 相同，则总损耗为 0.627%，与方案 a 相同。由以上分析可得 3 种方案下具体损耗对比见表 3-2。

表 3-2　3 种方案下具体损耗对比

损耗	方案 a	方案 b	方案 c
换流器	0.67%	1.245%	0.672%
断路装置	0.002%	0	0
合计	0.672%	1.245%	0.672%

从表 3-2 中可以看出，本节所介绍的嵌套型 MMC 拓扑方案与方案 a 相同，相较于方案 b 损耗降低了 46.02%。

3.4　桥臂并联混合型换流站及其直流故障穿越方法

本节介绍一种适用于柔性直流电网故障清除的并联型混合 MMC 拓扑。在传统半桥 MMC 拓扑的基础上，通过将 FBSM 组成的能量吸收支路集成到 MMC 内部，并在其桥臂和直流侧增加相应的辅助支路，可在故障期间快速有效地清除直流故障，并具有一定的经济性和实用性。

3.4.1　并联型混合 MMC 拓扑及控制器设计

适用于直流电网故障清除的并联型混合 MMC 拓扑如图 3-13 所示。在图 3-13 中，直流侧 MCB 相比于 UFD 主要具有燃弧分断的能力[10]。附加的模块主要包括电流转移模块（current transferring module，CTM）、断流支路（DC current-breaking branch，DCB）和能量吸收回路（residual current discharging circuit，RCDC）。

CTM 由 IGBT、相应的续流二极管、MOA 并联构成，其作用为在故障工况下，旁路同一相的桥臂电感，钳位断流支路两端电压，CTM 串联的个数由 CTM 承受电压的最大值决定。

DCB 由 UFD 和 LCS 串联组成，其作用为物理隔离 MMC 桥臂和 RCDC。UFD 必须在故障电流为零时才能完全断开，因此开关动作时序为先断开 LCS、后断开 UFD。

RCDC 是由全桥子模块构成的全桥桥臂，其作用为稳态工况下对 MMC 直流电压进行滤波，暂态工况下对 UFD 两侧的电压进行钳位，同时吸收直流侧电抗的能量到全桥子模块的电容，为直流侧线路的 MCB 的关断创造电流过零点条件与低电压电气环境。

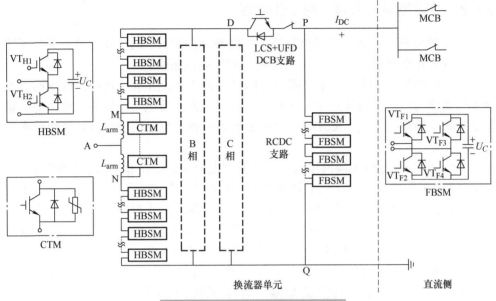

图 3-13　并联型混合 MMC 拓扑图

　　并联型混合 MMC 附加控制器框图如图 3-14 所示，其中附加控制器主要是对并联型混合 MMC 中 RCDC 进行控制，通过电容电压排序模块和调制模块产生触发脉冲信号。N_{all} 为稳态中子模块投入个数。暂态时 RCDC 中全桥子模块投入个数共有 3 种状态。暂态 I 为 DCB 中 LCS 的关断创造低电压电气环境，此时 $N_{\_I}$ 的取值为较小的正数（根据

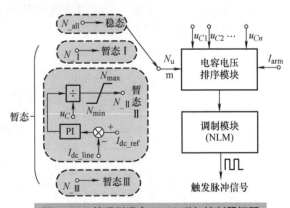

图 3-14　并联型混合 MMC 附加控制器框图

电路参数选值，钳位 LCS 两端电压为较低的值）。暂态 II 为吸收故障线路直流侧电感能量，为直流侧 MCB 的熄弧关断创造电流过零点，其 $N_{\_II}$ 的值通过控制器计算得出，具体方法如下：故障线路 MCB 所在直流电流的参考值 I_{dc_ref}（I_{dc_ref} 选取接近于 0 的值）与其测量值经过 PI 环节，其输出值除以子模块电容电压的额定值 u_C，并经过限幅环节（$N_{max}=N_{all}$，$N_{min}=-N_{all}$），取整得到暂态 II 投入的子模

块个数 $N_{-\text{II}}$。暂态Ⅲ为直流侧 MCB 关断后创造的低电压零电流电气环境，避免系统立刻重启和 MCB 重新燃弧的风险。$N_{-\text{III}}$ 为较大的负数（根据电路参数选值，钳位 MCB 两端电压为较小的值）。

3.4.2 并联型混合 MMC 的工作原理

本小节分析直流侧双极短路故障下并联型混合 MMC 的工作过程，其故障隔离分为以下几个过程（图 3-15 为各个阶段故障电流通路）。

1）故障检测阶段：具体故障电流路径如图 3-15a 所示。此时，近端换流器和远端换流器同时向故障点馈入短路电流，每个换流器馈入的短路电流主要由桥臂子模块电容放电电流、RCDC 中全桥子模块电容放电电流和交流系统短路电流3 部分组成。

2）近端换流器故障隔离阶段：当并联型混合 MMC 在 t_1 时刻检测到故障后，令 CTM 处于导通状态，同时并联型混合 MMC 旁路所有半桥子模块。交流系统短路电流将在 MMC 内部形成闭合回路而不向故障点馈入电流，RCDC 处于暂态Ⅰ，几乎不再向故障点馈入电流。同时，给直流侧的 MCB 以分断信号，令其燃弧分断。在 t_2 时刻，给 DCB 中的 LCS 支路中的 IGBT 以分断信号，为 UFD 分断创造电流过零点条件，t_3 时刻给 UFD 分断信号。t_4 时刻，UFD 成功分断，此时近端换流器将不再向故障点馈入电流（具体见图 3-15b）。

3）故障清除阶段：t_4 时刻 RCDC 由暂态Ⅰ切换为暂态Ⅱ，直流线路电感上的能量快速向 RCDC 回馈。t_5 时刻直流侧线路 MCB 可靠关断，RCDC 由暂态Ⅱ切换为暂态Ⅲ（具体见图 3-15c）。

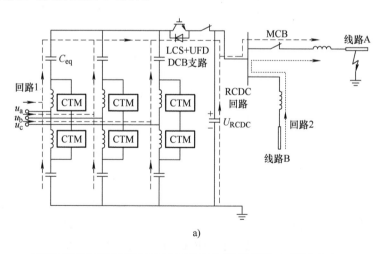

a)

图 3-15 并联型混合 MMC 故障隔离过程各阶段故障电流通路

a）故障检测阶段电流通路

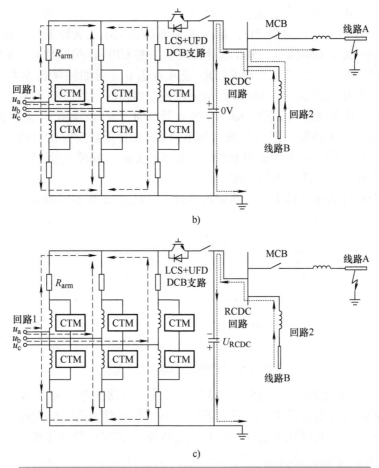

b)

c)

图 3-15　并联型混合 MMC 故障隔离过程各阶段故障电流通路（续）

b）近端换流器故障隔离阶段电流通路　c）故障清除阶段电流通路

4）系统恢复阶段：t_6 时刻断开 CTM，闭合 DCB，换流器正常工作，RCDC 由暂态Ⅲ切换为稳态，柔性直流电网将快速恢复。

依据目前的检测技术和通信延迟[11]，$t_0 \sim t_1$ 时间间隔为 1ms，$t_1 \sim t_2$ 时间间隔为 50μs，$t_2 \sim t_3$ 时间间隔为 50μs，$t_3 \sim t_4$ 时间间隔为 2ms，$t_4 \sim t_5$ 时间间隔为 1ms，$t_5 \sim t_6$ 时间间隔为 2ms。

3.4.3　典型示例仿真分析

在 PSCAD 仿真环境下搭建半桥 MMC 四端柔性直流电网程序，验证并联型混合 MMC 拓扑在柔性直流电网的有效性，其中直流侧平波电抗器的值为 0.15H。

假设整个柔性直流电网 1s 时在线路接近 MMC₂ 处发生短路接地故障，1.001s 时故障被检测到，通过命令触发并联型混合 MMC 中 CTM，并使桥臂所有子模块处于旁路状态，同时给直流侧的 MCB 以分断信号，令其燃弧分断，RCDC 进入暂态 Ⅰ（$N_{\_I}=20$），为 DCB 中 LCS 的关断创造低电压关断条件，在 1.00105s 时给 DCB 中 LCS 关断信号，50μs 后给 DCB 中的 UFD 以关断信号。1.0031s 时，DCB 中的 UFD 可靠关断，此时 RCDC 进入暂态 Ⅱ（附加控制器参数 $K_p=3500$，$K_i=0.001$），当流过直流侧的 MCB 的电流出现过零点时（此过程不超过 1ms），直流侧的 MCB 可完成熄弧关断，RCDC 进入暂态 Ⅲ（$N_{\_Ⅲ}=-20$），为直流侧 MCB 的关断创造低电压条件，避免系统立刻重启和 MCB 重新燃弧的风险（此过程至少持续 2ms），1.0061s 时直流侧 MCB 完成可靠关断，故障完全清除。整个直流电网即可恢复工作，潮流重新分配。

在整个故障清除过程中故障线路的直流电流波形如图 3-16 所示。

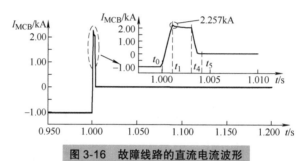

图 3-16　故障线路的直流电流波形

从图 3-16 中可看出，在整个故障期间，故障线路的电流最大值为 2.257kA，在故障检测时间内增长最快，之后将逐步减小，在 t_5 时刻则完全关断为 0。

故障工况下的并联型混合 MMC 直流电压及其 RCDC 导通子模块个数波形如图 3-17 所示。

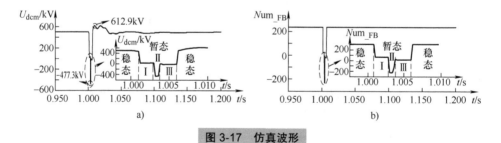

图 3-17　仿真波形

a）并联型混合 MMC 直流电压　b）并联型混合 MMC 中 RCDC 导通子模块个数

从图 3-17 中可看出，并联型混合 MMC 在故障期间的直流电压值为其 RCDC 的电压，其波动范围为 –477.3 ～ 612.9kV。从波形图中进一步可看出，RCDC 可在故障期间灵活控制并联型混合 MMC 在直流侧的电压，且在故障期间 RCDC 通过附加控制可有效实现从稳态到暂态 Ⅰ、暂态 Ⅱ 和暂态 Ⅲ 的过渡，暂态工况下并联型混合 MMC 直流电压实为 RCDC 导通子模块个数的放大。

整个 MMC 故障清除过程及系统重启后直流线路潮流波形图如图 3-18 所示。

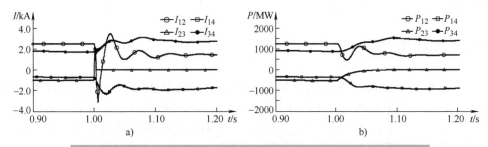

图 3-18　整个 MMC 故障清除过程及系统重启后直流线路潮流波形图

a）直流电流　b）有功功率

图 3-18 中 I_{12}（P_{12}）指 MMC_1 流向 MMC_2 的电流（有功功率）。从图 3-18 可以看出，故障清除之后，柔性直流电网系统可快速重启。

3.4.4　并联型混合 MMC 经济性分析

换流站的成本包括建设成本和运行成本两部分，并联型混合 MMC 的 RCDC 在稳态工况下几乎不流过电流，因此并联型混合 MMC 的运行损耗和经典的半桥 MMC 相当。为更全面比较，将并联型混合 MMC 拓扑 +MCB 方案与混合 MMC 拓扑（半桥全桥比例为 1：1）+MCB 方案和半桥 MMC+DCCB 三种方案进行对比。具体 3 种方案经济性对比见表 3-3。

表 3-3　3 种方案经济性对比

器件数量及损耗	半桥 MMC+DCCB	并联型混合 MMC+MCB	混合 MMC+MCB
母线出口线路数	n	n	n
IGBT 数量	1340	1212	1404
UFD 数量	n	1	0
附加电容 C 数量	0	233	0
MMC 附加损耗	无	无	有
MCB 数量	0	n	n

从表 3-3 中可以看出，本节所介绍的并联型混合 MMC+MCB 方案相比于半桥 MMC+DCCB 方案可明显减少 IGBT 个数的使用，且随着换流器母线出口数量的增加，两种方案在 IGBT 器件使用数量上的差距将更加明显，经济性将更加显著，且并联型混合 MMC+MCB 方案中的 RCDC 无须考虑 IGBT 的串联均压问题。

相对于混合 MMC+MCB 方案，并联型混合 MMC+MCB 方案使用相对较少的 IGBT，有更少的通态损耗[12]，当柔性直流电网中的换流器增加时，效果将更加明显。

3.5 本章小结

本章针对半全混合换流站在交流故障穿越期间存在的子模块电容过电压问题，介绍了不平衡电网电压下的子模块电容电压波动抑制方法，接着针对目前的直流故障清除方案成本高的问题，提出了 3 种具有经济性优势的直流故障清除方案。内容总结如下：

1）推导了电网电压不平衡下的电容电压波动特性，在已有的稳态谐波注入策略基础上，重新优化分析了二次谐波电流以及二次、三次谐波耦合注入的参数，使其适用于电网不平衡时的工况。

2）提出一种混合型 MMC 的自适应限流控制策略，采用该故障清除方案的 50% 全桥混合型 MMC 与更高比例全桥的混合型 MMC 故障清除能力相近，但更具经济性优势。

3）设计了一种嵌套型 MMC 拓扑，并提出对应的直流故障穿越策略，该方案将子模块混合层面的 MMC 拓展到换流站层面，使换流站整体具备负电平输出能力，使嵌套型 MMC 能够在故障发生后短时间内清除故障。

4）设计了一种适用于直流电网故障清除的并联型混合 MMC 拓扑，使其具备可在 6.1ms 内清除直流故障的能力，相对于传统的直流故障清除方案产生更少的换流器通态损耗，可有效减少柔性直流电网的运行成本。

参考文献

［1］王鎏鑫，汪晋安，邓伟成，等.抑制网侧交流单相接地故障下混合型 MMC 子模块过电压的谐波耦合注入策略［J］.电网技术，2023（1）:313-321.

［2］王鎏鑫，汪晋安，许建中.不平衡网压下混合模块化多电平换流器子模块电容过压抑制策略［J］.现代电力，2023（5）:853-862.

［3］李钰，陆锋，樊强，等.不平衡电网电压下的 MMC 子模块电压波动抑制方法［J］.电力系统自动化，2020，44（4）：91-100.

［4］陆锋，李钰，樊强，等.混合 MMC 电容电压波动差异机理及抑制策略［J］.电力系统自动化，2019，43（17）：92-101.

［5］邓伟成，陆锋，许建中.混合 MMC 子模块电容电压波动耦合抑制策略［J］.华北电力大学学报（自然科学版），2020，47（5）：30-38，55.

［6］朱雯清，赵西贝，赵成勇.一种嵌套型 MMC 拓扑及其直流故障穿越策略［J］.中国电机工程学报，2023，43（21）:8434-8444.

［7］ZHANG X，YU Z，ZENG R，et al. A state-of-the-art 500-kV hybrid circuit breaker for a DC grid：the world's largest capacity high-voltage DC circuit breaker［J］.IEEE Industrial Electronics Magazine，2020，2（14）：15-27.

［8］罗永捷，宋勇辉，熊小伏，等.高压大容量 MMC 换流阀损耗精确计算［J］.中国电机工程学报，2020，40（23）：7730-7741.

［9］LI S，XU J，LU Y，et al. An auxiliary DC circuit breaker utilizing an augmented MMC［J］. IEEE Transactions on Power Delivery，2019，34（2）：561-571.

［10］樊强，赵西贝，赵成勇.适用于直流电网故障清除的并联型混合 MMC［J］.中国电机工程学报，2021，41（14）：4965-4974.

［11］蒋纯冰，俞永杰，王鑫，等. 适用于直流电网的故障电流主动转移型 MMC［J］. 电网技术，2021，45（1）：170-178.

［12］XU J，ZHAO X，JING H，et al. DC fault current clearance at the source side of HVDC grid using hybrid MMC［J］. IEEE Transactions on Power Delivery，2020，35（1）：140-149.

Chapter 4
第4章

高功率密度直流变压器

与交流电网不同，直流电网不能利用基于电磁感应原理的工频变压器进行电压和功率变换，必须采用基于电力电子变换技术的直流变压器（DCT）才能组网。本章聚焦于直流电网中直流变压器的紧凑化设计关键难题，介绍了通过控制方法和拓扑设计等手段提升直流变压器的集成化水平。

4.1 直流变压器在直流电网中的应用场景

直流变压器在直流电网中的应用可分为两大类：一类是应用于直流互联系统的高压大容量直流变压器，另一类是应用于中低压直流电网的直流变压器。二者在拓扑结构、控制方法以及紧凑化设计思路等方面均有所不同。

4.1.1 应用于直流互联系统的高压大容量直流变压器

高压大容量直流变压器能实现不同类型 HVDC 输电线路的互联，如基于电网换相换流器型的高压直流（line commutated converter HVDC，LCC–HVDC）输电系统和基于电压源型换流器的高压直流（voltage source converter HVDC，VSC-HVDC）系统线路之间的互联[1]，其结构如图 4-1 所示。

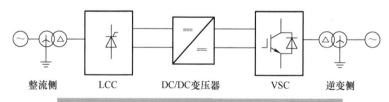

整流侧   LCC   DC/DC变压器   VSC   逆变侧

图 4-1　直流变压器实现不同类型 HVDC 输电线路互联

此外，直流变压器还能实现不同电压等级的相同类型 HVDC 输电线路互联。随着技术的发展，未来安装的 VSC-HVDC 系统额定直流电压将高于现有运行的 VSC-HVDC 系统额定直流电压[2]，若要在未来将新建设的 VSC-HVDC 系统与已运行的 VSC-HVDC 系统互联以构成直流电网，也需要直流变压器，目前普遍采用的方案为 DC/AC/DC 变换技术[3]，其结构如图 4-2 所示。

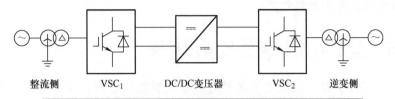

图 4-2　直流变压器实现不同电压等级的 HVDC 输电线路互联

4.1.2　应用于中低压直流电网的直流变压器

中低压直流电网中直流变压器具备多直流电压等级电能变换的能力，可同时接入多种类型的直流负荷和分布式能源，典型应用场景如图 4-3 所示[4]，可分为居民区和工业园区两大类。在居民区低压直流供电场景中，选取单端放射式供电架构，分布式能源采用集中接入方式，使用一台多端口直流变压器用于连接光伏、储能等分布式能源和直流负荷。在工业园区直流供电场景中，由于功率和电压等级提高，一般采用环网供电或者辐射供电架构，分布式能源采用了多点接入方式，因此需要配备多台直流变压器。

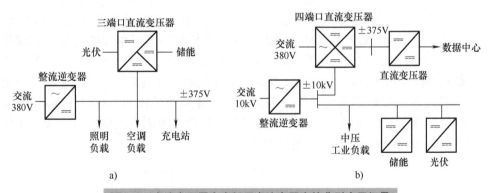

图 4-3　直流变压器在中低压直流电网中的典型应用场景

a）居民区　b）工业园区

对含多条电压等级直流母线的供电场景，可以采用一台多端口直流变压器提供多个直流母线接口，也可以采用多台双端口直流变压器连接不同电压等级的直流母线。在多台直流变压器共同运行的场景中，直流变压器需要根据母线电压状态调整控制方式和工作方式，在定电压、定功率等多种模式中相互切换。对于潮流双向端口，还需要根据端口运行状态调整功率方向。此外，从图 4-3 中还可以看到，两种典型运行场景中均包含与交流电网连接的端口。尽管直流电网在运行效率、传输容量、建设成本等方面相较于交流电网有较大优势，但单一的直流供电并非未来供配电技术发展的最佳策略，交、直流供配电技术的相互配合才是未来中低压电网发展的重要趋势。

4.2　直流变压器拓扑类型与适用范围

国内外相关学者现已提出了多种直流变压器拓扑结构，本节将其分为隔离型和非隔离型两大类，并且从工程造价、转换效率和体积/重量三方面对二者进行对比分析[5]。

4.2.1　隔离型直流变压器

隔离型直流变压器经过 DC-AC、AC-DC 两个环节，通过中间的交流变压器来实现电压比。文献［6］提到的两电平双有源电桥（daul active bridge，DAB）型直流变压器利用两 H 桥之间的相角差对传输功率的大小和方向进行控制，其拓扑结构如图 4-4a 所示，由于变压器两侧为方波，对变压器的绝缘要求较高，故该种变压器最大运行电压不宜超过 220kV[7]。为扩大直流电压和功率的运行范围，文献［8］提出了输入串联输出串联（ISOS）型直流变压器，其拓扑类型如图 4-4b 所示。像这种利用低电压、小功率型直流变压器串联或并联来实现电压比的组合方式还包括输入串联输出并联（ISOP）、输入并联输出串联（IPOS）、输入并联输出并联（IPOP），这种类型的直流变压器利用了子单元的直接串联或并联，存在均电压或均电流问题。文献［8-11］提出了 MMC-DAB 型变压器，其拓扑结构如图 4-4c 所示。它可以实现高、低压侧的电气隔离，且使用全桥子模块使变压器具备了故障穿越的功能，但该变压器开关损耗较大，难以实现软开关，且中频变压器制造成本较高。以上所述直流变压器均为隔离型变压器，按照拓扑类型可分为 DAB 型和输入输出组合型两大类。

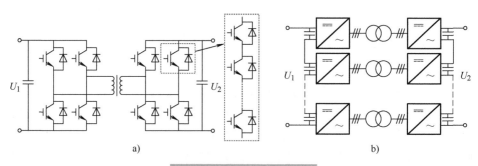

a)

b)

图 4-4　隔离型直流变压器

a）两电平 DAB 型　b）ISOS 型

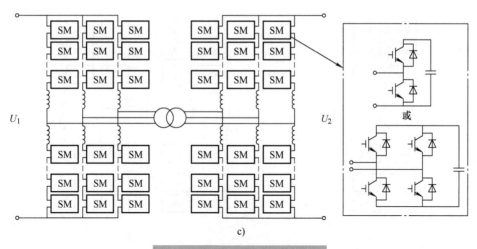

c)

图 4-4 隔离型直流变压器（续）

c）MMC-DAB 型

4.2.2 非隔离型直流变压器

相比于隔离型，非隔离型变压器实现电压比的方式相对较多。文献［12-15］提出的直流变压器均采用了分压原理。文献［2，12］提出的自耦型变压器如图 4-5a 所示，由于高、低压侧共用部分子模块，显著降低了成本和功率损耗，提高了功率器件的利用率，但因其采用了 MMC 的串联技术，高电压比下子模块数目过多导致成本上升，因此适用于电压比较低的场合。文献［13］提出的 T 型变压器和文献［14］提出的直接分压型直流变压器如图 4-5b 和图 4-5c 所示，都可以拓展至多端口。但分压型变压器低压侧会产生较大的交流分量，需要配置交流滤波设备，故宜采用三相结构且适用于电压比接近于 2∶1 的中等电压比场合。T 型变压器输出电压波形质量好、效率高，且具备故障隔离功能。文献［15］提出

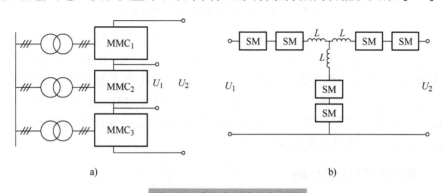

a)   b)

图 4-5 非隔离型直流变压器

a）自耦型 b）T 型

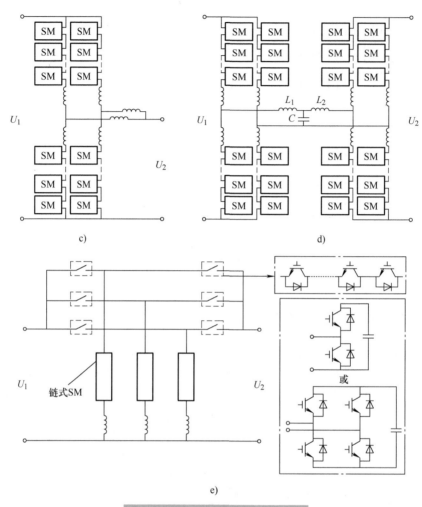

图 4-5　非隔离型直流变压器（续）

c）直接分压型　d）*LCL* 谐振型　e）直流斩波型

了一种 *LCL* 谐振型直流变压器，如图 4-5d 所示，利用谐振原理可以实现零无功传输和软开关功能。文献［16］通过将基本斩波电路中的换流开关替换成基于器件串联的换流阀，用子模块串联的容性储能桥臂代替了原来的储能电感，以 Buck-Boost 型为例，如图 4-5e 所示。基本斩波电路通过这一改变可构造出多种拓扑结构，所用器件数目较少、结构简单。非隔离型直流变压器根据分压原理可分为分压型、谐振型和直流斩波型。

4.2.3　拓扑适用范围分析

隔离型与非隔离型直流变压器拓扑结构、变换方式等均有差异，因此二者有不同的适用范围，本节主要从工程造价、转换效率和体积／重量三方面进行对比分析。

1. 工程造价

在工程造价方面，直流变压器主要考虑交流变压器、滤波器和功率器件的成本。下面在直流系统参数相同的情况下，对比分析上述直流变压器在不同电压增益下所用 IGBT 的数目。假定上述直流变压器中的 IGBT 采用 ABB 公司生产的 5SNA300K452300，其额定电压和额定电流为 4.5kV 和 3kA。考虑实际工程中的电压安全裕度，设计其安全承压为 2.25 kV。规定系统低压侧直流电压为 ±150kV，各类变压器均采用三相结构。在不考虑器件冗余的条件下，根据直流系统两侧的电压以及 IGBT 的安全承压，计算出不同直流变压器在电压比从 1.3 ～ 5 所需要的 IGBT 个数，如图 4-6 所示。

其中两电平和 ISOS 型由于利用了器件的直接串联，所需 IGBT 个数相同。MMC-DAB 和 LCL 谐振式两侧均采用 MMC，故所需 IGBT 个数也相同。自耦式因需要实现故障穿越，故全桥子模块占比为 50%。T 型为抑制故障电流，全桥子模块占高压桥臂与低压桥臂子模块总数的一半。从图 4-6 中可看出，随着电压比的增

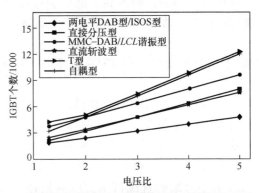

图 4-6 不同 DC/DC 变压器所需 IGBT 个数

大，直流变压器所需 IGBT 个数增加。由于 T 型和自耦式中存在全桥子模块，在电压比大于 2 时，T 型所需的 IGBT 个数最多，自耦式与它接近。尽管两电平 /ISOS 型所需的 IGBT 最少，但需考虑交流变压器成本。直接分压式和直流斩波式所需 IGBT 个数相近，与 MMC-DAB/LCL 谐振式相比，不需要交流变压器，但直接分压式需较大的滤波装置。相比较而言，直流斩波式具有较强的经济优势。

2. 转换效率

在转换效率方面，隔离型直流变压器与非隔离型的自耦式变压器由于内部存在交流变压器，除了器件损耗外，还存在交流变压器的铁耗、铜耗等，其转换效率较低。其余的直流变压器在计算损耗时，主要考虑功率器件损耗，一般器件数目越多，损耗越大，效率越低。与隔离型和自耦式直流变压器相比，内部没有交流变压器的直流变压器的转换效率较高。例如直接分压式直流变压器，当电压比小于 4 时，转换效率在 98% 以上，而 MMC-DAB 型，只有电压比小于 1.5 时，转换效率才在 98% 以上。

3. 体积／重量

在体积／重量方面，隔离型变压器和非隔离型中的自耦式直流变压器由于内

部存在交流变压器，增加了占地面积，且自耦分压式利用了 MMC 的直接串联，使其装置极为笨重。*LCL* 谐振式虽然中间省去了交流变压器，但两侧的 MMC 以及中间的谐振电容和电感使得变压器装置体积较大。直接分压式由于输出电压与电流存在交流分量，需要较大的滤波装置。T 型与直流斩波式变压器的结构相似，与上述变压器相比，具备体积小、重量轻的优势。

总体来说，隔离型直流变压器具备故障隔离的优势，采用中频或高频变压器可减小交流变压器的体积及相关无源元件的尺寸，但变压器的绝缘设计以及铁心制造困难，现阶段难以实现工程化。此类拓扑成本高、体积大且损耗高，适用于大容量、高电压比的场合。非隔离型直流变压器由于中间少了交流变压的环节，损耗小且效率高，但因高、低压侧存在直接的电气联系，当两端直流电压比较大时难以控制，故此类拓扑适用于大容量、中低电压比的场合。

4.3　紧凑化直流变压器解决方案

直流变压器内部模块数目众多，需要大量电容器、功率半导体开关以及高频隔离变压器等设备，设备成本高、体积 / 重量大，维护与运行不便，紧凑化设计的需求强烈，亟须设计高功率密度的直流变压器。

尽管在直流互联系统领域已有较多直流变压器紧凑化拓扑的研究成果，例如 4.2.2 节中介绍的直流自耦变压器拓扑[12]，但在柔性直流电网中，高压、大容量直流变压器还未实现工程应用，因此本节重点介绍中低压直流电网中直流变压器的紧凑化设计思路。

4.3.1　降低电容值类紧凑化方案

在直流变压器的众多设备中，电容器在体积与成本方面占比很大，是进行紧凑化研究的重要切入点。本书 2.2 节已经介绍了基于附加控制方案的 MMC 紧凑化方案，对于直流变压器而言思路是一致的，主要通过降低直流变压器电容电压波动来减少电容的容值和体积，实现紧凑化设计。

从交流电源引入的二阶或更高阶纹波功率需要在直流变压器的电容器中储存大量能量，为了减小电容器电压的纹波，通常需要很大的直流电容，这将增加直流变压器的体积，从而降低功率密度。文献［17-19］均为在控制系统中附加控制器来降低直流变压器电容电压波动。文献［17］提出了一种基于比例谐振（PR）控制的直流变压器功率解耦策略，该策略在静止坐标系下实现，通过并联控制器对多个谐波进行抑制，即使在三相不对称的情况下，模块电容器中的低频电压纹波也可以最小化，可减小直流变压器电容器的容值和体积，从而提高功率密度，其纹波控制器如图 4-7 所示。

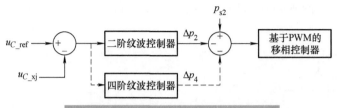

图 4-7　基于比例谐振控制的纹波控制器

文献［18］提出了通过注入额外循环电流的电容电压纹波抑制策略，减小电容器的体积以实现更高的功率密度。文献［19］分析了采用最近电平调制方法时的电容器充放电特性，为减少低频电压纹波，提出了多步交流电压平衡算法和无电流排序算法。

上述文献从理论到控制方法阐述了如何利用减小电容电压波动达到降低容值需求的目的，从而实现直流变压器的紧凑化设计。

4.3.2　多端口拓扑类紧凑化方案

目前通过控制减小电容电压波动虽可降低容值需求，但该类方法降低程度有限，还有一些研究从拓扑层面对直流变压器进行轻型化改进。直流电网中大量双端口直流变压器的使用增加了能量变换次数，降低了能量利用率。此外，多个双端口直流变压器并联运行产生的环流、协调控制、交互影响等问题也不容忽视。多端口直流变压器是解决上述问题的重要途径，是有效的紧凑化方案[20]。对于多端口直流变压器国内外学者提出了多种拓扑方案，按照能量汇聚形式分为电耦合型和磁耦合型。

电耦合型多端口直流变压器通过公共母线汇聚各端口能量，具备灵活的端口数量和容量扩展能力，等效示意图如图 4-8 所示[21]。电耦合型多端口直流变压器通常采用主从控制方式，由一个端口控制公共母线电压，其余端口根据运行需求独立控制端口电压或功率。根据公共母线的电能类型，电耦合型多端口直流变压器又可以分为共直流母线型[22]和共交流母线型[23]。

磁耦合型多端口直流变压器通过

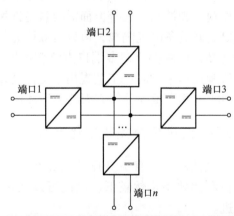

图 4-8　电耦合型多端口直流变压器等效示意图

多绕组高频变压器实现对各端口能量的汇聚和分配[24]。受结构限制，相比于电耦合型多端口直流变压器，磁耦合型多端口直流变压器的拓扑种类较少，典型的多有源桥（Multi Active Bridge，MAB）变压器拓扑结构如图 4-9 所示，主要包

括对称与非对称两种拓扑结构。磁耦合型多端口直流变压器通常采用移相控制
方式。

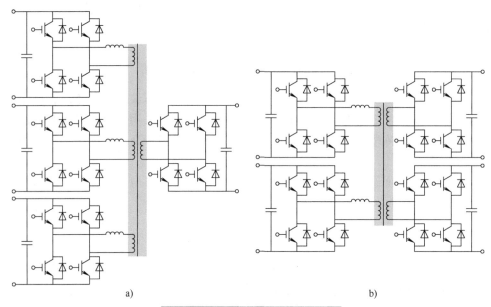

图 4-9　多有源桥变压器拓扑结构

a）非对称结构 MAB　b）对称结构 MAB

电耦合型多端口直流变压器本质上是多个双端口直流变压器的并联，设计方
便、扩展灵活，但不具备电气隔离，同时各并联直流变压器在容量、阻抗特性、
工作模式和控制方式等方面需要进行匹配和协调；磁耦合型多端口直流变压器的
端口之间具备电气隔离，可以有效防止故障扩散，也易于实现高电压比的直流电
能变换，但磁耦合型多端口直流变压器需要高压、大容量的多绕组高频变压器，
在研制过程中对制造工艺提出了更高要求。此外，磁耦合型多端口直流变压器在
端口扩展和容量提升等方面的灵活性也略显不足[4]。

4.3.3　改进拓扑类紧凑化方案

虽然多端口直流变压器已经在一定程度上实现了紧凑化设计，但其模块的
能量利用效率仍然较低，因此可以在常规多端口直流变压器拓扑的基础上进行
改进。

文献［25］提出了面向中高压智能配电网直流变压器的一种新型拓扑，该
拓扑可以显著减少开关器件和高频变压器的数量，但模块利用率仍然很低。文
献［26］推导了桥臂电流在工频周期内的变化，在换流站增设交流桥臂，采用桥
臂移相调制策略子模块数目降低目标，但控制方法较为复杂。文献［27］首次在

MMC 中提出了子模块复用概念，即上、下桥臂间增设 1 个中间子模块，使得换流站整体减少 3 个子模块数量。文献 [28] 针对模块复用原理，提出了一种桥臂复用型模块化多电平换流器，使子模块装配数量降低了 25%，有效实现了 MMC 的轻型化目标。

本节将"模块复用"思想引入到直流变压器中，提出一种新型的多端口直流变压器拓扑[29]，在保证交直流电能质量前提下大幅减少模块数目，将模块利用效率从 50% 提高至 66.7%。

1. 模块复用型直流变压器拓扑结构

图 4-10 所示为张北小二台柔性变电站多端口直流变压器拓扑，高压输入侧

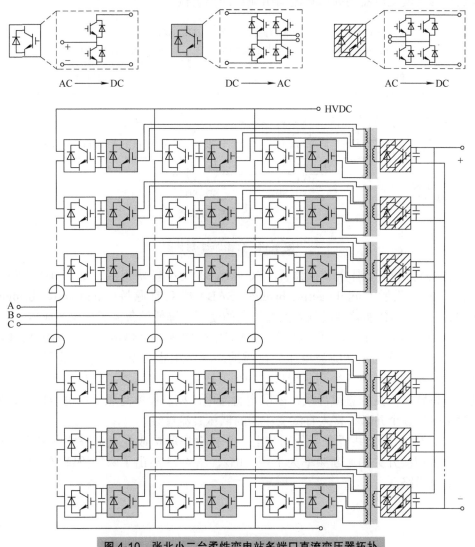

图 4-10 张北小二台柔性变电站多端口直流变压器拓扑

为 MMC 结构，但正常运行时每个时刻每相 2N 个模块只有 N 个被投入，模块利用率仅为 50%，本节以此拓扑作为基础，从提高模块利用率角度开展对多端口直流变压器模块复用的研究。

本节提出的模块复用型直流变压器（module multiplexing DC transformer，MM-DCT）拓扑如图 4-11 所示，换流站桥臂 MMC 整流级和高频变压器一次侧构成高压部分，变压器二次侧及配电母线构成低压部分。图中高压部分三相结构完全相同，对桥臂进行重新划分，每相由上桥臂、公共桥臂和下桥臂以及两个桥臂开关 SU、SD 组成，其中 SU 连接上桥臂与公共桥臂交点，SD 连接下桥臂与公共桥臂交点，上桥臂和下桥臂的一端通过 SU、SD 与高压交流电网相接，另一端分别作为直流变压器的高压直流输出端口的正负极。

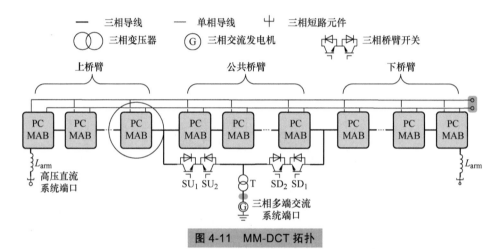

图 4-11　MM-DCT 拓扑

各桥臂由相间耦合多有源桥（PC–MAB）功率模块组成，如图 4-12 所示，相比于单有源桥（single active bridge，SAB）或双有源桥（dual active bridge，DAB），PC–MAB 能减少高频隔离变压器的使用，降低设备体积与生产成本。

PC-MAB 模块内部采用四绕组高频变压器实现电气隔离，一次侧级联 H 桥将直流电压转换为高频方波电压，再借助高频变压器实现低压直流能量的传递。PC-MAB 模块对外有 3 个高压端口和一个低压端口，高压输出端口逐个串联，通过三相桥臂接入高压直流母线，采取定直流电压控制保持高压母线电压恒定，低压输出端口逐个并联，接入直流变压器的低压直流母线。

MM-DCT 的公共桥臂可分别与上、下桥臂串联构成复合上桥臂和复合下桥臂，桥臂切换开关的通断频率为工频 50Hz，图 4-13 给出了两种桥臂复用状态对应的电流通路。

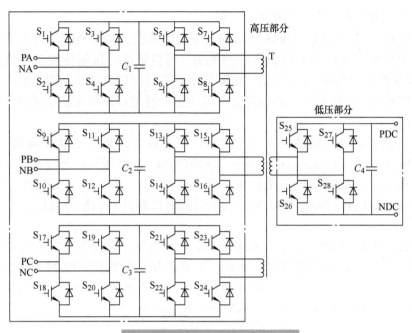

图 4-12　PC-MAB 功率模块结构

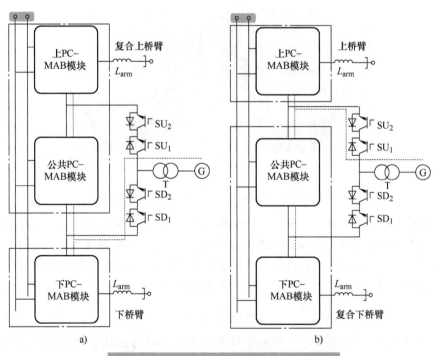

图 4-13　两种桥臂复用状态对应的电流通路

2. 模块复用型直流变压器控制策略

MM-DCT 高压部分与级联 H 桥换流器原理类似，每个桥臂均可等效为一个可控的电压源，通过对全控型器件的投切，可使输出电压随控制信号切换而变化。MAB 控制器采用 PI 环控制，跟踪低压直流母线出口电压，调整触发脉冲相角实现定直流、电压控制。高压部分与低压部分通过高频变压器实现电气隔离与能量输送。

（1）调制策略　在模块数目较少时，采用载波移相正弦脉宽调制（carrier phase shifted pulse width modulation，CPS-PWM）的电压低次谐波含量较低、电流畸变较小，电能质量优于最近电平调制（NLM），但桥臂开关切换过程上下桥臂投入数目应保持不变，以避免工频周期内桥臂开关和桥臂复用状态的多次切换。

因此，为配合 MM-DCT 提出 CPS-NLM 分段联合调制策略，所提调制策略如图 4-14 所示。以上桥臂为例，计算上桥臂参考电压并进行 NLM，当上桥臂需要投入的模块数目等于 $N/2$ 时采用 NLM 结果，不等于 $N/2$ 时转为 CPS-PWM，在每个工频周期内 NLM 与 CPS-PWM 方式来回切换。

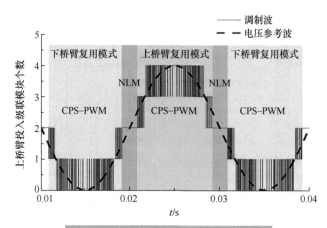

图 4-14　CPS-NLM 分段联合调制策略

当采用 CPS-PWM 时，通过正弦调制波与 N 个不同相角（相邻相角相差 $2\pi/N$）的三角载波比较生成触发脉冲，决定复合上、下桥臂投入模块数 N_u、N_d。由于复合上、下桥臂的调制波与三角载波互相对称，N_u、N_d 之和恒为定值，可以保持高压直流母线电压恒定。N_u、N_d 的数量关系为

$$N_u + N_d = N \tag{4-1}$$

（2）桥臂开关切换策略　切换桥臂开关 SU、SD 导通状态可实现桥臂复用状态的选择。在 NLM 阶段，SU 与 SD 均导通，公共桥臂不投入使用；而在 CPS-PWM 阶段，SU、SD 导通状态互斥。

在 NLM 与 CPS-PWM 两种调制方式转换的时刻改变桥臂开关 SU、SD 导通状态，切换瞬间公共桥臂两端电压为零，可避免切换过程产生电流冲击。以 NLM 的结果为依据，当上桥臂 $N_u>N/2$ 而下桥臂 $N_d<N/2$ 时，N_d 可由下桥臂独立提供，N_u 则需要上桥臂与公共桥臂共同提供，此时桥臂开关 SU 开关导通，切换至上桥臂桥臂复用状态；同样的当下桥臂 $N_d>N/2$ 而上桥臂 $N_u<N/2$ 时，桥臂开关 SD 导通，切换至下桥臂桥臂复用状态，具体桥臂复用状态切换策略如图 4-15 所示。

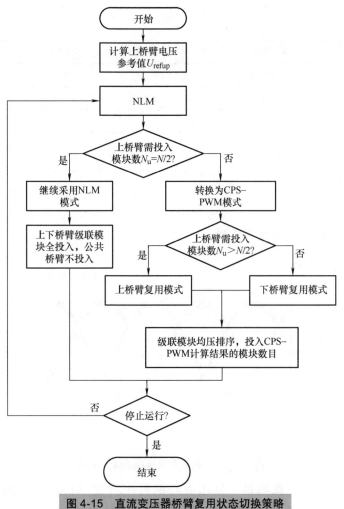

图 4-15　直流变压器桥臂复用状态切换策略

3. 仿真验证

为验证所提拓扑的可行性，在 PSCAD/EMTDC 软件上搭建仿真模型。系统参数见表 4-1。MM-DCT 起动 0.12s 后模块高压整流部分解锁，起动 0.65s 后模块低压部分解锁。

表 4-1　仿真系统参数

名称		参数
高压直流侧	电平数	17
	额定容量	800kV·A
	直流母线额定电压	20kV
	桥臂电抗器	5.05mH
	电容	500μF
低压直流侧	额定容量	100kV·A
	直流母线额定电压	0.75kV
	电容	4000μF
	MAB 控制器频率	2000Hz

（1）交流电压仿真结果　图 4-16 给出了 MM-DCT 拓扑在 CPS-NLM 下交流侧输出电压的仿真结果，图中 THD 为小于 1000Hz 的谐波畸变率。由图 4-11 可知，MM-DCT 交流侧能够输出 $N+1$ 电平阶梯波，在桥臂复用状态切换时为 NLM 的阶梯波，而在其他复用阶段内为 PWM 波，在 CPS-NLM 下电压谐波畸变率为 4.91%，具有较好的交流电压质量。

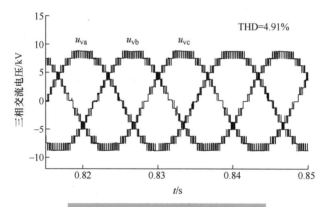

图 4-16　交流侧输出电压的仿真结果

（2）直流电压仿真结果　复用前后的高压直流端口输出电压仿真结果如图 4-17 所示。对于高压直流端口，复用前直流电压在解锁后 0.15s 时间内稳定至 1pu，复用后在解锁后 0.35s 时间内稳定至 1pu，在本节控制策略下，高压跟随参考值变化保持稳定，复用前波动为 0.625%，复用后波动为 1%，基本能保持一致。

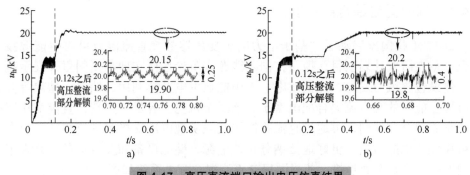

图 4-17　高压直流端口输出电压仿真结果

a）复用前　b）复用后

　　复用前后的低压直流端口输出电压仿真结果如图 4-18 所示，对于低压直流端口，复用前与复用后波形几乎一致，电压均在 0.2s 内由 0 上升至 1pu，低压跟随参考值变化保持稳定，波动为 0.4%。上述结果表明 MM-DCT 具有较好的直流电压质量。

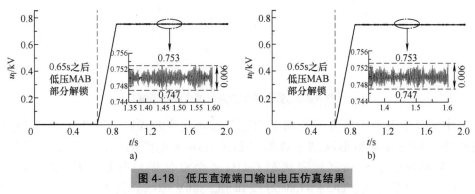

图 4-18　低压直流端口输出电压仿真结果

a）复用前　b）复用后

　　上述仿真结果表明，本节所提 MM-DCT 和控制方法有效实现了直流变压器紧凑化设计的目标，将直流变压器模块利用率由 50% 提升至 66.7%，并且在 CPS-NLM 分段联合调制下，MM-DCT 能够顺利完成电能转换，交流侧能够输出 $N+1$ 电平相电压，具有较好的交流电压质量。

4.4　直流变压器工程应用实践

　　本节主要介绍苏州同里综合能源服务中心、唐家湾多端交直流混合柔性配网互联工程以及乌兰察布"源网荷储"功率路由器所采用的多端口直流变压器。

4.4.1　苏州同里综合能源服务中心

2017 年我国家启动了"基于电力电子变压器的交直流混合可再生能源技术研究"重点研发计划项目，项目在国际能源变革论坛所在地苏州同里开展示范验证，建设包含风力发电、光伏发电、太阳能热发电及热利用、储电、储热等分布式可再生能源的交直流混合配电系统。该系统依托大容量、多端口直流变压器构建交直流混合配电网，可通过直流跨馈线互联实现电压支撑和潮流均衡，提高系统可靠性和电能质量，更好地接纳分布式电源、储能设备和直流负荷，是未来配电网的一个重要发展趋势。苏州同里交直流混合配电系统如图 4-19 所示。

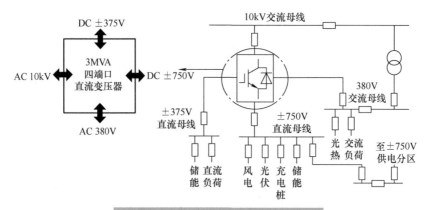

图 4-19　苏州同里交直流混合配电系统

中国科学院电工研究所为同里示范工程研制了四端口直流变压器。其中电路拓扑采用的是双星形联结的级联 H 桥（MMC）电路拓扑，每个功率模块包括 10kV 侧级联 H 桥和高频隔离型 DAB。4 个电气端口分别连接 AC 10kV 母线、DC ± 750V 母线、DC ± 375V 母线和 AC 380V 母线。其中，10kV 交流端口接入交流电网，始终运行于并网模式。± 750V 直流端口供电半径较大，可接入 1500V 和 750V 大容量的直流分布式电源、储能与负荷，并可与供电分区的直流配电分区并联运行，可运行在离网或并网方式下。± 375V 直流端口供电半径和容量较小，主要供给附近区域内的 375V 和 750V 直流负荷以及储能。380V 交流端口可与交流电网并网运行，并就近接入交流电源和负荷。AC 380V 电网也可运行在离网或并网方式下。除了 10kV 交流端口外，其余 3 个端口还具备并网和离网运行方式。

作为交直流混合分布式能源系统的枢纽，四端口直流变压器面向多个微网，通过端口的能量调控和信息交互，实现多微网间的能量路由和协调控制，具有分布式资源灵活接入、能量柔性管控、电能质量治理、故障自监测和自隔离等多种功能。

4.4.2 唐家湾多端交直流混合柔性配网互联工程

珠海唐家湾三端柔性直流配电网工程建设是依托国家能源局首批"互联网+"智慧能源示范项目进行的,是我国建设直流配电网、推进能源互联网技术的重要探索。该示范项目按照两级(园区-城市)双核(唐家、横琴)开展"基础物理网络智能升级""能源与信息的深度融合""多能协同""智慧用能新模式"四大主题示范建设,打造"基础设施智能化""信息流动充分化""生产消费互动化"的能源互联网生态系统[30]。

唐家湾3端柔性直流配电网工程,是该示范项目"基础物理网络智能升级"最关键的部分,是国际首个 ±10kV、±375V、±110V 多电压等级多端柔性直流配电网工程,也是目前世界容量最大的柔性直流配电网工程[31]。唐家湾工程系统接线如图 4-20 所示。

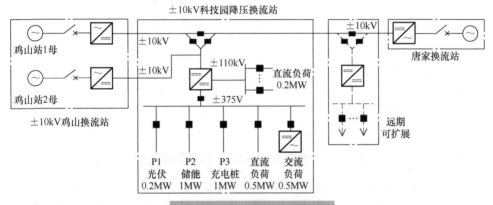

图 4-20 唐家湾工程系统接线

唐家湾三端柔性直流配电网工程由鸡山1换流站(10MW)、鸡山2换流站(10MW)、唐家换流站(20MW)采用地下电缆相连接,接入唐家湾科技园的风、光、储、充以及多元直流负荷,构成多端多层级、可网络重构的 ±10kV/40MW 柔性直流配电网,实现了多个交流变电站的直流柔性互联和备用功率支撑,提高了系统供电可靠性。

特变电工新疆新能源股份有限公司为项目提供了 ±10kV、±375V、±110V 三端口直流变压器为核心设备的解决方案,用以实现电能可靠、高效、经济、智能的变换和管理。该设备为世界首台三端口直流变压器、世界最大容量的直流变压器,效率高达 98.2%,且尺寸做到业内最小,具有电压变换、潮流管理、短路故障自清除等功能,具有微秒级模块在线旁路功能,采用了新型碳化硅器件,具备高效率、高可靠性、高功率密度的特点。

4.4.3 乌兰察布"源网荷储"功率路由器

乌兰察布"源网荷储"功率路由器示范工程打造了国内容量最大的功率路由器设备[32]，该工程结构如图 4-21 所示。相较其他直流变压设备，此功能路由器的电能容量提升 10 倍以上，但成本和体积降低 1/3 以上，未来将有效助力新能源的规模化开发及储能应用。该设备所采用的功率半导体器件均实现国产化，打破了国外在大功率半导体领域的技术壁垒。作为一种能量传输通道，该示范工程可适配风、光、储等不同设备，减少电能变换环节，提升系统运行效率，还能主动控制功率潮流，通过对不同供电区域功率优化协调，实现新能源发电的高比例消纳。

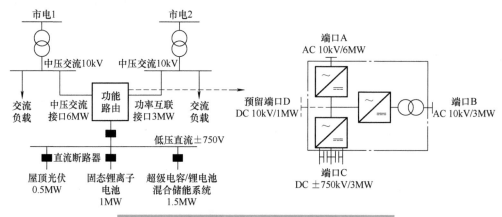

图 4-21 乌兰察布"源网荷储"功率路由器工程结构

该功率路由器不再是放射状结构，并将两端 10kV 中压交流母线在线合环，可实现配网功率互联互通，同时提供低压 ±750V 母线，供光伏和储能系统接入。本系统中，中压交流端口 A 的容量为 6MW，中压交流端口 B 的容量为 3MW，±750V 母线容量为 3MW。

4.5 本章小结

本章首先梳理了直流变压器在直流电网中典型的应用场景，其次将直流变压器拓扑划分为隔离型和非隔离型，从工程造价、转换效率和体积/重量三方面对二者进行了对比分析。然后针对直流变压器的轻型化、紧凑化设计开展研究，提出了一种模块复用型直流变压器（MM-DCT）拓扑，并设计了桥臂开关切换策略、CPS-NLM 分段联合调制策略等一系列适用于 MM-DCT 的控制方法，通过公共桥臂与上、下桥臂周期性的复用，所提拓扑有效实现了直流变压器紧凑化的目标。最后介绍了苏州同里综合能源服务中心、唐家湾多端交直流混合柔性配网互联工程以及乌兰察布"源网荷储"功率路由器所采用的多端口直流变压器拓扑结构。

参考文献

［1］杨晓峰，郑琼林，林智钦，等．用于直流电网的大容量DC/DC变换器研究综述［J］．电网技术，2016，40（3）：670-677.

［2］杨之翰，李梦柏，向往，等．基于无闭锁直流自耦变压器的LCC-HVDC与VSC-HVDC互联系统［J］．电工技术学报，2018，33（S2）：499-510.

［3］LÜTH T, MERLIN M, GREEN T, et al. High-frequency operation of a DC/AC/DC system for HVDC applications［J］. IEEE transactions. on power electronics, 2014, 29（8）：4107-4115.

［4］刘贝，涂春鸣，肖凡，等．中低压直流变压器拓扑与控制综述［J］．电力自动化设备，2021，41（5）：232-246.

［5］王凤，裴鹏，许建中，等．用于多电压等级直流互联的高压大容量DC/DC变换器需求分析［J］．华北电力大学学报（自然科学版）.2023，50（2）：44-53.

［6］ALONSO A R, SEBASTIAN J, LAMAR D G, et al. An overall study of a dual active bridge for bidirectional DC/DC conversion［C］//2020 IEEE Energy for Conversion Congress and Exposition, 2010：1129-1135.

［7］ADAM G P, GOWAID I A, FINNEY S J, et al. Review of DC/DC converters for multi-terminal HVDC Transmission networks［J］. IET power electronics,2016,9（2）：281-296.

［8］SANO K, TAKASAKI M. A boost conversion system consisting of multiple DC-DC converter modules for interfacing wind farms and HVDC transmission［C］//2013 IEEE Energy Conversion Congress and Exposition, 2013：2613-2618.

［9］KENZELMANN S, RUFER A, VASILADIOTIS M, et al. A versatile DC-DC converter for energy collection and distribution using the modular multilevel converter［C］// The 2011 14th European Conference on Power Electronics and Applications, 2011.

［10］姚良忠，杨晓峰，林智钦，等．模块化多电平换流器型高压直流变压器的直流故障特性研究［J］．电网技术，2016，40（4）：1051-1058.

［11］JAFARI M, JAFARISHIADEH F, SAADATMAND S, et al. Current stress reduction investigation of isolated MMC-based DC-DC converters［C］//the 2020 IEEE Power and Energy Conference at Illinois（PECI）, 2020.

［12］LIN W, WEN J, Cheng S. Multiport DC-DC autotransformer for interconnecting multiple high-voltage DC systems at low cost［J］. IEEE transactions on power electronics, 2015, 30（12）：6648-6660.

［13］王新颖．直流电网用高压DC/DC变换器拓扑及其控制策略研究［D］．北京：华北电力大学，2017.

［14］QIN F, HAO T, GAO F, et al. A multiport DC-DC modular multilevel converter for HVDC Interconnection［C］//the 2020 IEEE Applied Power Electronics Conference and Exposition（APEC）, 2020.

［15］王新颖，汤广福，魏晓光，等．适用于直流电网的LCL谐振式模块化多电平DC/DC变换器［J］．电网技术，2017，41（4）：1106-1113.

［16］李彬彬，张书鑫，赵晓东，等．基于容性能量转移原理的高压大容量DC/DC变换

器［J］.中国电机工程学报，2021，41（3）：1103-1113.

［17］LI X, CHENG L, HE L, et al. Capacitor voltage ripple minimization of a modular three-phase AC/DC power electronics transformer with four-winding power channel［J］. IEEE access, 2020, 8（1）: 119594-119608.

［18］LIU J, YUE S, YAO W, et al. DC voltage ripple optimization of a single-stage solid-state transformer Based on the modular multilevel matrix converter［J］.IEEE transactions on power electronics, 2020, 35（12）: 12801-12815.

［19］ZHANG L, QIN J, ZOU Y, et al. Analysis of capacitor charging characteristics and low-frequency ripple mitigation by two new voltage-balancing strategies for MMC-based solid-state transformers［J］.IEEE transactions on power electronics, 2020 36（1）: 1004-1017.

［20］孙利，陈武，蒋晓剑，等.能源互联网框架下多端口能量路由器的多工况协调控制［J］.电力系统自动化，2020，44（3）：32-39.

［21］田明杰，吴俊勇，郝亮亮，等.基于多端口DC／DC变换器的电池储能系统软启动控制策略［J］.电网技术，2015，39（9）：2465-2471.

［22］行登江，李道洋，王先为，等.±10kV光伏直流接入线路极间短路故障协调控制策略［J］.高电压技术，2020，46（11）：3847-3855.

［23］LI K, ZHAO Z, YUAN L, et al. Synergetic control of high-frequency-link based multi-port solid state transformer［C］// 2018 IEEE Energy Conversion Congress and Exposition（ECCE）, 2018.

［24］COSTA L F, HOFFMANN F, BUTICCHI G, et al. Comparative analysis of multiple active bridge converters configurations in modular smart transformer［J］. IEEE transactions on industrial electronics, 2019, 66（1）: 191-202.

［25］李子欣，王平，楚遵方，等.面向中高压智能配电网的电力电子变压器研究［J］.电网技术，2013，37（9）：2592-2601.

［26］范世源，杨贺雅，杨欢，等.具有故障穿越能力的T型桥臂交替多电平换流器及其调制策略［J］.电力系统自动化，2021，45（8）：41-50.

［27］WANG K , LI Y , ZHENG Z , et al. voltage balancing and fluctuation-suppression methods of floating capacitors in a new modular multilevel converter［J］. IEEE transactions on industrial electronics, 2013, 60（5）: 1943-1954.

［28］LI B , ZHANG Y , WANG G , et al. A modified modular multilevel converter with reduced capacitor voltage fluctuation［J］. IEEE transactions on industrial electronics, 2015, 62（10）: 6108-6119.

［29］WANG A, YUAN S, FENG M, et al. Topology and control strategy of module multiplexing power electronic transformer［C］//2021 Annual Meeting of CSEE Study Committee of HVDC and Power Electronics（HVDC 2021）, 2021, 299-305.

［30］佚名.国家能源局公布首批"互联网＋"智慧能源（能源互联网）示范项目［J］.中国电力企业管理，2017（13）：7.

［31］中国南方电网有限责任公司.多端交直流混合柔性配网互联工程广东成功投运［J］.电世界，2019（5）：56.

［32］马晓晴，王璐，吴卓彦.三峡乌兰察布"源网荷储"试验基地创下多项"国内之最"［J］.新能源科技，2022（6）：23-24.

第5章

柔性直流系统直流侧 ◂◂◂
短路特性分析

　　直流故障电流发展过程对于设备选型、保护设计、参数优化等工作来说有重要意义[1]。柔性直流系统单极接地故障在直流工程发生频率最高，其暂态过程具有很高研究价值。本章针对 MMC 直流电网短路故障，从时域解析表达、迭代计算和物理平台实验 3 个方面分析直流系统故障发展过程，并验证所建立模型的准确性。

5.1 直流故障电流等效计算方法

　　直流线路发生短路接地时，故障线路、大地、接地极以及换流站本身构成回路，等同故障极换流站发生双极接地故障，非故障极受到影响较小，仍可通过大地构成回路传输功率。直流线路单极接地故障特性与换流站直流侧双极接地特性基本一致，本节针对直流系统单极短路进行分析，建立直流故障电流等效计算方法。

5.1.1 单端 MMC 短路故障等效模型

　　MMC 换流站含有大量容性储能，在故障发生初期，子模块仍然按照既定策略不断投切，确保换流站出口电压保持稳定。因此，这一段时间内可以将换流站进行线性化等效，认为故障发展过程只与一次侧参数相关，如图 5-1 所示。图中，R_a 为桥臂电阻（由处于放电回路中的 IGBT 和二极管的通态电阻串联组成）；L_a 为桥臂电抗；L_{dc} 为直流电抗；C_0 为单个子模块电容（桥臂由 N 个子模块串联），u_{dc} 为投入模块直流电压之和，i_{dc} 为直流线路电流。

　　R_s、L_s 和 C_s 分别为 MMC 换流器的等效电阻、电感和电容，其等效为 RLC 电路后的具体参数[2]为

$$\begin{cases} R_s = 2R_a/3 \\ L_s = 2L_a/3 \\ C_s = 6C_0/N \end{cases} \qquad (5\text{-}1)$$

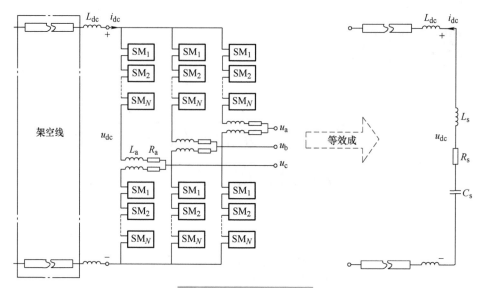

图 5-1   换流站等效电路

在故障发生瞬间，由子模块电容、桥臂电抗和电阻组成二阶放电回路，基于图 5-1 所示等效电路可列二阶微分方程为

$$L_s C_s \frac{\mathrm{d}^2 u_{dc}}{\mathrm{d}t^2} + R_s C_s \frac{\mathrm{d}u_{dc}}{\mathrm{d}t} + u_{dc} = 0 \qquad (5\text{-}2)$$

经过化简得到电容电压解析表达式为

$$u_{dc} = A\mathrm{e}^{-\delta t} \sin(\omega t + \theta) \qquad (5\text{-}3)$$

式（5-3）中参数 A 和 θ 如式（5-4）所示，U_0、I_0 分别为图 5-1 中 RLC 等效电路的电容电压和电感电流的初始值。

$$\begin{cases} \delta = \dfrac{R_s}{2L_s} \\[2mm] \omega = \sqrt{\dfrac{1}{L_s C_s} - \left(\dfrac{R_s}{2L_s}\right)^2} \\[2mm] A = \sqrt{U_0^2 + \left(\dfrac{U_0 \delta}{\omega} - \dfrac{I_0}{\omega C_s}\right)^2} \\[2mm] \theta = \arctan\left(\dfrac{U_0}{\dfrac{U_0 \delta}{\omega} - \dfrac{I_0}{\omega C_s}}\right) \end{cases} \qquad (5\text{-}4)$$

由电流 $i_{dc} = -C_s \dfrac{\mathrm{d}u_{dc}}{\mathrm{d}t}$ 可得到直流线路电流的时域表达式为

$$i_{dc} = \mathrm{e}^{-\delta t} \left[\frac{U_0}{\omega L_s} \sin \omega t + \frac{I_0 \omega_0}{\omega} \sin(\omega t - \beta) \right] \tag{5-5}$$

式中， $\beta = \arctan\left(\dfrac{\omega}{\delta}\right) = \arctan\left(\dfrac{4L_s}{C_s R_s^2} - 1\right)$

5.1.2　直流电网故障电流计算方法

基于 5.1.1 节单端 MMC 的直流故障放电模型，本节建立一种柔性直流电网直流故障等效模型，并基于高效的矩阵形成，实现故障电流的快速准确求解，该方法对任意规模与拓扑的直流电网都具有通用性。

1. 直流电网故障简化等效模型

直流电网发生短路故障，每个与故障点直接相连的换流站被定义为主站（main station，MS），并且每个直接连接到主站的换流站被定义为邻站（neighboring station，NS）。对于每一个邻站，除了流向主站的电流，其他直流出线上的电流在故障后被认为保持故障前的值不变，将这些电流相加，其结果可以用一个电流即邻站的外流电流 I_{out} 表示。可以利用 MMC 的 *RLC* 等值电路和直流线路的 *RL* 模型建立电网等效故障模型，由于邻站只需要表示与主站的连接以及其外流电流，直流电网的故障模型得到大大简化。以故障点为分界线，直流电网被分为左手侧与右手侧，左手侧在故障前向右手侧传输有功功率。直流电网的简化故障等效模型如图 5-2 所示。

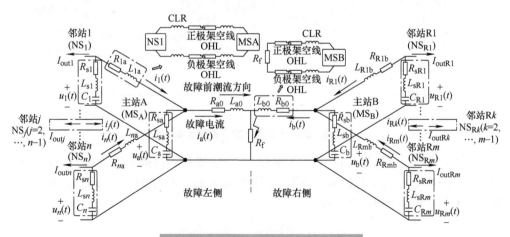

图 5-2　直流电网的简化故障等效模型

图 5-2 中故障左侧的主站被称为主站 A（MS_A），连接到主站 A 的邻站分别记录为邻站 1（NS_1）、邻站 2（NS_2）和邻站 n（NS_n）（$n \geq 0$），正极故障线路上的电流由 $i_a(t)$ 表示。从 NS_j 到 MS_A 的电流称为 $i_j(t)$，NS_j 的外流电流由 I_{outj}（$j=1,2,\cdots,n$）表示。R_{sa}、L_{sa}、C_a 和 R_{sj}、L_{sj}、C_j 分别是 MS_A 和 NS_j 的 RLC 参数，其等效关系如式（5-1）所示。MS_A 和 NS_j 等效电容的电压由 $u_a(t)$ 和 $u_j(t)$ 表示。参数 R_{a0} 和 L_{a0} 是包括两个直流电抗器（current limiting reactor，CLR）和两极架空线在内的故障点与 MS_A 之间的集总电阻和电感。类似地，R_{ja} 和 L_{ja} 是 MS_A 和 NS_j 之间的集中电阻和电抗，代表 4 个直流电抗器和两极架空线。

故障右侧的主站表示为主站 B（MS_B），连接到主站 B 的邻站称为 NS_{R1}，NS_{R2}，$\cdots$，NS_{Rm}（$m \leq 0$）。该侧的故障电流 $i_b(t)$ 与 $i_a(t)$ 方向相反，该侧参数的下标 "R" 表示故障右侧。

当直流电网中存在三端环网时，连接到 MS_A 和 MS_B 的邻站（称为 NS_Δ）同时是故障左侧邻站和故障右侧邻站。为了避免矛盾，在图 5-3 中 NS_Δ 被分为位于故障左侧的 NS_1 和位于故障右侧的 NS_{R1}，这两个邻站具有相同的 RLC 参数，如式（5-6）～式（5-8）所示：

$$R_{S1} = R_{SR1} = 2R_{S\Delta} \tag{5-6}$$

$$L_{S1} = L_{SR1} = 2L_{S\Delta} \tag{5-7}$$

$$C_1 = C_{R1} = \frac{1}{2}C_\Delta \tag{5-8}$$

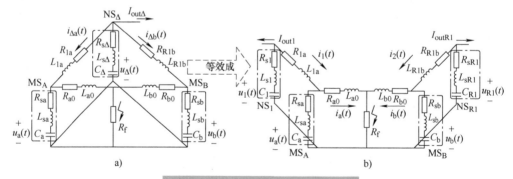

图 5-3 三端环状拓扑的故障等效模型

线路电流 $i_{\Delta a}(t)$、$i_{\Delta b}(t)$、$i_1(t)$ 和 $i_2(t)$ 在故障前的值被表示为 $i_{\Delta ap}$、$i_{\Delta bp}$、i_{1p} 和 i_{2p}，其中，$i_{\Delta ap} = i_{1p}$，$i_{\Delta bp} = i_{2p}$。NS_Δ 的外流电流 $I_{out\Delta}$ 被分为 I_{out1} 与 I_{outR1} 两部分，如式（5-9）、式（5-10）所示：

$$I_{out1} = \frac{1}{2}(I_{out\Delta} + i_{2p} - i_{1p}) \tag{5-9}$$

$$I_{\text{outR1}} = \frac{1}{2}(I_{\text{out}\Delta} + i_{1\text{p}} - i_{2\text{p}}) \tag{5-10}$$

式中，I_{out1} 与 I_{outR1} 之和等于 $I_{\text{out}\Delta}$。此外，由于两站具有相同的 RLC 参数和相同的故障前电流值，即 0.5（$i_{\Delta\text{ap}} + i_{\Delta\text{bp}} + I_{\text{out}\Delta}$），$\text{NS}_1$ 和 NS_{R1} 具有相同的故障前储能，且恰好是 NS_Δ 的一半，这意味着对 NS_Δ 的对称划分遵循能量守恒原理，也使得 NS_1 节点和 NS_{R1} 节点在故障前的瞬间满足基尔霍夫电流定律，得以简化直流电网的故障模型。

2. 状态方程组的建立

直流电网发生极间短路故障后，基于故障点拓扑关系确定主站 A、主站 B 和其他各个邻站，先采用 KVL 方程来描述每个包含单个 MMC 站、过渡电阻 R_f 及其之间架空线阻感参数的回路的电压关系，再采用 KCL 方程来描述各换流站节点的电流关系，将所得方程移项整理后，就可以初步形成方程组，即

$$\begin{cases} L\dot{\pmb{i}} = R\pmb{i} - \pmb{u} + \pmb{U}_\text{s} \\ \dot{\pmb{u}} = C\pmb{i} + \pmb{I}_\text{s} \end{cases} \tag{5-11}$$

式中，电流向量 $\pmb{i} = [\, i_\text{a}(t),\ i_1(t),\ \cdots,\ i_n(t),\ i_\text{b}(t),\ i_{\text{R1}}(t),\ \cdots,\ i_{\text{R}m}(t)\,]^\text{T}$，表示各线路的电流瞬时值；电压向量 $\pmb{u} = [\, u_\text{a}(t),\ u_1(t),\ \cdots,\ u_n(t),\ u_\text{b}(t),\ u_{\text{R1}}(t),\ \cdots,\ u_{\text{R}m}(t)\,]^\text{T}$，是各换流站等效电容的电压瞬时值；向量 $\dot{\pmb{i}}$ 和 $\dot{\pmb{u}}$ 是 $\pmb{i}$ 和 $\pmb{u}$ 对于时间 t 的微分。向量 $\pmb{U}_\text{s}$ 和 $\pmb{I}_\text{s}$ 由外流电流 I_{out} 产生，分别表示为

$$\pmb{U}_\text{s} = [0, R_{\text{s}1}I_{\text{out1}}, R_{\text{s}2}I_{\text{out2}}, \cdots, R_{\text{s}n}I_{\text{out}n}, 0, R_{\text{sR1}}I_{\text{outR1}}, R_{\text{sR2}}I_{\text{outR2}}, \cdots, R_{\text{sR}m}I_{\text{outR}m}]^\text{T} \tag{5-12}$$

$$\pmb{I}_\text{s} = \left[0, \frac{-1}{C_1}I_{\text{out1}}, \frac{-1}{C_2}I_{\text{out2}}, \cdots, \frac{-1}{C_n}I_{\text{out}n}, 0, \frac{-1}{C_{\text{R1}}}I_{\text{outR1}}, \frac{-1}{C_{\text{R}2}}I_{\text{outR2}}, \cdots, \frac{-1}{C_{\text{R}m}}I_{\text{outR}m}\right]^\text{T} \tag{5-13}$$

电感矩阵 $\pmb{L}$ 可表示为

$$\begin{cases} \pmb{L} = \begin{bmatrix} \pmb{L}_1 & \pmb{0} \\ \pmb{0} & \pmb{L}_4 \end{bmatrix} \\[4pt] \pmb{L}_1 = \begin{bmatrix} -L_{\text{sa}} - L_{\text{a}0} & L_{\text{sa}} & L_{\text{sa}} & \cdots & L_{\text{sa}} \\ -L_{\text{a}0} & -L_{\text{s}1} - L_{1\text{a}} & 0 & \cdots & 0 \\ -L_{\text{a}0} & 0 & -L_{\text{s}2} - L_{2\text{a}} & \cdots & 0 \\ \vdots & \vdots & \vdots & & \vdots \\ -L_{\text{a}0} & 0 & 0 & \cdots & -L_{\text{s}n} - L_{n\text{a}} \end{bmatrix} \\[4pt] \pmb{L}_4 = \begin{bmatrix} -L_{\text{sb}} - L_{\text{b}0} & L_{\text{sb}} & L_{\text{sb}} & \cdots & L_{\text{sb}} \\ -L_{\text{b}0} & -L_{\text{sR1}} - L_{\text{R1b}} & 0 & \cdots & 0 \\ -L_{\text{b}0} & 0 & -L_{\text{sR2}} - L_{\text{R2b}} & \cdots & 0 \\ \vdots & \vdots & \vdots & & \vdots \\ -L_{\text{b}0} & 0 & 0 & \cdots & -L_{\text{sR}m} - L_{\text{R}m\text{b}} \end{bmatrix} \end{cases} \tag{5-14}$$

电容矩阵 C 可表示为

$$
\begin{cases}
C = \begin{bmatrix} C_1 & 0 \\ 0 & C_4 \end{bmatrix} \\[2mm]
C_1 = \begin{bmatrix}
\dfrac{-1}{C_a} & \dfrac{1}{C_a} & \dfrac{1}{C_a} & \cdots & \dfrac{1}{C_a} \\[2mm]
0 & \dfrac{-1}{C_1} & 0 & \cdots & 0 \\[2mm]
0 & 0 & \dfrac{-1}{C_2} & \cdots & 0 \\[2mm]
\vdots & \vdots & \vdots & & \vdots \\[2mm]
0 & 0 & 0 & \cdots & \dfrac{-1}{C_n}
\end{bmatrix} \\[2mm]
C_4 = \begin{bmatrix}
\dfrac{-1}{C_b} & \dfrac{1}{C_b} & \dfrac{1}{C_b} & \cdots & \dfrac{1}{C_b} \\[2mm]
0 & \dfrac{-1}{C_{R1}} & 0 & \cdots & 0 \\[2mm]
0 & 0 & \dfrac{-1}{C_{R2}} & \cdots & 0 \\[2mm]
\vdots & \vdots & \vdots & & \vdots \\[2mm]
0 & 0 & 0 & \cdots & \dfrac{-1}{C_{Rm}}
\end{bmatrix}
\end{cases}
\tag{5-15}
$$

电阻矩阵 R 可表示为

$$
\begin{cases}
R = \begin{bmatrix} R_1 & R_2 \\ R_3 & R_4 \end{bmatrix} \\[2mm]
R_1 = \begin{bmatrix}
R_{sa} + R_{a0} + R_f & -R_{sa} & -R_{sa} & \cdots & -R_{sa} \\
R_{a0} + R_f & R_{s1} + R_{1a} & 0 & \cdots & 0 \\
R_{a0} + R_f & 0 & R_{s2} + R_{2a} & \cdots & 0 \\
\vdots & \vdots & \vdots & & \vdots \\
R_{a0} + R_f & 0 & 0 & \cdots & R_{sn} + R_{na}
\end{bmatrix} \\[2mm]
R_2 = R_3 = \begin{bmatrix}
R_f & 0 & \cdots & 0 \\
\vdots & \vdots & & \vdots \\
R_f & 0 & \cdots & 0
\end{bmatrix} \\[2mm]
R_4 = \begin{bmatrix}
R_{sb} + R_{b0} + R_f & -R_{sb} & -R_{sb} & \cdots & -R_{sb} \\
R_{b0} + R_f & R_{sR1} + R_{R1b} & 0 & \cdots & 0 \\
R_{b0} + R_f & 0 & R_{sR2} + R_{R2b} & \cdots & 0 \\
\vdots & \vdots & \vdots & & \vdots \\
R_{b0} + R_f & 0 & 0 & \cdots & R_{sRm} + R_{Rmb}
\end{bmatrix}
\end{cases}
\tag{5-16}
$$

在式（5-11）左乘 L^{-1}，就得到了状态方程组标准形式，表示为

$$\begin{bmatrix} \dot{i} \\ \dot{u} \end{bmatrix} = \begin{bmatrix} L^{-1}R & -L^{-1} \\ C & 0 \end{bmatrix} \begin{bmatrix} i \\ u \end{bmatrix} + \begin{bmatrix} L^{-1}U_s \\ I_s \end{bmatrix} \tag{5-17}$$

式（5-17）简记为

$$\dot{x} = Ax + b \tag{5-18}$$

式中，x 为状态向量，等于 $\begin{bmatrix} i, & u \end{bmatrix}^T$；$\dot{x}$ 为状态向量于时间的微分；A 与 b 分别为系数矩阵与恒定激励向量，且 $b = \begin{bmatrix} L^{-1}U_s, & I_s \end{bmatrix}^T$。

3. 故障电流的求解方法

假设直流故障发生在 $t=0s$ 时刻，状态向量的初值可表示为 $x_0 = [\ i_{ap}, i_{1p}, \cdots, i_{np}, i_{bp}, i_{R1p}, \cdots, i_{Rmp}, u_{ap}, u_{1p}, \cdots, u_{np}, u_{bp}, u_{R1p}, \cdots, u_{Rmp}\ ]^T$，状态方程组即式（5-18）的解可表示为

$$x(t) = e^{At}x_0 + \int_0^t e^{A(t-\tau)}b\mathrm{d}\tau \quad t \geqslant 0 \tag{5-19}$$

式中，e^{At} 与 $e^{A(t-\tau)}$ 是矩阵指数函数项，常采用泰勒级数展开的方法来表示，结果如式（5-20）、式（5-21）所示。

$$e^{At} = E + At + \frac{1}{2!}A^2t^2 + \cdots + \frac{1}{k!}A^kt^k + \cdots \tag{5-20}$$

$$e^{A(t-\tau)} = E + A(t-\tau) + \frac{1}{2!}A^2(t-\tau)^2 + \cdots + \frac{1}{k!}A^k(t-\tau)^k + \cdots \tag{5-21}$$

以上两式中的 E 代表单位矩阵。随着泰勒级数展开阶数的提高，状态变量包括故障电流的求解会有更高的精度。

5.1.3 仿真验证

为验证所提算法，本节在 PSCAD/EMTDC 平台搭建了一个基于半桥子模块 MMC 和架空线路的七端 $\pm 500kV$ 柔性直流电网，各换流站均为由参数相同、运行方式相同的正、负极 MMC 组成，该网络的拓扑结构如图 5-4 所示。为了更好地验证所提算法的适用性，该模型有着较高的拓扑复杂度，由独立的 MMC 终端、四端环状子网和三端环状子网构成。换流站名称、控制方式、故障前潮流、直流线路电抗器和直流线路长度都在图 5-4 中加以表示。此外，在仿真模型中使用了直流架空线的依频模型，直流线路的等效单位长度 RL 参数由 PSCAD 中线路定义输出文件的自阻抗矩阵中得出。表 5-1 所示为单极 MMC 的主要参数，其中 L_0 为桥臂电抗，$R_0 + \sum R_{on}$ 为桥臂电阻和半导体器件导通电阻结合而成的等效桥臂电阻，N_{sm} 为电平数，C_0 为子模块电容值。

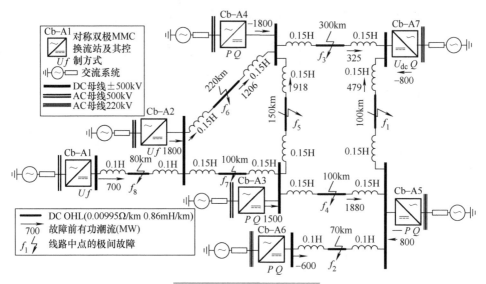

图 5-4 七端直流电网拓扑

表 5-1 七端模型单极 MMC 的主要参数

换流站编号	L_0	$R_0 + \sum R_{on}$	N_{sm}	C_0
Cb–A1，Cb–A5，Cb–A6	75mH	0.260 Ω	200	8mF
Cb–A2，Cb–A3，Cb–A4，Cb–A7	100mH	0.260 Ω	200	15mF

　　假设故障发生在零时刻，图 5-5 所示为当过渡电阻 R_f 为 0.1 Ω、50 Ω 和 100 Ω 时极间短路故障分别发生故障点 f_1（图 5-5a ～ c）和故障点 f_6（图 5-5d ～ f）时，故障电流 $i_a(t)$ 和 $i_b(t)$ 的计算结果和仿真结果以及计算值与仿真值的相对误差。在图 5-5 的图例中，"3rd"、"4th" 及 "8th" 等为算法所用的泰勒级数展开阶数，"Sim." 表示仿真值。

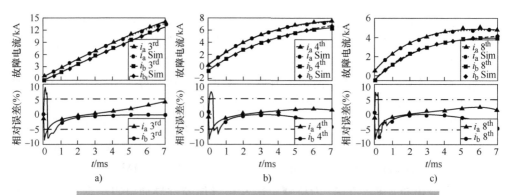

图 5-5 故障线路电流 $i_a(t)$、$i_b(t)$ 的计算、仿真结果对比以及相对误差

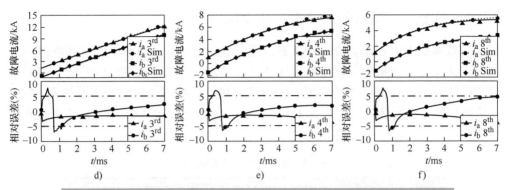

图 5-5　故障线路电流 $i_a(t)$、$i_b(t)$ 的计算、仿真结果对比以及相对误差（续）

在图 5-5 中，故障后 1.2ms 内的相对误差波动较大，这是因为故障初时电流值较小，MMC 的控制系统对故障放电起到轻微的缓减作用，此后相对误差随时间平稳增长。表 5-2 所示为图 5-4 中 $f_1 \sim f_8$ 各个故障点在 7ms 时的故障电流 i_a 的极限相对误差。低阻故障时只需要较低的泰勒展开阶数，如 3 阶或 4 阶，就可以达到在该故障情况下的极限精度，但随着 R_f 的增大，则需要采用更高的泰勒展开阶数才能使算法达到极限精度。

表 5-2　故障后 7ms 时计算值和仿真值的相对误差及泰勒展开阶数

故障点	$R_f = 0.1\,\Omega$	$R_f = 5\,\Omega$	$R_f = 50\,\Omega$	$R_f = 100\,\Omega$
f_1	4.02% (3rd)	3.37% (3rd)	4.10% (6th)	1.45% (8th)
f_2	4.08% (4th)	4.12% (4th)	4.06% (6th)	4.33% (9th)
f_3	2.87% (4th)	2.83% (3rd)	3.73% (6th)	4.21% (8th)
f_4	−0.23% (5th)	−0.39% (5th)	−1.58% (6th)	2.13% (7th)
f_5	−0.81% (4th)	−0.76% (4th)	−1.67% (5th)	−3.70% (9th)
f_6	−1.45% (4th)	−1.47% (5th)	−2.27% (5th)	−2.35% (7th)
f_7	−0.63% (3rd)	−0.51% (4th)	−0.53% (5th)	−1.45% (9th)
f_8	3.97% (3rd)	4.42% (4th)	4.21% (6th)	4.58% (9th)

5.2　直流故障过程中暂态能量流动解析

5.1 节内容聚焦于故障电流的解析计算。通过构建 MMC 等效放电电路模型，分析换流器单端和多端电网暂态过程。由于采用定值 RLC 串联等效电路，将使桥臂内部元件的部分暂态特征丢失，难以得到桥臂内部能量的流动情况。本节基于暂态能量守恒的故障建模及求解方法，提出基于电磁暂态仿真的暂态能量流动（transient energy flow，TEF）分析方法，可精确获取 MMC 内的桥臂电流与直流电流，兼顾分析速度与精度。

5.2.1 暂态能量及暂态能量流 TEF 的定义

直流系统中暂态能量流 $E(t_i)$ 是以暂态起始时刻 t_0 为基准，描述任意时刻某部位或某元件上能量的吸收或是释放情况，即该元件当前时刻对应的能量与初始时刻的能量之差。桥臂中的电感、HBSM 电容、电阻以及阀侧交流系统与 MMC 直流出口的暂态能量流，分别为 $E_L(t_i)$、$E_C(t_i)$、$E_R(t_i)$、$E_{ac}(t_i)$、$E_{dc}(t_i)$，表达式见表 5-3。

表 5-3 暂态能量流定义表达式

类别	暂态能量表达式
桥臂电感	$E_L(t_i)=\dfrac{1}{2}Li_L^2(t_i)-\dfrac{1}{2}Li_L^2(t_0)$
HBSM 电容	$E_C(t_i)=\dfrac{1}{2}Cu_C^2(t_i)-\dfrac{1}{2}Cu_C^2(t_0)$
桥臂电阻	$E_R(t_i)=\displaystyle\int_{t_0}^{t_i} i_R^2(t_i)R\mathrm{d}t$
交流侧	$E_{ac}(t_i)=\displaystyle\int_{t_0}^{t_i}\sum_{j=a,b,c} u_j(t)i_j(t)\mathrm{d}t$
直流侧	$E_{dc}(t_i)=\displaystyle\int_{t_0}^{t_i} u_{dc}(t)i_{dc}(t)\mathrm{d}t$

表 5-3 中，任意时刻 $t_i=t_0+i\Delta t$，Δt 为时间间隔，$i=1,2,3,\cdots$。$E(t_i)$ 没有正负，有吸收与释放能量之分，正方向如图 5-6 所示。TEF 变化量 $\Delta E(t_i)$ 为两个相邻时刻 TEF 之差，可以反映单位时间内 $E(t_i)$ 的变化趋势，表征能量转移的快慢。

不同的 Δt 将使 $E(t_i)$ 及 $\Delta E(t_i)$ 不同，因此在计算或仿真时，步长选取应尽可能地反映系统能量的瞬时变化情况。Δt 应小于 HBSM 投切的最短时间[3]，稳态时 A 相上桥臂的 $E_{L\_a}(t_i)$ 及 $\Delta E_{L\_a}(t_i)$ 如图 5-7 所示。

图 5-7 中，若关注的时间段较短，可观察到 $\Delta E_{L\_a}(t_i)$ 由

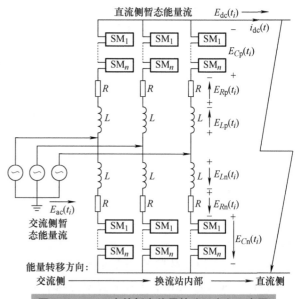

图 5-6 MMC 中的暂态能量转移正方向示意图

条形图组成。$E_{L\_a}(t_i)$ 曲线斜率正负性在 A 点与 B 点处改变，与 $\Delta E_{L\_a}(t_i)$ 的过 0 点对应；$\Delta E_{L\_a}(t_i)$ 在 C 点和 D 点处达到最值，与 $E_{L\_a}(t_i)$ 曲线中上升与下降速率最快的情况相对应。通过对更长时间段对应的能量流进行观察，电感元件上能量的吸收与释放保持平衡。

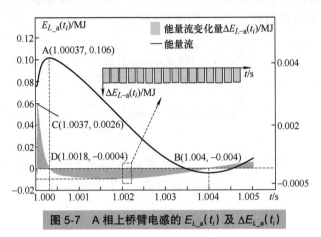

图 5-7　A 相上桥臂电感的 $E_{L\_a}(t_i)$ 及 $\Delta E_{L\_a}(t_i)$

5.2.2　基于暂态能量流的 MMC-HVDC 换流站建模

分析 HBSM 电容的动态切换行为时，应考虑到调制策略[4]以及交流电压对 HBSM 电容放电的影响。根据能量守恒以单相的上桥臂为例，等效电路如图 5-8 所示。

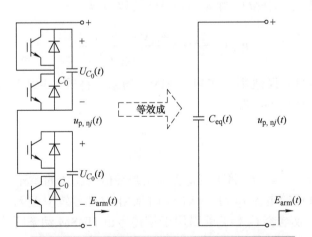

图 5-8　考虑 HBSM 投切的单相上桥臂的等效电路

图 5-8 中，t 时刻单相共导通 N 个 HBSM，$x_{\mathrm{p,nj}}(t)$ 为三相上、下桥臂导通的 HBSM 数量，p、n 代指上、下桥臂，j 为 A、B、C 三相。假设每个子 HBSM 电

容 C_0 的电压 $u_{C_0}(t)$ 均相等。桥臂中电容元件电压 $u_{\mathrm{p,n}j}(t)$ 可以表示为

$$u_{\mathrm{p,n}j}(t) = x_{\mathrm{p,n}j}(t)u_{C_0}(t) \tag{5-22}$$

若将单相的桥臂等效成图 5-8 右侧所示的形式，等效电容 $C_{\mathrm{eq}}(t)$ 的取值将跟随导通状态的 HBSM 数量 $x_{\mathrm{p,n}j}(t)$ 的变化而变化。

$$\begin{cases} x_{\mathrm{p}j}(t) = 0.5N - \mathrm{round}\left(\dfrac{u_{kj}(t)}{u_{C_0}}\right) \\[3mm] x_{\mathrm{n}j}(t) = 0.5N + \mathrm{round}\left(\dfrac{u_{kj}(t)}{u_{C_0}}\right) \end{cases} \tag{5-23}$$

式中，k 为调制比；三相调制波 $u_{kj}(t)$ 可以表示为 $u_{kj}(t) = ku_{sj}(t)$，$u_{sj}(t)$ 为三相电压。

图 5-8 中等效前的 $E_C(t_i)$ 和等效后的 $E_{C\mathrm{eq}}(t_i)$ 可表示为

$$\begin{cases} E_C(t_i) = \dfrac{N}{2}C_0 u_{C_0}^2(t_i) \\[3mm] E_{C\mathrm{eq}}(t_i) = \dfrac{1}{2}C_{\mathrm{eq}}(t)u_{\mathrm{p}j}^2(t_i) \end{cases} \tag{5-24}$$

t_0 时刻的等效电容电压 $u_{\mathrm{p,n}j}(t_0)$ 可表示为导通 HBSM 数量 $x_{\mathrm{p,n}j}(t_0)$ 与 $u_{C_0}(t_0)$ 的乘积。由于能量守恒，桥臂的能量在转换前后保持不变，$t_0 + \Delta t$ 时刻对应导通 HBSM 的数量是 $x_{\mathrm{p,n}j}(t_0 + \Delta t)$，则 $u_{\mathrm{p,n}j}(t_0 + \Delta t)$ 可以写成

$$u_{\mathrm{p,n}j}(t_0 + \Delta t) = \frac{x_{\mathrm{p,n}j}(t_0 + \Delta t)u_{C_0}(t_0)}{x_{\mathrm{p,n}j}(t_0)} \tag{5-25}$$

此处式（5-24）仅适用于多电平 MMC 场景。将式（5-21）代入式（5-23），可以得到等效电容 $C_{\mathrm{eq}}(t)$ 为

$$C_{\mathrm{eq}}(t) = \frac{N}{x_{\mathrm{p,n}j}^2(t)}C_0 \tag{5-26}$$

故障后 $u_{sj}(t)$ 与 $u_{kj}(t)$ 将不可避免地出现幅值与相角的差异，影响 HBSM 电容放电，在计算桥臂电流 $i_1(t) \sim i_6(t)$ 时采用 RLC 等效模型无法将该过程考虑在内。时变的等效电容 $C_{\mathrm{eq}}(t)$ 可以用于描述考虑 HBSM 动态行为的 MMC 等效电路。

将交流系统馈入和各个桥臂上 HBSM 电容动态行为考虑在内，计算 P2P 故障后的故障状态量。将导通的 SM 电容等效为时变电容后，MMC 等效电路如图 5-9 所示。

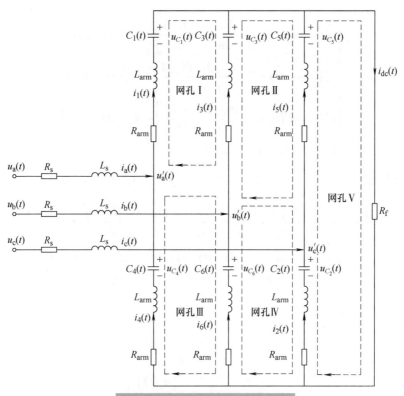

图 5-9 闭锁前的 MMC 等效电路

根据图 5-9 中的等效电路，列写 KCL 方程：

$$\begin{cases} u_{C_3}(t) - L_{\mathrm{arm}}\dfrac{\mathrm{d}i_3(t)}{\mathrm{d}t} - R_{\mathrm{arm}}i_3(t) - \left[u_{C_1}(t) - L_{\mathrm{arm}}\dfrac{\mathrm{d}i_1(t)}{\mathrm{d}t} - R_{\mathrm{arm}}i_1(t)\right] = u'_{\mathrm{a}}(t) - u'_{\mathrm{b}}(t) \\[2mm] u_{C_4}(t) - L_{\mathrm{arm}}\dfrac{\mathrm{d}i_4(t)}{\mathrm{d}t} - R_{\mathrm{arm}}i_4(t) - \left[u_{C_6}(t) - L_{\mathrm{arm}}\dfrac{\mathrm{d}i_6(t)}{\mathrm{d}t} - R_{\mathrm{arm}}i_6(t)\right] = u'_{\mathrm{a}}(t) - u'_{\mathrm{b}}(t) \\[2mm] u_{C_5}(t) - L_{\mathrm{arm}}\dfrac{\mathrm{d}i_5(t)}{\mathrm{d}t} - R_{\mathrm{arm}}i_5(t) - \left[u_{C_3}(t) - L_{\mathrm{arm}}\dfrac{\mathrm{d}i_3(t)}{\mathrm{d}t} - R_{\mathrm{arm}}i_3(t)\right] = u'_{\mathrm{b}}(t) - u'_{\mathrm{c}}(t) \quad (5\text{-}27) \\[2mm] u_{C_6}(t) - L_{\mathrm{arm}}\dfrac{\mathrm{d}i_6(t)}{\mathrm{d}t} - R_{\mathrm{arm}}i_6(t) - \left[u_{C_2}(t) - L_{\mathrm{arm}}\dfrac{\mathrm{d}i_2(t)}{\mathrm{d}t} - R_{\mathrm{arm}}i_2(t)\right] = u'_{\mathrm{b}}(t) - u'_{\mathrm{c}}(t) \\[2mm] u_{C_2}(t) - L_{\mathrm{arm}}\left[\dfrac{\mathrm{d}i_5(t)}{\mathrm{d}t} + \dfrac{\mathrm{d}i_2(t)}{\mathrm{d}t}\right] - R_{\mathrm{arm}}\left[i_2(t) + i_5(t)\right] + u_{C_5}(t) = R_{\mathrm{f}}i_{\mathrm{dc}}(t) \end{cases}$$

L_{arm} 和 R_{arm} 为 MMC 桥臂的电抗和电阻；HBSM 电容两端电压分别为 $u_{C_1}(t) \sim u_{C_6}(t)$；$R_{\mathrm{f}}$ 为过渡电阻；对节点 $u'_{\mathrm{a}}(t)$、$u'_{\mathrm{b}}(t)$ 和 $u'_{\mathrm{c}}(t)$ 电压可以列写方程：

$$
\begin{cases}
u_a'(t) = u_a(t) - L_s\left[\dfrac{di_1(t)}{dt} - \dfrac{di_4(t)}{dt}\right] - R_s\left[i_1(t) - i_4(t)\right] \\[2mm]
u_b'(t) = u_b(t) - L_s\left[\dfrac{di_3(t)}{dt} - \dfrac{di_6(t)}{dt}\right] - R_s\left[i_3(t) - i_6(t)\right] \\[2mm]
u_c'(t) = u_c(t) - L_s\left[\dfrac{di_5(t)}{dt} - \dfrac{di_2(t)}{dt}\right] - R_s\left[i_5(t) - i_2(t)\right] \\[2mm]
i_{dc}(t) = i_1(t) + i_3(t) + i_5(t)
\end{cases}
\tag{5-28}
$$

暂态状态量 $i_1(t) \sim i_6(t)$ 和 $u_{C_1}(t) \sim u_{C_6}(t)$ 的微分表达式为

$$
\begin{cases}
\dot{\boldsymbol{i}} = \left[\dfrac{di_1(t)}{dt} \quad \dfrac{di_3(t)}{dt} \quad \dfrac{di_5(t)}{dt} \quad \dfrac{di_4(t)}{dt} \quad \dfrac{di_6(t)}{dt} \quad \dfrac{di_2(t)}{dt}\right]^{\mathrm{T}} \\[3mm]
\dot{\boldsymbol{u}} = \left[\dfrac{du_{C_1}(t)}{dt} \quad \dfrac{du_{C_3}(t)}{dt} \quad \dfrac{du_{C_5}(t)}{dt} \quad \dfrac{du_{C_4}(t)}{dt} \quad \dfrac{du_{C_6}(t)}{dt} \quad \dfrac{du_{C_2}(t)}{dt}\right]^{\mathrm{T}}
\end{cases}
\tag{5-29}
$$

经整理，可以得到

$$
\begin{bmatrix} \dot{\boldsymbol{i}} \\ \dot{\boldsymbol{u}} \end{bmatrix} = \boldsymbol{A}\begin{bmatrix} \boldsymbol{i} \\ \boldsymbol{u} \end{bmatrix} + \boldsymbol{B}\begin{bmatrix} u_a(t) \\ u_b(t) \\ u_c(t) \end{bmatrix}
\tag{5-30}
$$

式中，$\boldsymbol{A} = \begin{bmatrix} \boldsymbol{A}_{11} & \boldsymbol{A}_{12} \\ \boldsymbol{A}_{21} & \boldsymbol{0} \end{bmatrix}$，$\boldsymbol{B} = \begin{bmatrix} \boldsymbol{B}_{11} & \boldsymbol{0} \end{bmatrix}^{\mathrm{T}}$，其中 $\boldsymbol{A}_{11}$ 和 $\boldsymbol{A}_{12}$ 分别为

$$
\boldsymbol{A}_{11} = \frac{1}{-12(L_{arm} + 2L_s)}\begin{bmatrix}
m & l & l & -n & 0 \\
l & m & l & 0 & -n \\
l-n & l-n & m-n & n & n \\
l-n & l & l & m-l & 0 \\
l & l-n & l & 0 & m-l
\end{bmatrix}
\tag{5-31}
$$

$$
\boldsymbol{A}_{12} = \frac{1}{-6(L_{arm} + 2L_s)}\begin{bmatrix}
h-5 & 1 & 1 & h-1 & -1 & -1 \\
1 & h-5 & 1 & 1 & h-1 & -1 \\
1 & 1 & h-5 & -1 & -1 & h-1 \\
h-1 & -1 & -1 & h-5 & 1 & 1 \\
-1 & h-1 & -1 & 1 & h-5 & 1
\end{bmatrix}
\tag{5-32}
$$

其中，$h = -\dfrac{L_s}{L_{arm}}$，$l = (3-h)R_f$，$n = -(hR_{arm} + 6R_s)$ 及 $m = (6-h)R_{arm} + (3-h)R_f + 6R_s$。

A_{21} 记作

$$A_{21} = \begin{bmatrix} \mathrm{diag}\left(\dfrac{-1}{C_1(t)} \quad \dfrac{-1}{C_3(t)} \quad \dfrac{-1}{C_5(t)} \quad \dfrac{-1}{C_4(t)} \quad \dfrac{-1}{C_6(t)} \right) \\ \dfrac{-1}{C_2(t)} \quad \dfrac{-1}{C_2(t)} \quad \dfrac{-1}{C_2(t)} \quad \dfrac{-1}{C_2(t)} \quad \dfrac{-1}{C_2(t)} \end{bmatrix}_{6\times5} \tag{5-33}$$

每个元素为计及 HBSM 动态投切的等效电容。B_{11} 记作

$$B_{11} = \frac{1}{-3(L_{\mathrm{arm}} + 2L_{\mathrm{s}})} \begin{bmatrix} -2 & 1 & 1 & 2 & -1 \\ 1 & -2 & 1 & -1 & 2 \\ 1 & 1 & -2 & -1 & -1 \end{bmatrix} \tag{5-34}$$

根据表 5-3 中的计算公式，可得到 $E_L(t_i)$、$E_C(t_i)$、$E_R(t_i)$、$E_{\mathrm{ac}}(t_i)$、$E_{\mathrm{dc}}(t_i)$。此外，对于 A_{21} 中的 $C_{\mathrm{eq}}(t)$ 表达式，可表示为

$$\begin{cases} C_{1,3,5}(t) = \dfrac{C_0 N}{\left[0.5N - \mathrm{round}\left(\dfrac{u_{kj}(t)}{u_{C_0}(t)} \right) \right]^2} \\[4ex] C_{4,6,2}(t) = \dfrac{C_0 N}{\left[0.5N + \mathrm{round}\left(\dfrac{u_{kj}(t)}{u_{C_0}(t)} \right) \right]^2} \end{cases} \tag{5-35}$$

随着桥臂导通的 HBSM 数量发生变化，通过更新矩阵 A 即可求解全暂态模型，获取桥臂电流、直流故障电流和系统各部分 TEF。

迭代求解过程中，需要根据式（5-27）、式（5-28）得到 $u'_j(t)$ 用以计算调制波。认为故障后较短的时间，与 MMC 站级控制系统所包含的多个 PI 环节，使调制波在短时间内不会明显失真[5]。调制比 k 和相角 δ 可以被求解为

$$k = 1 + \frac{\sqrt{\left(P^2 + Q^2\right)X^2 - 2QXu_{\mathrm{s}}^2}}{u_{\mathrm{s}}^2} \tag{5-36}$$

$$\delta = \arcsin \frac{PX}{\sqrt{P^2 X^2 + QX - u_{\mathrm{s}}^2}} \tag{5-37}$$

式中，P 和 Q 分别为交流侧传输到直流侧的有功功率和无功功率；X 为交流系统等效阻抗。当发生高阻故障、系统中阻抗参数较大或是仅关心 1 ~ 2ms 内故障特性时，不必多次求解 $u'_{sj}(t)$，可直接求解式（5-32），在计算速度与精度之间进行取舍。

5.2.3 仿真验证

为了提取 MMC-HVDC-Grid 的 TEF 的分布特征及其与直流故障演化过程之间的对应关系，使用基于暂态能量守恒的故障建模方法，描述直流系统短路故障的相关指标发展过程，并与仿真结果比较验证所提算法的准确性。

1. MMC 换流站故障的理论值与仿真值对比

$t=1\text{s}$ 时令 MMC 直流出口处发生 P2P 短路故障，初始值 $u_{C_1}(t_0) \sim u_{C_6}(t_0)$ 和 $i_1(t_0) \sim i_6(t_0)$ 见表 5-4。当 R_f 的值分别取 $0.03\,\Omega$、$10\,\Omega$ 和 $100\,\Omega$ 时，对比直流侧故障电流 $i_{dc}(t)$ 的理论值和仿真值，结果如图 5-10a 所示。误差较大的情况出现在 $R_f=0.03\,\Omega$ 时，对该条件下的 $i_1(t) \sim i_6(t)$ 进行如图 5-10b 所示的理论值与仿真值对比，图 5-10 中的虚线为电流仿真值，实线为理论值。

表 5-4 $u_{C_1}(t_0) \sim u_{C_6}(t_0)$ 和 $i_1(t_0) \sim i_6(t_0)$ 的初始值

参数	数值 /kA	参数	数值 /kV
$i_1(t_0)$	1.309	$u_{C_1}(t_0)$	−182.299
$i_2(t_0)$	−0.076	$u_{C_2}(t_0)$	426.113
$i_3(t_0)$	−1.109	$u_{C_3}(t_0)$	−461.143
$i_4(t_0)$	0.005	$u_{C_4}(t_0)$	293.148
$i_5(t_0)$	1.233	$u_{C_5}(t_0)$	−125.454
$i_6(t_0)$	−1.363	$u_{C_6}(t_0)$	52.019

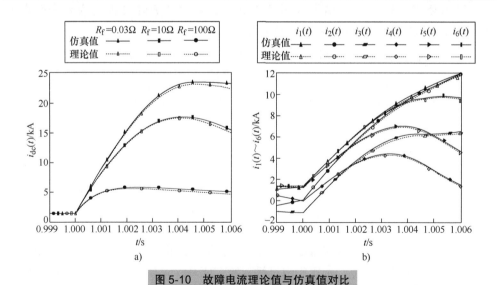

图 5-10 故障电流理论值与仿真值对比

a）直流侧短路电流理论值与仿真值对比　b）$R_f=0.03\,\Omega$ 时 $i_1(t) \sim i_6(t)$ 理论值与仿真值对比

如图 5-10a 所示，R_f 较小时直流侧电流 $i_{dc}(t)$ 快速上升且峰值最大，同时 $R_f=0.03\,\Omega$ 对应的误差为 0.98kA，最大误差不超过 4.08%，其结果小于文献［6］中采用的计及 HBSM 电容动态行为均值等效 RLC 模型计算误差。图 5-10b 中，A 相上桥臂 $i_1(t)$ 误差最大，不超过 5.03%，其余 R_f 取值时的误差见表 5-5。故障后，尤其是 R_f 较小时电压电流骤变，控制系统的修正作用在仿真结果中有体现，而理论分析中并未考虑在内，因此两者的结果存在一定的误差。

表 5-5　不同 R_f 时 $i_1(t) \sim i_6(t)$ 理论值与仿真值最大误差对比

$R_f=0.03\,\Omega$ 时		$R_f=10\,\Omega$ 时		$R_f=100\,\Omega$ 时	
参数	误差	参数	误差	参数	误差
$i_1(t)$	5.03%	$i_1(t)$	4.79%	$i_1(t)$	3.91%
$i_2(t)$	4.57%	$i_2(t)$	3.99%	$i_2(t)$	4.34%
$i_3(t)$	4.93%	$i_3(t)$	4.05%	$i_3(t)$	3.33%
$i_4(t)$	4.81%	$i_4(t)$	3.38%	$i_4(t)$	3.25%
$i_5(t)$	4.26%	$i_5(t)$	3.27%	$i_5(t)$	2.99%
$i_6(t)$	4.42%	$i_6(t)$	3.95%	$i_6(t)$	3.27%

对比不同 R_f 取值下的调制波，将调制波仿真值与理论值进行对比，以 A 相调制比为例，波形对比如图 5-11 所示。

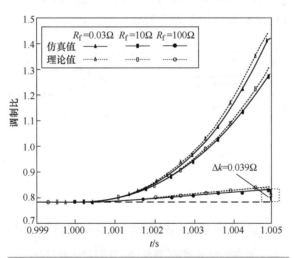

图 5-11　不同 R_f 时单相调制波的理论值与仿真值对比

图 5-11 中，高阻故障时调制比 k 在故障后 5ms 仅抬升 4.8%，认为调制波波形不发生明显的失真，此时计算流程中将 k 视为定值，相比之下计算加速比为 1.14。

对比 $E(t)$ 的理论值和仿真值，最大误差见表 5-6。当 R_f=0.03Ω 时，$E_C(t)$ 误差 δ_1 大于 R_f=10Ω 时的 δ_2、100Ω 时的 δ_3，不超过 6.86%。

表 5-6　不同 R_f 值下 TEF 最大误差

类别	δ_1	δ_2	δ_3
$E_{ac}(t)$	2.1%	1.69%	1.4%
$E_{arm}(t)$	6.12%	5.98%	4.12%
$E_{dc}(t)$	6.86%	5.61%	4.15%
$E_R(t)$	4.78%	4.64%	2.91%
$E_L(t)$	6.71%	5.63%	3.60%
$E_C(t)$	6.86%	5.69%	3.94%

根据表 5-6 中数据认为 $E(t)$ 误差较小，可以反映 $E(t)$ 的性质。故以下采用仿真值来分析不同 R_f 对关键元件 $\Delta E(t)$ 的影响。首先分析不同 R_f 时，HBSM 电容的 $E_C(t)$ 与 $\Delta E_C(t)$，如图 5-12a 所示，不同 R_f 时的 $E_C(t)$ 在故障后 5ms 内明显增长且均为负值，表示电容总体上表现为释放能量。R_f 越小，释放的能量越多，释放的速率越快，这与图 5-12b 中的 $\Delta E_C(t)$ 变化相呼应。当 R_f=0.03Ω 时，$\Delta E_C(t)$ 在故障后 2.48ms 达到峰值，此时对应的 E_C 曲线上升速率达到最大；当 R_f=10Ω 时，在 (1.00152，−0.021) 处 $E_C(t)$ 曲线上升速率达到最大；当 R_f=100Ω 时，在 0.53ms 后，ΔE_{Cmin} 仅为 −0.0037MJ/μs，对应的 $E_C(t)$ 曲线上升速率达到最大，且 $E_C(t)$ 的最小值对比稳态时相差约 3.2MJ。

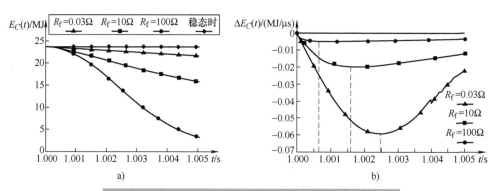

图 5-12　不同 R_f 时电容元件上的暂态能量及 TEF 分布图

a) 电容元件上的暂态能量　b) 电容元件上的 TEF

桥臂电感上的暂态能量如图 5-13 所示，稳态时能量流在 0.315 ~ 0.317MJ 之间波动，$E_L(t)$ 均为正值表明故障后桥臂电感吸收能量，且随着 R_f 增大吸收能量总量及速率降低。

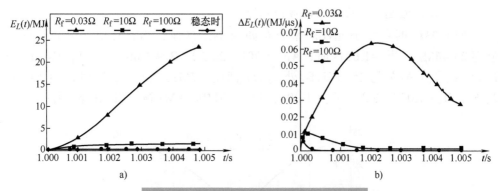

图 5-13　不同 R_f 时桥臂电感上的暂态能量

a) 桥臂电感上的暂态能量　b) 桥臂电感上的 TEF

当 R_f=0.03 Ω、t=2.5ms 时，$\Delta E_L(t)$=0.0618MJ/μs，对应的 $E_L(t)$ 曲线斜率最大；当 R_f=100 Ω 时，仅在 0.1ms 内，$\Delta E_L(t)$ 上升至最大值 0.0082MJ/μs，其变化率远小于 R_f=0.03 Ω 时的值。

电阻包括桥臂电阻和 R_f，$E_R(t)$ 与 $\Delta E_R(t)$ 变化情况如图 5-14 所示。图 5-14 电阻元件上的暂态能量中 $E_R(t)$ 曲线较稳态时增加，$\Delta E_R(t)$ 为负值表示电阻元件持续吸收能量；R_f=0.03 Ω 时的增幅更大、增长更快。随着 R_f 的增大时间常数减小，故障电流中的非周期分量更快地消失，而较小的 R_f 消耗的 $E_R(t)$ 较少，将有较多的能量在其他元件中储存或转化，因此电阻元件适合用于短路能量的消耗和暂态能量峰值的降低。对比 MMC 闭锁后的理论值与仿真值，闭锁后直流侧电流理论值与仿真值的最大误差均在第一阶段结束时刻取得，分别为 5.19%、3.88% 和 3.16%。R_f=0.03 Ω 时，在故障后 1.89ms 时，A 相上桥臂闭锁，直流侧故障电流达到峰值，此时直流侧电流理论值与仿真值误差最大，但仍在合理范围内。

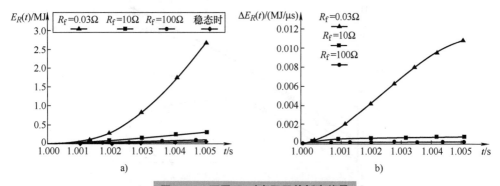

图 5-14　不同 R_f 时电阻元件暂态能量

a) 电阻元件上的暂态能量　b) 电阻元件上的 TEF

2. 故障电流递推计算值与仿真值对比

R_f=0.03Ω 时各关键元件能量分布如图 5-15 所示，当 t=1s 时，电容元件共储存 23.46MJ；当 t=1.001s 时，A$_1$（1.001，20.5），B$_1$（1.001，3.0）；$E_C(t)$ 与 $E_L(t)$ 重合点 A$_2$ 处为 25.4MJ，B$_2$ 处 $E_R(t)$ 消耗 1.7MJ；当 t=1.005s 时，A$_3$（1.005，23.6），B$_3$（1.005，3.3），C$_3$（1.005，2.9），其中 2.9MJ 被电阻元件消耗。

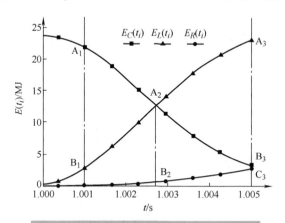

图 5-15　R_f=0.03Ω 时各关键元件能量分布

图 5-16 所示为 $R_f = 0.03$Ω 时 $i_1(t) \sim i_6(t)$ 计算值与仿真值对比，其中虚线为计算值，实线为仿真值。由递推计算得到 $i_1(t) \sim i_6(t)$ 时，误差并未受到过渡电阻不同的影响。

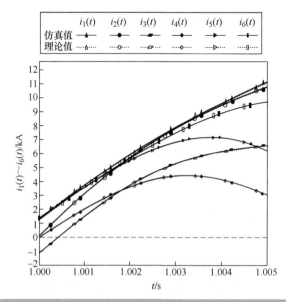

图 5-16　当 R_f=0.03Ω 时 $i_1(t) \sim i_6(t)$ 计算值与仿真值对比

由图 5-16 可知，最大误差出现在 $i_3(t)$ 中，仅为 1.19%，与第 1 点中桥臂电流理论值的最大误差相比更小。递推计算耗时远高于求解非线性方程并更新矩阵耗时，故递推计算在分析复杂多端直流电网的故障特性时有优势；然而该方法依赖特定工况的仿真值，其结论不具备普适性。

5.3　直流电网实验平台和故障电流验证

为了开展基于直流电网故障传播特性和故障清除策略的实验验证研究，本节以张北直流工程的网络结构为依据，研制了四端柔性直流电网物理平台。其采用伪双极的接线形式，形成正负极直流环网。基于四端柔性直流电网物理平台进行正常运行、直流电网换流站和直流断路器协同配合的故障清除实验，明确了四端直流电网物理平台的独特优势。

5.3.1　物理平台架构和参数

1. 主电路接线

MMC 拓扑结构与图 5-1 一致，这里不再赘述。本物理平台 MMC 设计为 11 电平，单个桥臂由 12 个全桥子模块组成（其中两个作为冗余热备用）。整个物理平台由 4 个 MMC 换流站及其他辅助电气设备构成，其电气主接线图如图 5-17 所示。$MMC_1 \sim MMC_4$ 这 4 个换流站均通过 $Y_N D$ 变压器与同一交流母线相连，交流母线通过交流调压器与实验室 380V 电源连接，其优势在于整流站从交流系统吸收功率，所吸收的功率又通过逆变站回送给交流系统，最终所消耗的能量仅是换流站的运行发热损耗，这样在保证直流线路传输额定功率情况下降低了对交流电源容量的需求。4 个换流站的正负极通过金属导线相连接，形成正负极 2 个直流环网，直流线路上装有直流断路器、平波电抗器、线路电阻，且在系统的直流侧预留了多个外部接口，可用来进行故障设置。

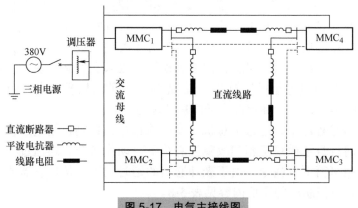

图 5-17　电气主接线图

109

在设计四端柔性直流电网物理平台参数时，为了便于设计制造和后期扩展，将每个换流站的电气参数设计为相同值，见表5-7。每个换流站都可进行定直流电压、定有功功率、定无功功率模式切换，并且4个换流站之间通过光纤进行相互通信。在实际运行中，一端换流站为定直流电压控制，稳定直流母线电压；而另外三端换流站为定有功功率控制，控制四端换流站之间流动的有功功率。

表 5-7　MMC 换流站参数

系统参数	参数取值
电平数	11
桥臂电抗 L_{arm}/mH	20
子模块电容 C/μF	6600
变压器电压比 /V	380/145
交流调压器 /V	$0 \sim 430$
平波电抗器 /mH	40
线路电阻 /Ω	2

2. 控制系统架构设计

四端柔性直流电网物理平台以一端MMC控制器为主控制器，其余三端控制器为从控制器，主从控制器通过光纤相互通信。在正常情况下各个控制器根据已设定的指令和运行模式独立运行，但在发生直流线路短路故障时，主控制器根据自身时钟开始执行故障清除程序，并通过光纤给从控制器发出控制指令，其指令优先级高于从控制器本身指令，以此保证在故障清除过程中各换流站具备统一的时钟，明确各换流站和各断路器的动作指令顺序。

下面以主控制器为例进行控制系统架构的具体介绍，如图5-18所示，其在正常运行情况下基本工作流程为：采集一次系统的三相交流电压和电流、六桥臂电流、直流电压和电流、子模块电容电压等实际运行数据，根据上位机下发的有功功率、无功功率、直流电压等参数要求及控制器PI参数，在控制机箱中通过有功无功计算、锁相环（PLL）、基于 dq 坐标系的内外环控制、环流抑制、最近电平调制、排序均压等控制算法，计算得到各子模块的投入和切除指令，通过光纤通信将指令下发给子模块机箱，控制子模块的投入和切除，使系统运行在所需的工作状态，并通过分组排序算法[7]首先对2个子模块机箱进行组内排序，然后再进行组间排序，最后确定投入子模块的序号。

在故障清除程序下，通过上位机下发故障指令，控制机箱通过设定的故障清除程序不仅向自身子模块机箱和故障控制箱下发动作指令，还通过光纤通信向从控制器的控制机箱下发指令，由于光纤通信的延时较短，从控制器能针对故障及时做出响应。各控制层的通信内容见表5-8。

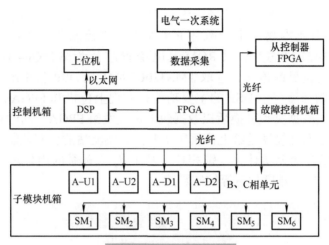

图 5-18　控制系统架构

表 5-8　各控制层通信内容

传输方向	主要通信内容
数据采集至控制机箱	三相交流电压和电流、六桥臂电流、直流电压和电流等
上位机至控制机箱	换流站运行模式、控制系统指令、PI 参数值和故障动作指令
控制机箱至上位机	一次系统电气量、有功无功计算值、换流站运行状态
控制机箱至故障控制机箱	IGBT 的关断指令
控制机箱至子模块机箱	闭锁解锁指令、子模块的投入和切除指令
子模块机箱至控制机箱	子模块当前状态、电容电压值

3. 具体功能设计

数据采集主要采集三相交流电压和电流、六桥臂电流、直流电压和电流等数据，由于采集数据包括交流量和直流量，并且需要用于计算与控制，对数据精度要求较高，因此本物理平台采用磁平衡霍尔式互感器进行采样[8]。采样芯片采用 AD7606，它的采样精度为 16 位，工作电压为 5V，可以处理 ±10V 和 ±5V 真双极性输入信号，同时所有通道均能以高达 200kSPS 的吞吐速率进行采样。

上位机采用以太网方式对整个系统进行控制与监视，其界面如图 5-19 所示，是整个控制架构的最顶层，负责下发换流站上电自检、闭锁、解锁等操作指令，还具备故障模拟以及录波功能，并能显示换流站一次系统的各个电气量。另外，上位机可以进行换流站模式切换，下发定直流电压或定有功功率指令，并下发各控制算法所需的 PI 参数。

控制机箱作为该系统的核心部分，由于主控制器在单个控制周期内要进行大量的数据处理、数学运算以及通信传输，其采用顺序执行指令方式的数字信号处理器（DSP）作为主控制器，有可能在程序深度较大时，无法满足时序要求，而基于并行计算的现场可编程门阵列（FPGA）不会出现大规模程序的处理等待，因此本物理平台采用 FPGA 作为主控制器，选用 Altera 公司的 CycloneV5CEBA5F23 芯片，其 ROM 上电配置芯片为 W25Q64BV。同时为了实现 FPGA 与上位机的连接，选取 TMS320C28346 型 DSP 芯片作为两者之间的数据处理与传输通道[9]。DSP 的主要功能是实现上位机和 FPGA 之间的信息交互。PI 参数经过数据类型转换后以数据包的形式发给 FPGA，同时将 FPGA 计算与采集得到的数据打包发送给上位机用于监控。换流站的所有控制算法都集中在 FPGA 里，包括有功无功计算、锁相环、基于 dq 坐标系的内外环控制、环流抑制、最近电平调制、排序均压等控制算法。

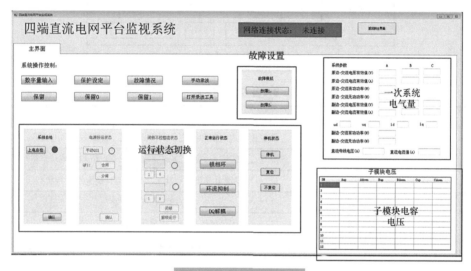

图 5-19　控制系统界面

故障控制机箱与子模块机箱采用相同的芯片 MAX10 10MO8SAE144，机箱内共有 5 组开关单元，每组开关单元主要由反向串联 IGBT 构成，如图 5-20 所示。该结构为断路器最小单元，可通过外部接口将 IGBT 与电感电容等外部器件进行组合，形成特定的断路器拓扑结构，如外接避雷器电阻形成混合式高压直流断路器，外接电抗形成具备限流能力的直流断路器。另外，IGBT 直接接在直流电网正负极两端可以模拟暂时性和永久性直流故障。

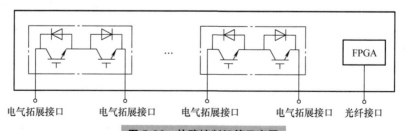

图 5-20　故障控制机箱示意图

5.3.2　实验验证

实验波形记录分为两部分，一为控制器自带录波功能的波形记录，二为采用示波器和电压电流探头记录的实际波形。示波器为泰克混合信号示波器（型号为 MSO56，带宽为 500MHz，采样频率为 6.25GHz），电压探头为泰克 P5200A 高压差分探头，档位为缩小 500 倍，电流探头型号为泰克 A622，档位为 100mV/A。物理平台主电路如图 5-17 所示，在实际运行过程中，MMC_1 换流站定直流电压运行，定值为 200V，$MMC_2 \sim MMC_4$ 换流站定有功功率运行，定值分别为 200W、100W 和 –200W，四端换流站无功功率都定为 0。

1. 稳态运行实验

MMC_2 换流站选取定有功功率和定无功功率控制，有功功率定为 200W，无功功率定为 0。图 5-21 所示为通过控制器录波功能采集的电压、电流波形，分别为 MMC_2 换流站阀侧交流电压电流波形、A 相上桥臂电容电压和 A 相下桥臂电容电压波形。

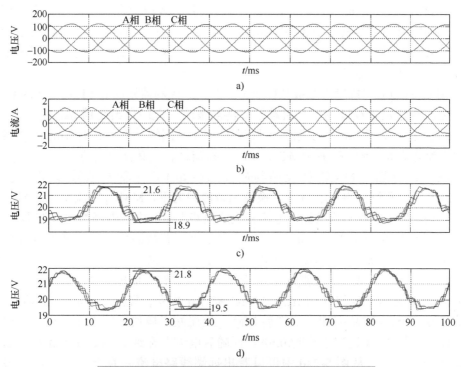

图 5-21　通过控制器录波功能采集的电压、电流波形

a）阀侧交流电压　b）阀侧交流电流　c）上桥臂电容电压　d）下桥臂电容电压

从图 5-21a、b 中可以看出，交流电压峰值约为 110V，有效值为 78V；交流电流峰值为 1.2A，有效值为 0.85A，电压和电流相角差约为 5°，计算得出其三相有功功率为 198W，接近有功功率指令值 200W。从图 5-21c、d 可以看出，本物理平台采用的分组排序算法的排序均压效果显著，桥臂内子模块电容电压基本一致，上桥臂电容电压在 18.9 ～ 21.6V 范围内，平均值为 20.3V，下桥臂电容电压在 19.5 ～ 21.8V 范围内，平均值为 20.7V。上、下桥臂电容电压波动反相，但其平均值都维持在 20V 左右，可见上、下桥臂的子模块电容均压效果也较好。

2. 故障闭锁实验

直流电网发生故障时，其故障电流来源为换流站电容放电和远端线路电流馈入，不同于点对点直流输电系统，单靠换流站闭锁无法清除故障线路电流，而只依赖直流断路器关断大电流，这对断路器要求较高，大大增加了工程建设成本。因此，采取换流站和断路器协同配合能够降低故障线路电流，使得成本较低的直流断路器也可满足要求。

在图 5-17 中 MMC_2 和 MMC_3 换流站直流线路两个线路电阻之间接有故障控制开关，模拟直流线路中点短路故障，其正常运行时处于断开状态，接收到故障指令后导通 IGBT 造成双极短路故障。同时线路上装设混合式直流断路器，模拟混合式断路器的故障转移支路和避雷器支路[10]，故障发生后经过 2ms 延迟断开 IGBT。其由反向串联 IGBT 组构成，IGBT 组个数取决于其耐受电压，同时采用 $1k\Omega$ 电阻模拟避雷器支路。

在 0s 时刻上位机发出双极故障指令，1ms 时控制器检测到 MMC_2、MMC_3 换流站之间线路发生双极故障，启动故障清除策略，立即发出闭锁 MMC_2、MMC_3 换流站指令，经过 2ms 后线路直流断路器断开两侧线路，再经过 1ms 远端线路馈入电流降为 0，此时解锁 MMC_2、MMC_3 换流站，使其恢复运行。

图 5-22 分别为 MMC_2 换流站与故障点线路（以下简称故障线路）电流、MMC_2 换流站直流侧电压、MMC_3 换流站直流侧电压、MMC_2 换流站到 MMC_1 换流站线路（以下简称远端线路）电流和故障线路上平波电抗器两端电压波形。

从图 5-22 中可以看出，0s 时刻直流侧双极短路故障发生后，故障线路电流迅速上升，在 1ms 内从 0.5A 上升到 3.6A，MMC_2、MMC_3 换流站直流侧出口电压略微下降，换流站到故障点的电压差基本加在线路平波电抗器上，其电压接近 200V。在 1ms 时下发闭锁 MMC_2、MMC_3 换流站指令，经过 0.05ms 控制器时延，换流站在 1.05ms 成功闭锁。闭锁后 MMC_2 换流站子模块电容无法放电，故障线路电流首先从 3.6A 迅速下降到 0.6A，而随后电流上升到 1.5A，主要是由于远端线路的馈入电流，从图 5-22d 中可以看出远端线路电流一直上升到 1.4A，最终 3ms 断路器动作时故障线路电流基本都为远端线路的馈入电流。

从图 5-22b、c 可以看出 MMC_2、MMC_3 换流站闭锁后，子模块仍然处于充电回路中，此时桥臂电流从负极流向正极，子模块对外呈负电压。在 3ms 后故障线路被切除，远端线路电流从流入故障点改为向 MMC 换流站所有子模块充电，子模块电容对外呈正电压，再加上桥臂电抗两端电压，换流站直流电压最高可达 600V，经暂态过程后，直流电压维持在 400V（所有子模块的电容电压之和）。MMC$_2$ 换流站高电位使远端线路电流迅速降为 0A，避免了 MMC$_2$ 换流站解锁时远端较大电流的馈入可能产生的系统振荡。最后在 4ms 时 MMC$_2$、MMC$_3$ 换流站重新解锁运行，直流电压迅速恢复到额定值，系统恢复正常运行。

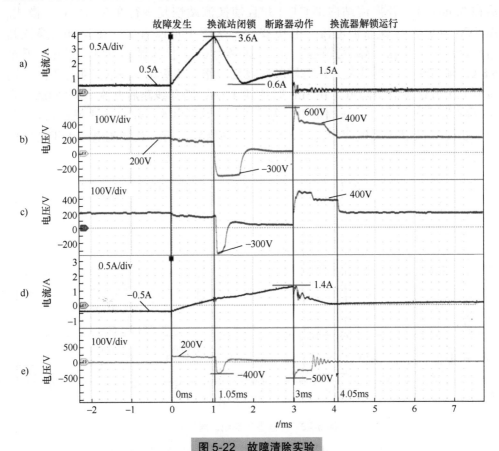

图 5-22 故障清除实验

a）故障线路电流　b）MMC$_2$ 直流侧电压　c）MMC$_3$ 直流侧电压
d）远端线路电流　e）电抗器两端电压

3. 多类型断路器协调实验

断路器主要分为两大类[11]：一是在线路侧增加直流断路单元，以此切除故障线路；二是对换流器拓扑进行改造，使其具备直流故障清除能力。这两类断路器各有优劣。本节在 MMC$_1$ 换流站出口线路上装设混合式直流断路器，将 MMC$_2$ 换流站改造成文献［12］所提的故障自清除 MMC，其在桥臂电抗并联 CTM（见

图 3-13），在换流站出口侧加装断路单元，同时将 MMC_3 换流站线路出口侧的平波电抗器改造成往复式断路器结构[13]。

MMC_2 换流站母线在 0ms 时刻发生正负极短路故障，在 1ms 时 MMC_2 换流站向所有子模块发出切除信号并导通 CTM 单元，同时断开 MMC_1 与 MMC_2 之间往复式断路器的断路单元 2、4，闭合断路单元 3，使电抗由并联模式改为串联模式限制线路故障电流，在 3ms 时断开与母线相连 3 条出线的断路单元，然后在 3.5ms 时断开换流站内部 CTM 并且使换流站恢复运行在 STATCOM 模式。图 5-23 所示为母线保护电流、电压波形，从图中可以看出，在 MMC_2 换流站出口母线发生短路故障后其直流电压迅速降为 0V，换流站出口电流迅速上升至 6.8A，随后在 1ms 时往复式断路器起动限流功能，其所在线路电流明显下降，随后电流上升速度有所降低，在 3ms 时达到 4.2A，断开线路后电流下降到 0A，直流断路器所在线路在 3ms 时断开，最大电流达到 3.9A。针对换流器出口电压，由于 3ms 后故障母线被切除，3.5ms 后换流站恢复运行，其直流电压由于桥臂电抗能量释放短暂到达 400V，随后稳定运行在 200V 额定电压。

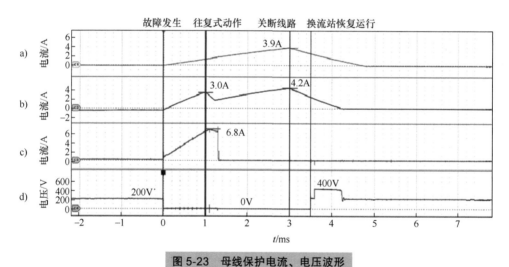

图 5-23 母线保护电流、电压波形

a）断路器线路电流 b）往复式线路电流 c）换流站出口电流 d）换流站出口电压

5.4 本章小结

针对直流电网短路故障，本章采用时域解析表达、迭代计算和物理平台实验这 3 个角度，描述 MMC-HVDC 系统与直流电网的短路故障电气量发展过程，综合分析故障特性。

1）首先，基于故障过程换流站等效电路，提出了适用于多种拓扑类型、不同系统规模的 MMC-HVDC 电网故障电流的通用计算方法,并推导得到故障电流的近似解析表达,保证计算精度的同时显著提高了求解效率。

2)其次,基于暂态能量流及变化量守恒与不能突变的性质,建立了考虑换流站子模块动态行为的等效数学模型,提出故障过程暂态状态量迭代计算方法,实现故障电流的定量分析,兼顾计算速度与精度。

3)最后,依托四端柔性直流电网物理平台进行暂稳态运行实验,证明物理平台架构各方面的良好性能,分析描述 MMC-HVDC 直流故障传播特性并直观验证故障协同保护效果,该方法理论清晰,能为直流系统设计和保护提供硬件支持。

参考文献

[1] 汤广福,王高勇,贺之渊,等.张北 500kV 直流电网关键技术与设备研究[J].高电压技术,2018,44(7):2097-2106.

[2] 杨海倩,王玮,荆龙,等.MMC-HVDC 系统直流侧故障暂态特性分析[J].电网技术,2016,40(1):40-46.

[3] TU Q,XU Z. Impact of sampling frequency on harmonic distortion for modular multilevel converter[J].IEEE transactions on power delivery,2011,26(1):298-306.

[4] 徐政.柔性直流输电系统[M].北京:机械工业出版社,2012.

[5] 王威儒,贺之渊,李国庆,等.含交流影响的 MMC-HVDC 直流故障电流递推计算方法[J].中国电机工程学报,2019,39(S1):313-320.

[6] 段国朝,王跃,尹太元,等.模块化多电平变流器直流短路故障电流计算[J].电网技术,2018,42(7):2145-2152.

[7] 陆翌,王朝亮,彭茂兰,等.一种模块化多电平换流器的子模块优化均压方法[J].电力系统自动化,2014,38(3):52-58.

[8] 刘启建.一种混合桥臂的 MMC 研究及物理实现[D].北京:华北电力大学,2017.

[9] 郭春义,王愿达,李嘉龙,等.混合直流输电系统实验平台的设计与研制[J].高电压技术,2019,45(10):3157-3163.

[10] 徐政,刘高任,张哲任.柔性直流输电网的故障保护原理研究[J].高电压技术,2017,43(1):1-8.

[11] 赵西贝,樊强,许建中,等.适用于直流故障清除的直流电压钳位器原理[J].中国电机工程学报,2019,39(22):6697-6705.

[12] 李帅,郭春义,赵成勇,等.一种具备直流故障穿越能力的低损耗 MMC 拓扑[J].中国电机工程学报,2017,37(23):6801-6810.

[13] 李帅,赵成勇,许建中,等.一种新型限流式高压直流断路器拓扑[J].电工技术学报,2017,32(17):102-110.

Chapter 6
第6章

直流电网中故障保护 ◄◄◄◄
设备与方法概述

　　直流电网故障保护设备成本过高，使用合适的故障保护方案，可以显著降低投资成本。本章首先对故障限流设备进行源侧、网侧的分类，从限流方案出发，分别介绍了故障限流设备的作用机理，结合直流电网的特点阐述多种限流设备协同配合原则。其次，提出了新的直流电网保护分类，总结出各类典型故障点在不同恢复情况下具有通用性的直流保护和恢复策略，并加以实例说明。

6.1　故障限流设备概述

　　直流电网发生直流故障后，通过故障限流器向故障回路中投入限流元件可以有效抑制过电流的上升速度，本节介绍故障限流设备的分类与基本配置方式。

6.1.1　故障限流设备分类

　　直流电网发生直流故障后，根据限流设备作用的空间位置可将故障限流设备分为源侧限流设备和网侧限流设备[1]。如图 6-1 所示，源侧限流设备在清除故障的过程中会干扰故障线路近端换流站有功功率传输；而网侧限流设备均满足 N–1 原则，通常安装在各条直流线路上，直流故障发生时仅切除故障线路。

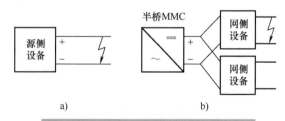

图 6-1　源侧与网侧限流设备分类示意图

a）源侧设备　b）网侧设备

　　依据上述分类方法，源侧限流设备包括全桥型 / 混合型 MMC、直流变压器

（DCT）与潮流控制器（PFC）等；网侧限流设备包括直流断路器（DCCB）、直流电抗器（CLR）、故障限流器（FCL）等。

6.1.2 故障限流设备的基本配置方式

源侧设备限流能力强，但通常不具备选择性，限流过程中会干扰有功功率的传输，而网侧设备具备选择性和良好限流效果。为保证直流电网中故障快速地选择性清除，需要规定源侧、网侧限流设备基本配置方式。

源侧限流设备基本配置方式如图6-2所示。全桥型/混合型MMC应用于简单节点时，无须配置直流断路器，配置隔离开关即可，而应用于复杂节点时，仍需配置直流断路器，但可以减少关断容量。直流变压器具备故障隔离能力，无需辅助设备，应配置在直流电网不同电压等级连接节点。潮流控制器应配置在环网部分的多端口节点处。

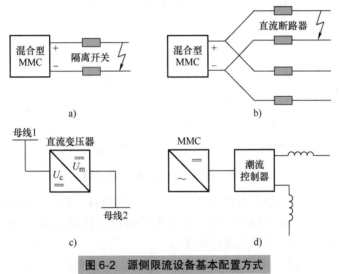

图6-2 源侧限流设备基本配置方式

a）应用于简单节点的混合型MMC
b）应用于复杂节点的混合型MMC c）直流变压器 d）潮流控制器

网侧限流设备基本配置方式如图6-3所示，依据故障严重程度分两种情形：

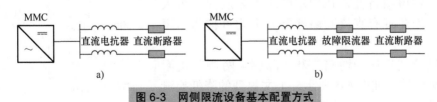

图6-3 网侧限流设备基本配置方式

a）故障电流未越限 b）故障电流越限

1）故障电流在一定限值内，仅需直流电抗器进行限流，直流断路器和直流电抗器配置在直流线路两端。

2）故障电流超过一定限值时，需要配置故障限流器进一步限流，直流断路器、直流电抗器和故障限流器配置在直流线路两端。

6.2 故障限流设备的作用机理

本节将从降压与增阻两种限流方案对源侧故障限流设备与网侧故障限流设备的作用机理进行介绍。

6.2.1 限流原理分类

如图 6-4 所示，根据欧姆定律，直流电流的增长受放电源和故障回路中的阻抗影响，故而限流方案可以从降压与增阻两方面考虑。

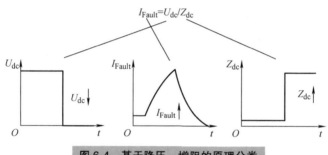

$$I_{Fault}=U_{dc}/Z_{dc}$$

图 6-4 基于降压 – 增阻的原理分类

从降压方案来说，降低电源电压输出可以抑制故障电流，以电压源型换流器并联运行构成的直流电网为例，由于换流器是故障电流馈入源，降低换流站电压输出是一种利用降压实现限流的有效手段。

从增阻方案来说，增大故障回路阻抗可以抑制故障电流，直流限流器和直流断路器都是此类方案的典型代表。直流限流器通过多种手段将电阻或电抗串入故障回路，从而抑制故障电流的上升速度。直流断路器是增阻方案的极限情况，通过投入避雷器清除直流故障，避雷器具有非线性电阻特性，在额定电压下等效为无穷大电阻，因此现有直流断路器类方案均可称为增阻方案。

结合"降压 – 增阻"和"源侧 – 网侧"类限流方案的结合如图 6-5 所示，上文提到的降低换流站电压输出属于源侧降压方案，直流限流器和直流断路器均为分散式设备，采用分散式设备限流属于

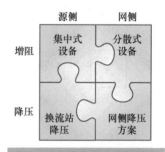

图 6-5 两类限流方案的结合

网侧增阻方案，这两类方案是目前实际工程应用中的主流。而源侧增阻方案不仅需要额外的设备投资，还会干扰换流站功率传输，因此研究价值有限。对于网侧降压方案，因为难以在线路侧提供反向直流电压，当前实现方案较少。

6.2.2　源侧故障限流设备的作用机理

根据欧姆定律，降低电源电压输出可以抑制故障电流，以电压源型换流器并联运行构成的直流电网为例，换流器是直流电网中故障电流的放电源，阻断放电源的放电能力可以有效抑制故障电流，因此降低换流站电压输出成为一种有效的手段，目前实际应用最多的是闭锁换流站子模块。

最为典型的半桥 MMC 主要限流方式可分为闭锁、IGBT 下管旁路、反并联晶闸管旁路 3 种。其中前两种由于可控性和实用性更高，作为 MMC 换流站使用的主要限流方式。对于直流电网而言，半桥型子模块组成的换流站闭锁后可以等效为一个二极管整流电路，此时子模块电容放电通路被全部阻断，导致故障电流上升速率降低，起到抑制故障电流的效果。直流电压是三相桥式整流电路输出电压，换流站仅向系统中输出交流系统整流电流，如图 6-6 所示。

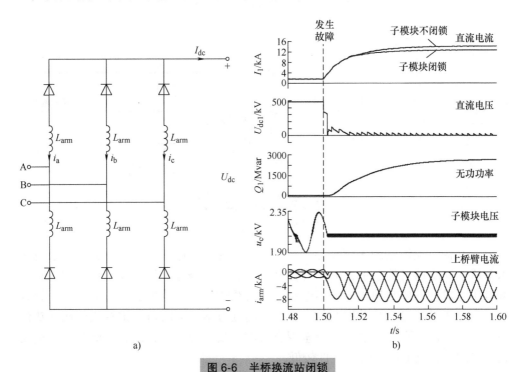

图 6-6　半桥换流站闭锁

a）闭锁图示　b）闭锁限流效果

　　全桥型子模块或者是半全混合子模块组成的换流站在闭锁后，全桥子模块中的电容被投入电路中，故障电流向子模块充电，相当于子模块电容电压反极性地接入到故障线路中。当子模块电容被充电到一定阶段时，子模块电压等于交流线电压峰值，此时交流系统无法再向直流侧馈入能量，U_{dc} 降至零电位，本站向外输出故障电流被截止，如图 6-7 所示[2]。然而，直接闭锁换流站会使得故障近端换流站完全停运，失去有功和无功传输能力，通常作为换流站保护的最后一道防线，不应该轻易被使用。

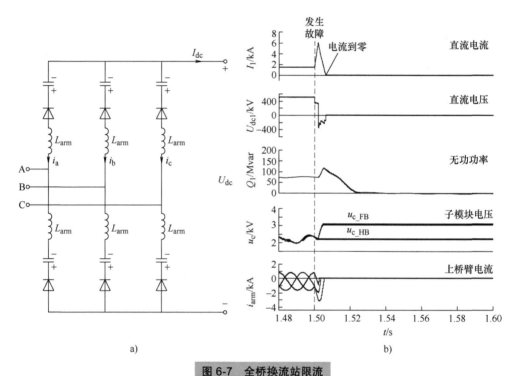

图 6-7　全桥换流站限流

a）闭锁图示　b）闭锁限流效果

　　半全混合换流站的无闭锁穿越是另一类降低换流站直流电流的方案。通过使用全桥子模块输出负电平，上下桥臂电压 u_p、u_n 围绕零电压波动，换流站的直流侧电压可以动态控制到接近于零电位，同时维持交流电压的稳定。无闭锁穿越方案在限流效果上优于被动控制的半全混合闭锁方案，同时可以维持交流侧无功传输，如图 6-8 所示[2]。然而，半全混合方案不仅投资较高，同时换流站损耗也较高，应用于直流电网中时经济性较低。

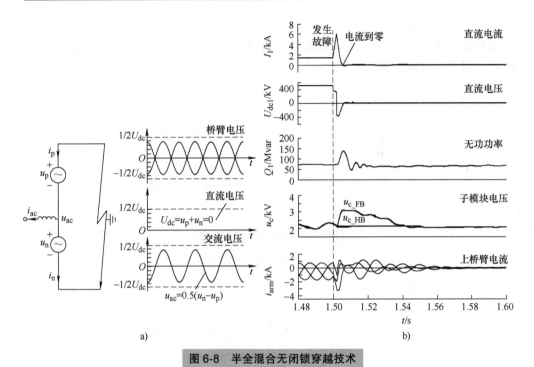

图 6-8　半全混合无闭锁穿越技术

a）原理　b）故障穿越效果

6.2.3　网侧故障限流设备的作用机理

增大故障回路阻抗可以抑制故障电流，直流限流器和和直流断路器都是此类方案的典型代表。

1. 直流限流器

使用限流器是一种主动限流方案。在检测到直流故障后，通过限流器向故障回路投入限流元件，可以有效增大放电回路的时间常数，抑制过电流的上升速度。与被动式的直流电抗器相比，直流限流器仅在故障后投入限流元件，保证了直流系统在稳态时的动态响应速度，同时满足了故障后的限流需求。目前所采用的故障限流器主要包括机械式限流器、固态限流器和超导限流器三类。

一种简单的机械式限流器拓扑如图 6-9a 所示，由稳态支路（机械开关 S），电流转移支路（预充电电容 C 和晶闸管 VT）和限流支路（平波电抗器 L）组成，稳态时负载电流流经机械开关 S，发生故障并经过检测延时后触发晶闸管 VT，预充电电容 C 开始放电，将故障电流向电流转移支路吸引。当 I_S 下降为 0 时，实现可靠分断。此后故障电流给电容反向充电，向限流支路逐步转移。不同于依赖机械开关的机械式限流器，固态限流器通过全控型器件关断控制电流流向，典型拓扑如图 6-9b 所示。采用二极管整流桥（VD₁ ~ VD₄）实现双向限流能力，在检测到故障后迅速关断串联 IGBT 组（VF），强迫电流向平波电抗器 L 转移。在直流系统中配置限流器可以降低故障电流峰值，有助于维护系统安全稳定运行，同时改善系统的经济性。

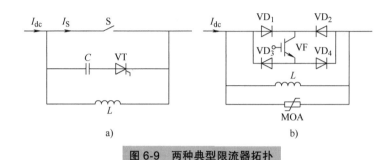

图 6-9　两种典型限流器拓扑

a）机械式限流器　b）固态限流器

2. 直流断路器

直流断路器（DCCB）是直流电网故障清除的核心设备[3]，核心原理为通过换路手段将断路器中的避雷器串入故障回路。因为避雷器可以等效为大电阻，经过剧烈的能量释放过程后，断路器两端电路被隔离，实现分断过程。根据 DCCB 中关键关断器件的不同，可将其分为三类：机械式 DCCB、固态 DCCB、混合式 DCCB。对于混合式 DCCB，因为其电力电子电路灵活多变，又可分为独立式断路器和集成式断路器等。

（1）机械式 DCCB　机械式 DCCB 主要通过人为注入高频振荡电流，模拟交流电流变化过程，实现机械开关的燃弧分断[4]。机械式 DCCB 拓扑如图 6-10a 所示，主要由具备熄弧能力的机械开关、人工振荡换流支路、耗能支路等部分构成。机械式 DCCB 在检测到故障后，机械开关即开始拉弧动作，振荡电路同步向机械开关所在回路注入高频振荡电流。当直流故障电流与振荡电流的叠加电流为零时，机械开关完成分断，故障电流向高压电容放电，电容充电至避雷器额定电压时开始耗能过程。其中，机械开关大多采用 SF_6 或者真空作为绝缘介质，具备通态损耗低、耐压强度高、可靠性高等优良的静态特性。

（2）固态 DCCB　固态 DCCB 拓扑如图 6-10b 所示，主要由电力电子开关、耗能支路构成，其中电力电子开关直接串联在被保护的线路上，在接到保护信号后直接关断相应的器件。固态直流断路器动态响应速度快、对系统保护干扰最小，耗散能量最少，在 3 种断路器中保护性能最优。然而，由于在直流线路上串联了大量电力电子器件，特别是对于高压直流输电场合，通常需要数百只 IGBT 的串联才能满足耐压要求，固态 DCCB 的通态损耗不可接受。因此，固态 DCCB 在高压大容量场合中应用受限，但是在中低压领域，仍然有充足的发展空间。

（3）混合式 DCCB　混合式 DCCB 是直流电网故障分断的主流手段。通过将电力电子支路与机械开关相结合，混合式断路器兼备了分断速度和低损耗的优点。ABB 公司所提混合式 DCCB 拓扑如图 6-10c 所示，由通流支路、主支路和耗能支路组成。其中，通流支路流经稳态电流，由负载转换开关（LCS）和超快速机械开关（UFD）组成。主支路由大量电力电子开关（IGBT）组成，耗能支路由避雷器组成，负责耗散故障能量。

DCCB 的操作过程可分为 4 个阶段：在检测到故障之前，直流电流从通流支路流过；一旦检测到故障，LCS 将立即闭锁，主支路的 IGBT 导通，故障电流转移到主支路，UFD 开始分断，此时故障电流将继续增大；UFD 达到额定开距完成分断后，主支路中 IGBT 闭锁分断电流；故障电流被强迫逼向 MOA 支路并耗散能量，完成故障电流清除。通过配置 3 条不同的支路，混合式 DCCB 实现了分断速度和通态损耗的平衡。

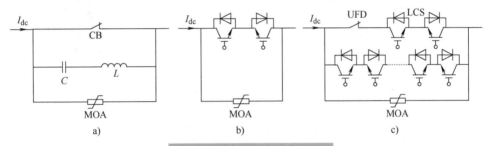

图 6-10　两种典型断路器拓扑

a）机械式 DCCB　b）固态 DCCB　c）混合式 DCCB

6.3　故障限流设备的协同配合原则

为实现直流故障快速清除，多种限流设备的协同配合需要遵循 5 个原则：单端信息原则、越限限流原则、就近限流原则、残压支撑原则和耐压利用原则，本节将对这 5 个原则的内涵进行介绍。

6.3.1　单端信息原则

直流电网对故障隔离速动性要求非常高。直流系统具有低阻尼的特征，响应时间常数较小，短路后故障发展迅速，故障电流上升率大。此外，直流电网主要设备含有大量电力电子器件，对过电流耐受能力低，设备允许过电流幅值约为 2 倍额定值，设备允许过电流时间仅有数毫秒，一般要求直流电网在 5ms 内将故障隔离。

单端信息原则指仅依靠单端信息生成保护动作时序，不考虑线路两侧的信息交流。该原则针对解决柔性直流电网故障电流清除的时间尺度与通信不匹配的问题，提高故障电流清除速度，原则示意图如图 6-11 所示。若保护装置基于双端通信进行协调动作，故障发生后线路两侧保护设备需要经过信息采集、信息通信、故障识别、时序生成等一系列步骤，再考虑系统具有一定延时，所需时间已与直流电网中直流故障隔离的毫秒级时间尺度不匹配，无法满足直流电网故障隔离速动性要求。而采用单端信息原则后，由于直流线路一般较长，线路两端进行信息交流的环节耗时最多，节省这一环节使 DCCB 能够在允许的时间范围内动作。

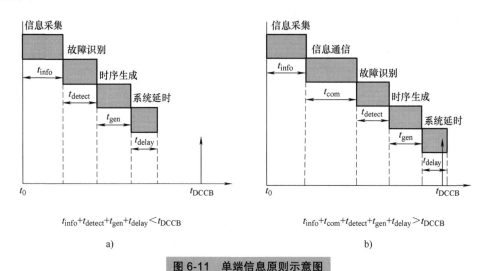

图 6-11 单端信息原则示意图

a）基于单端信息 b）基于多端信息

6.3.2 越限限流原则

限流设备通常在一固定时序条件下针对最严重的故障进行参数配置设置，同时在固定时序的基础上加速投入增强限流效果，但是实际中直流电网最严重故障发生占比较小，对待每个故障都用极限的方式限流使限流设备动作次数增多，造成不必要的设备损耗。

越限限流原则指：在单端信息原则的基础上，从单端瞬时信息中提取故障位置和过渡电阻，评估故障严重程度，判断故障电流是否会越限，自适应地调整动作方式，有选择地投入限流设备。该原则有效缩减限流设备限流能力与故障严重程度之间的差距，在保证限流效果的同时，提升供电可靠性并且减小设备损耗，原则示意图如图 6-12 所示。当识别到发生低阻故障，此时故障较严重，故障电流峰值大大超出了 DCCB 关断容量，应投入限流设备限制故障电流，使 DCCB 能够动作关断线路；而当识别到发生高阻故障，此时故障严重程度较低，故障电流在 DCCB 关断容量范围内，应减少限流设备投入。

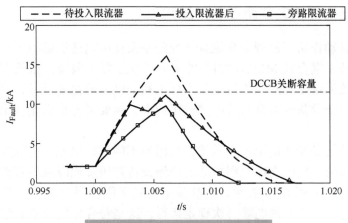

图 6-12 限流设备越限限流示意图

6.3.3 就近限流原则

如图 6-13a 所示，由于 CLR 的固有限流效果，远端换流站故障电流占总故障电流比例较小，对故障电流的初始贡献远小于近端换流站，而且其他线路上的限流设备对故障线路限流效果不明显，无法抑制近端换流站放电，投入故障线路外、其他线路上的限流器还存在对电网剩余部分造成扰动的潜在风险。如图 6-13b 所示，对比近端与远端限流设备动作后故障电流波形，显而易见故障线路上的近端限流设备可有效抑制近端换流站的故障电流，限流效果远远优于远端设备。

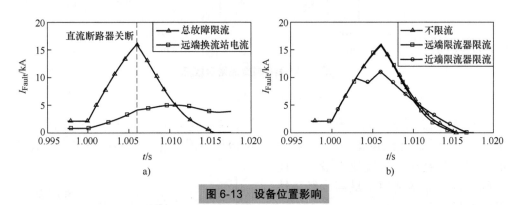

图 6-13 设备位置影响

a）远端换流站故障电流贡献率 b）远端、近端限流器限流效果对比

就近限流原则指仅考虑投入故障线路近端限流设备限流，其他非故障线路上的限流设备无须动作。该原则在限流贡献度分析的基础上针对远端限流设备和近端限流设备限流能力差距而提出，对直流电网中不同线路上的限流设备实现了选择性限流，提升了限流设备贡献度，限流效率大大提高。

6.3.4 残压支撑原则和耐压利用原则

限流设备动作后，从源侧来说最重要的是保证电网还能够稳定运行。考虑到源侧限流设备（混合式 MMC/DCT）的主要机理是降压限流，虽然直流侧电压越低表明限流效果越好，但直流侧电压太低不利于电网的稳定运行；而网侧限流设备的耐压上限受设备成本及直流电网电压约束，则要考虑最大化利用限流设备的限流能力。

考虑限流设备动作的影响，从源侧与网侧不同需求出发，得到残压支撑原则和耐压利用原则。残压支撑原则指通过源侧设备降压实现限流后直流母线残压应支撑直流电网。如图 6-14 所示，当故障电流满足限流需求时，源侧 – 网侧限流设备协同配合使直流电网能够再次稳定运行，这是符合原则要求的限流结果。但是若在故障电流尚未达到限流需求时过度降压限流导致直流电压降至 0，不仅影响电网稳定运行，而且增大了源侧设备 IGBT 需求量，使得成本增加、经济性变差。残压支撑原则为限流后电网的稳定运行提供了保障，同时可以降低换流器的 IGBT 使用数量，改善经济性。

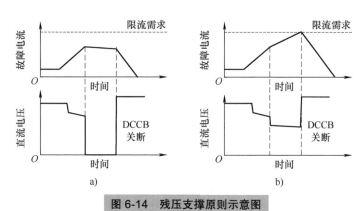

图 6-14 残压支撑原则示意图

a）过度降压限流 b）恰当限流

如图 6-15 所示，耐压利用原则指限流设备所受电压应力应接近设备耐压上限。电压应力越接近设备耐压上限，表明限流设备耐压能力的利用率越高，故障电流增长量越小，限流效果最好，此时网侧设备成本利用率最高，经济性得到提高。

在上述具体原则中，单端信息原则、越限限流原则、就近限流原则主要用于指导限流设备在直流电网中的实际动作方式，为限流设备的时序配

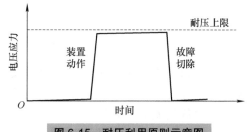

图 6-15 耐压利用原则示意图

合提供指导原则，耐压利用原则和残压支撑原则主要用于指导限流设备在直流电网中的优化配置方法。5个具体原则从限流设备实际动作与优化配置两方面出发，为整体限流设备的协同优化配置奠定基础。

6.4　多端直流端间协同配合保护方法

随着直流电网拓扑的复杂多样化，考虑到故障的瞬时性与永久性之分、各限流设备的不同动作逻辑与DCCB的动作情况，直流电网不仅需要配备远后备保护方案，还需要有对应的恢复策略。

本节对直流电网的保护进行了新的分类，针对直流电网典型故障点，介绍具有通用性的直流电网直流故障后保护与恢复策略[5]，并以实例说明。

6.4.1　保护分类

现有直流电网的主保护和后备保护划分依据，主要是快速故障检测与略有延时的故障检测。一般来说，快速可靠地检测本线路的短路故障，并能够给两侧DCCB下达关断指令的保护被称为线路的主保护。主保护的故障检测中，由于高阻故障的故障特征并不明显，主保护常常不能良好反应，这时要求后备保护来弥补主保护的不足。后备保护有两种方式：其一，采用远后备保护来应对本线路保护设备或DCCB的失灵；其二，发生区内故障，本线路的主保护拒动时，近后备保护应可靠动作。

直流电网应用的混合式高压DCCB结构复杂，缺乏成熟的机械故障监测与整体故障诊断系统，且各环节承受的故障电流冲击的幅值和陡度都很高，相比于传统高压交流断路器，工作环境更为严峻。这些都使得DCCB面临不容小觑的故障隐患。假如主保护故障检测与后备保护故障检测都成功地给DCCB下达了关断指令，但DCCB由于自身故障而出现触发失灵或关断失败问题，此时如果没有预先制定有效的应对策略，直流电网有可能面临极为严重的后果。

DCCB失灵后的保护策略属于远后备保护范畴。为了与围绕故障检测展开的主保护、近后备保护进行区分，同时满足远后备保护的保护需求，需要重新对保护进行分类。

故障检测范畴的单端电气量保护与基于双端通信的纵联保护，在本节中继续沿用主保护与近后备保护的名称。为了实现故障隔离，涉及多端、多设备协同的保护，可将保护分为直流电网的一级保护与直流电网的二级保护，二者的主要划分依据是是否依靠本线路两侧的设备实现故障隔离，或还需借助相邻线路两侧配置的设备，具体分类结果如下。

直流电网的一级保护旨在依靠本线路两侧的设备将故障线路与电网非故障部分隔离，包括：

1）线路两侧都装设 DCCB 时，两侧 DCCB 动作断开。

2）线路一侧安装 DCCB，另一侧是孤岛换流站（或 DC/DC 变压站）时，一侧 DCCB 动作断开，另一侧换流器闭锁并断开 ACCB（或 DC/DC 变压器闭锁）。

当一级保护中的 DCCB 因设备故障而触发失灵或关断失败时，需要依靠直流电网的二级保护将故障点与非故障区域隔离，将故障影响范围控制到最小。直流电网的二级保护包括：

1）通过一级保护中失灵 DCCB 与故障点相连的邻近线路的近端 DCCB 动作断开。

2）通过一级保护中失灵 DCCB 与故障点相连的换流器闭锁并关断 ACCB。

3）通过一级保护中失灵 DCCB 与故障点相连的 DC/DC 变压器闭锁。二级保护在必要时需加入直流隔离开关予以配合，实现完全的电气隔离。

直流电网的一级保护与二级保护分类如图 6-16 所示。

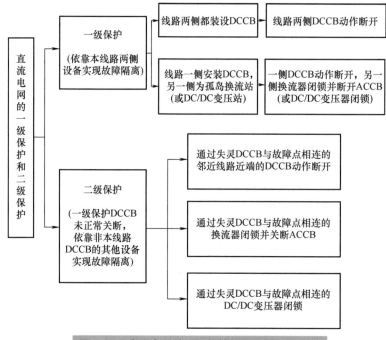

图 6-16 直流电网的一级保护与二级保护分类图

6.4.2 直流电网的典型故障点

直流电网可能的拓扑结构复杂多样，且可以包含多种电压等级，因此需要对直流电网的故障点进行分类，选取典型故障点，才能得到适用于直流电网各种故障位置的保护和恢复策略。

直流故障点可分为直流线路典型故障点和直流母线典型故障点。

直流线路典型故障点包括五类：

1）线路一侧装设 DCCB，另一侧连接孤岛换流站。

2）线路两端均装设 DCCB，且两侧换流站均不在环网拓扑中。

3）线路两侧均装设 DCCB，其中一侧换流站位于环网拓扑中，另一侧换流站与环网拓扑无关。

4）线路两侧均装设 DCCB，且两侧换流站均处于环网拓扑中。

5）线路属于两个不同电压等级直流子网的联络线，一侧连接 DC/DC 变压站，一侧连接换流站，只在换流站侧装设 DCCB。

直流母线典型故障点包括两类：

1）母线是非定直流电压控制的换流站直流母线。

2）母线是定直流电压控制的换流站直流母线，这种换流站为一个电压等级的子网提供直流电压参考，也是此区域的平衡节点。

6.4.3　直流电网的保护与恢复策略

根据故障性质的不同、一级保护 DCCB 能否成功动作，以及恢复策略选择的不同，当故障发生后，每一个故障点都有 5 种可能的恢复情况，如图 6-17 所示。

当一级保护 DCCB 关断成功时，根据其能否顺利重合，可分为两种情况。

1）发生的是瞬时性故障，一级保护 DCCB 重合成功，系统恢复到原始稳态（情况①）。

2）发生的是永久性故障，一级保护 DCCB 重合失败，系统达到新稳态后检查故障现场（情况②）。

当一级保护 DCCB 失灵而依靠二级保护完成故障隔离时，直流电网面临两种选择：

1）先不重合二级保护 DCCB，直接检修失灵的一级保护 DCCB（情况③）。

2）直接重合二级保护 DCCB，对失灵的一级保护 DCCB 不采取措施。

情况③可能面临瞬时性故障或永久性故障。若直接重合二级保护 DCCB，根据二级 DCCB 的重合结果，分为两种情况：

1）发生的是瞬时性故障，二级保护 DCCB 重合成功，系统恢复到原始稳态（情况④）；

2）发生的是永久性故障，二级保护 DCCB 重合失败，系统达到新稳态后检查故障现场（情况⑤）。

此外，当线路两侧均配备 DCCB 时，情况③、④、⑤又分别包含两侧一级保护 DCCB 分别失灵的两种情况。这样，一个故障点包含 5 ～ 8 种可能的保护与恢复情况。

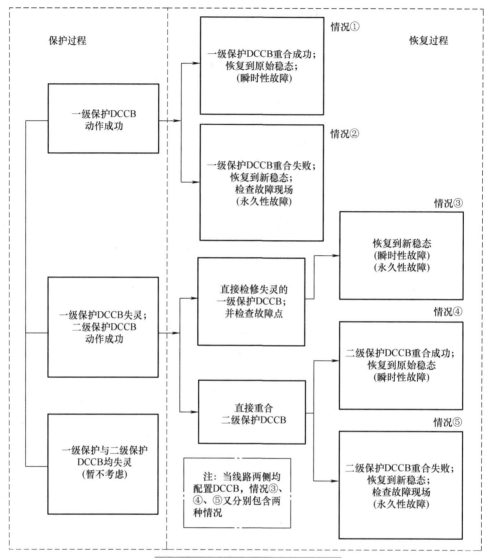

图 6-17 直流电网的恢复情况分类

情况①、情况④这类瞬时性故障可在故障后较短时间内完成 DCCB 的重合，从而恢复到原始稳态。而对于情况②、情况③及情况⑤，由于检修 DCCB 及检查故障点需要确保相关线路处于不带电的安全状态，在一级 DCCB 失灵后，需要依靠换流站母线、DC/DC 变压站直流母线的相关直流隔离开关来实现隔离。CLR 及线路电感的储能通过故障点放电，直流电流需要数百毫秒到数秒才能衰减到直流隔离开关的关断容量（0.2kA）。此外，这三类情况下还需要采取专门的措施来应对受端换流站退出所致的严重功率盈余。因此，情况②、情况③及情况⑤均需要较长时间恢复到故障线路彻底退出的新稳态。

6.4.2 节中 2）～ 4）类直流线路故障点的两侧都装设了 DCCB，各自包含图 6-18 中的 8 种保护和恢复情况；1）、5）类直流线路故障点只在单侧装设了 DCCB，分别包含图 6-18 中的 5 种保护和恢复情况。直流母线故障影响范围一般大于线路故障，因此不进行自动重合闸，可直接按照永久性故障来研究相应的保护和恢复策略；又因为对于第二类母线故障点，还需要选取新的定直流电压换流站去承担直流电压参考作用，同时暂不考虑一级保护 DCCB 失灵的情况，直流母线故障点可视为共有 2 种保护和恢复情况。所以，直流电网共有 7 类典型故障点，共计 36 种保护和恢复情况。

6.4.4　实例说明

为了体现 6.4.3 节中直流电网保护与恢复策略的通用性，本节以图 6-18 所示的包含各类典型故障点的 23 端多电压等级复杂拓扑柔性直流电网模型为例，利

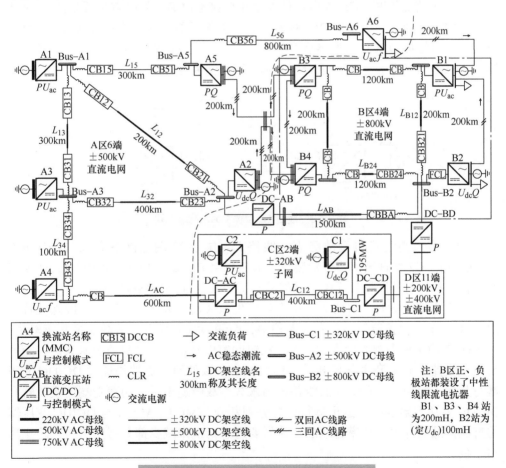

图 6-18　23 端直流电网模型拓扑及稳态潮流

用 6.4.3 节所述保护与恢复策略具体说明设备配合方案与动作时序。该模型以 CIGRE B4.72 工作组的报告 *DC grid benchmark models for system studies*[6] 为基础，进行了一定拓扑与参数改进。其中，DC/DC 变压站不计入电网端数。

如图 6-18 所示，整个大电网模型由 A、B、C、D 4 个子网组成，其电压等级分别为 ±500kV、±800kV、±320kV 及 ±200kV，子网之间除了交流连接外，还通过 4 个定有功功率控制的真双极 DC/DC 变压站实现了直流连接，并且各个子网都拥有独立的平衡节点，即定 U_{dc} 控制的换流站。A 区以及 A、B 区域联络线包含直流电网的 7 类典型故障点。

接下来将针对模型中出现的 7 个典型故障点，各自选取一种 6.4.3 节所述恢复情况提出相应保护与恢复策略。

（1）第一类线路典型故障点　23 端直流电网模型 A 区的线路 L_{56} 一侧装设 DCCB–CB56，另一侧为孤岛 A6 站，该线路对应第一类线路典型故障点。

当发生情况①时，CB56 出口处发生正极接地故障，故障点位置如图 6-19 所示，保护策略为：一级保护 DCCB 断开，孤岛换流器闭锁且关断 ACCB。恢复策略为：一级保护 DCCB 去游离后开始重合，当其主支路触发导通成功后，孤岛换流器 ACCB 开始重合，完成重合后 MMC 解锁恢复运行。

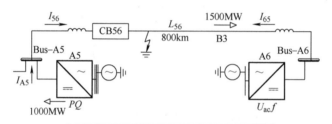

图 6-19　线路 L_{56} 情况①的故障点位置

（2）第二类线路典型故障点　线路 L_{C12} 位于 23 端电网下方 ±320kV 的 C 区，C1 站、C2 站直流出口分别装设了 DCCB-CBC12 与 DCCB-CBC21，两换流站所在拓扑均与环网拓扑无关，该线路对应第二类线路典型故障点。

当发生情况②时，线路 L_{C12} 中点处发生永久性正极接地故障，故障点位置如图 6-20 所示，保护策略为：一级保护中，两侧 DCCB 断开。故障后恢复策略为：一级保护 DCCB 去游离后尝试重合，在时间窗内判定已发生故障为永久性，随即闭锁主支路，并断开主隔离开关；然后，由于该处两换流站均通过 DC/DC 变压器与其他子网相连，在唯一的线路因为永久性故障退出后，功率受端的换流器和 DC/DC 变压器需要闭锁退出运行，并分别断开 MMC 的 ACCB 与 DC/DC 变压器的直流侧隔离开关；功率送端的换流器要通过切机来减少部分有功出力，防止功率盈余。

最终，C 区正极子网只有 C2 正极站通过正极 DC/DC 变压器往 A 区传送功率，其余换流站、直流变压器、直流线路均退出运行。

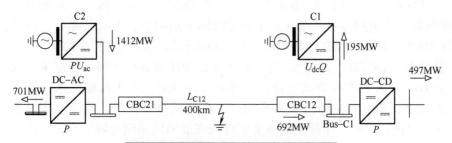

图 6-20　线路 L_{C12} 情况②的故障点位置

（3）第三类线路典型故障点　线路 L_{15} 的 A1 站侧装设 DCCB–CB15 且 A1 站处于环网拓扑中，A5 站侧装设 DCCB–CB51 且 A5 站与环网无关，该线路对应第三类线路典型故障点。

当发生情况③时，CB15 出口处发生永久性正极接地故障，一级保护中的 CB15 失灵，故障点位置如图 6-21 所示，保护策略为：一级保护中，一侧 DCCB 断开，另一侧 DCCB 失灵，假设失灵 DCCB 连接环网侧换流站；失灵侧需要二级保护中邻近线路的近端 DCCB 断开，同时，二级保护中通过失灵 DCCB 与故障点连接的换流器需要闭锁并关断 ACCB。故障后恢复策略为：选择检修失灵断路器，需先将闭锁换流器直流母线在故障线路侧的直流侧隔离开关断开，再重合二级保护 DCCB；然后，重合闭锁换流器的 ACCB 并解锁 MMC；另外，故障线路连接的送端换流站由于失去部分功率受端，需要降低有功出力。随着二级保护 DCCB 所在线路电流 I_{13}、I_{12} 的恢复，系统进入到新的稳态。

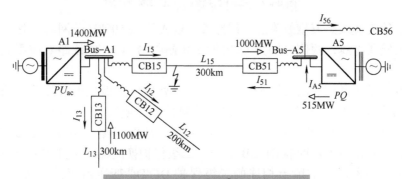

图 6-21　线路 L_{15} 情况③的故障点位置

（4）第四类线路典型故障点　线路 L_{12} 的 A1 站侧、A2 站侧分别装设 DCCB-CB12、DCCB-CB21，二者均处于环网拓扑中，并且 A2 站侧的直流母线还与 DC/DC-AB 连接，该线路对应第四类线路典型故障点。

当发生情况⑤时，故障点位置如图 6-22 所示，线路 L_{12} 在 CB21 出口处发生永久性正极接地故障，一级保护中的 CB21 在近后备故障检测后失灵，保护策略为：一级保护中，一侧 DCCB 断开，另一侧 DCCB 失灵，假设失灵侧靠近 DC/DC 变压器，失灵侧需要二级保护中邻近线路的近端 DCCB 动作断开；同时，二级保护中通过失灵 DCCB 与故障点连接的换流器需要闭锁并断开 ACCB，二级保护中通过失灵 DCCB 与故障点连接的 DC/DC 变压器需要闭锁。恢复策略为：一级保护 DCCB 去游离后尝试重合，在时间窗内判定已发生故障为永久性，随即闭锁主支路，并断开主隔离开关（MB）；在失灵 DCCB 侧，需要等待电流降低到 0.2kA 以内，再断开闭锁换流器直流母线在故障线路侧的隔离开关，从而使故障线路安全退出；然后，二级保护 DCCB 重合成功后，解锁 DC/DC 变压器，并开始重合闭锁换流器的 ACCB，最后 MMC 解锁运行。此外，与故障线路相连的送端换流站在故障线路退出后，可以通过绕行环网的健全线路将有功功率送达对端，所以无须降低其有功出力。

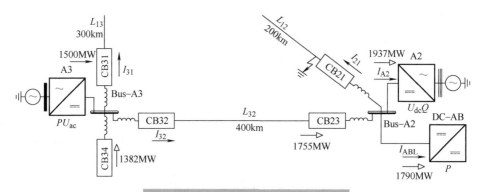

图 6-22　线路 L_{12} 情况⑤的故障点位置

（5）第五类线路典型故障点　线路 L_{AB} 是 A 区 ±500kV 子网与 B 区 ±800kV 子网的区域联络线，两侧分别为 DC/DC-AB 站与 B2 站，该线路对应第五类线路典型故障点。

当发生情况④时，L_{AB} 线路在 CBBA 出口处发生正极接地故障，故障点位置如图 6-23 所示，保护策略为：在主保护故障检测完成后，一级保护 DC/DC 变压器闭锁，换流器直流出口 FCL 投入限流支路，故障线路一级保护 DCCB 失灵；二级保护中的相邻线路近端 DCCB 动作，二级保护换流器闭锁并关断 ACCB，以及通过失灵断路器与故障点相连的二级保护 DC/DC 变压器闭锁。恢复策略为：二级保护 DCCB 重合成功后，闭锁换流器的 ACCB 再开始重合，然后 MMC 解锁，同时一级保护与二级保护 DC/DC 变压器解锁。系统经短暂振荡恢复至原始稳态，FCL 也闭锁限流支路，换流至主支路。

（6）第一类母线典型故障点　A3 站采取定有功功率和交流电压的控制方式，其直流母线 Bus-A3 故障时对应第一类母线典型故障点。

直流母线 Bus-A3 连接的 A1 站、A2 站都可看作 A3 站的功率受端，同时 A3 站需要从 A4 站、DC/DC-AC 和 C2 站接收有功功率。该母线故障后，一方面需要确保其与直接相连的 A1 站、A2 站、A4 站断开连接，另一方面还需要与该母线相连的功率送端做出反应，降低功率输送能力来避免盈余。

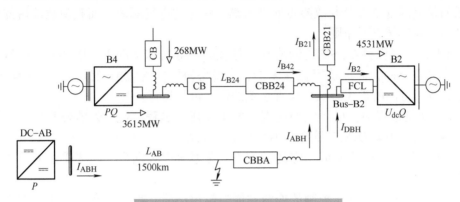

图 6-23 线路 L_{AB} 情况④的故障点位置

由于 Bus-A3 是 A4 站及 DC/DC-AC 的唯一功率受点，A4 正极站和正极 DC/DC-AC 都需要彻底闭锁。同时，C2 正极站在稳态时向 A 区输出有功功率，也需要部分切机来降低有功输出。

（7）第二类母线典型故障点　A2 站采取定直流电压控制方式，直流母线 Bus-A2 故障时对应第二类母线典型故障点。

直流母线 Bus-A2 连接的 A2 站、DC/DC-AB 站是 A 区除了 A6 站之外的全部功率受端，其有功来源甚至远达 C 区的 C2 站。该母线故障后，整个系统不仅需要应对巨大的故障电流，还需要采取交流切机甚至闭锁的措施，来降低故障子网 MMC、区域连接 DC/DC 变压器和非故障子网 MMC 的有功出力，防止极为严重的功率盈余导致的系统崩溃。同时，和闭锁换流站相连的部分 DCCB 也需要动作断开，避免闭锁 MMC 的直流电压影响残存健全部分的电压。此外，还需要为残存健全子网选择新的直流电压参考节点，即定 U_{dc} 控制的换流站。这种故障情况下，具体的保护和恢复策略与直流电网拓扑结构、初始运行潮流关系密切，需要结合模型实例来进行说明。

Bus-A2 发生永久性正极接地故障后，除了要求和母线直接相连的所有主要设备即 A2 站、DC/DC-AB、CB21、CB23，迅速动作将故障母线隔离外，还要求与故障母线非直接连接甚至相隔很远的 A3 站、A4 站、DC/DC-AC 及时闭锁，A1 站、C2 站部分切机，以应对 A 区大规模失去功率受端造成的系统崩溃危险。此外，与交流电网相连的 A5 正极站，将有功类控制方式转变为定直流电压控制，作为 A 区正极残存部分，即 A1 站、A5 站、A6 站组成的辐射网的新的平衡节点。同时 A6 站失去了部分功率来源，将控制方式从定 Uf 控制转变为定 PQ 控制。

DC/DC-AB 正极站闭锁将故障电流顺利清除后，在低压侧、高压侧直流电流低于 0.2kA 时，两侧的直流隔离开关需要断开，来防止 DC/DC-AB 闭锁后影响 B 区的直流电压。

通过结合模型对直流电网的保护与恢复策略进行阐述，在故障隔离时首先要确保的是电网健全部分与故障点实现可靠、快速的电气隔离，而直流故障后的恢复过程需要遵循以下原则：

1）在一级保护断路器拒动或直流母线故障等特殊情况下，DCCB 不应盲目进行自动重合闸，而需执行包含多端、多设备协同的直流电网保护的特殊程序，来避免故障范围的扩大，从而实现系统的快速恢复运行。

2）恢复过程中，已闭锁的送端站的重新建立过程，包括换流器解锁、直流变压器解锁、相关 DCCB 重合，不得早于受端站。

3）恢复过程中要采取一定的措施来避免系统因长期失去功率受端而导致的功率盈余。

4）原有定直流电压控制的换流站因故障退出后，需要有新的换流站作为健全部分的平衡节点。

5）系统恢复运行后仍闭锁的换流站需要通过 DCCB 或直流隔离开关来实现与电网健全部分的隔离，防止直流电网整体电压水平降低。

6.5 本章小结

本章首先根据限流设备作用的空间位置将故障限流设备分成源侧与网侧两类限流设备，并介绍了其基本配置方式。其次，结合降压与增阻的限流原理分别分析了各类限流设备的作用机理。为协调多种限流设备、实现直流故障的快速清除，本章提出了多种限流设备的协同配合原则，为限流设备的时序配合、空间配置与参数优化提供了指导。最后，提出涵盖多种情景的保护分类并总结了直流电网典型故障点，对此提出普适性的端间协同配合保护与恢复策略，结合23端多电压等级直流电网模型具体说明了保护与恢复策略应用方法。

参考文献

[1] 赵西贝. 柔性直流电网故障电流协调抑制策略研究 [D]. 北京：华北电力大学，2021.
[2] XU J, ZHAO X, JING H, et al. DC fault current clearance at the source side of HVDC grid using hybrid MMC [J]. IEEE Transactions on Power Delivery, 2020, 35（1）: 140-149.
[3] 何俊佳. 高压直流断路器关键技术研究 [J]. 高电压技术, 2019, 45（8）: 2353-2361.

［4］潘垣，袁召，陈立学，等．耦合型机械式高压直流断路器研究［J］．中国电机工程学报，2018，38（24）：7113-7120，7437.

［5］陈力绪，袁帅，严俊，等．考虑多端协同的柔性直流电网直流故障保护和恢复策略［J］．中国电机工程学报，2022，42（22）：8164-8176.

［6］CIGRE Working Group B4.72. DC grid benchmark models for system studies［Z］. 2020.

Chapter 7
第7章

具备直流故障处理能 ◄◄◄◄
力的直流潮流控制器

通过系统级控制及线路潮流控制器的配合，多端直流电网可以实现对整个系统潮流的有效控制。目前直流电网的潮流控制和故障保护都是独立设备，各元件利用率和器件集成度低，增加了系统的造价及占地面积。随着直流电网的不断发展，其结构日益复杂，电力设备的成本也将大幅度增加。

因此，本章主要围绕多端直流电网的潮流控制和故障限流的复合研究展开，提出两种具备故障处理能力的复合型直流潮流控制器及控制策略，并针对两种新型拓扑进行相关的理论分析和仿真验证。

7.1 线间直流潮流控制器的基本结构

线间直流潮流控制器利用两条线路之间的能量交换对线路潮流进行控制。文献［1］提出了一种并联型潮流控制器（shunt type power flow controller, SPFC），可实现线路上的双向潮流控制，拓扑如图 7-1a 所示。文献［2］则提出一种结构更为简化的线间直流潮流控制器，减少了 IGBT 的使用，但只适用于两条线路潮流方向相同的工况，拓扑如图 7-1b 所示。

然而，上述两种情况均是将一个电容分时串入两条不同的线路来调节潮流，虽然结构简单、成本较低，但会引入电流纹波，因此其功能具有局限性。

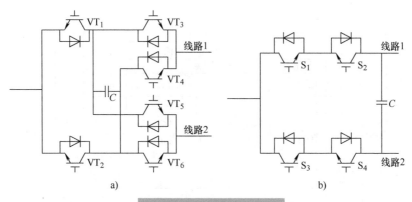

图 7-1　潮流控制器拓扑图

a）并联型潮流控制器　b）简化的线间直流潮流控制器

7.2 具备故障限流功能的新型线间直流潮流控制器

本节提出一种适用于高压直流输电网络和两条独立线路的具备故障限流功能的复合型直流潮流控制器[3]，其在正常运行工况下进行两条线路的潮流控制，在某条线路故障时投入电感进行故障限流，在 DCCB 断路时将限流电感快速旁路完成故障线路切除。

7.2.1 新型潮流控制器拓扑及控制策略

1. 新型直流潮流控制器拓扑

本节提出的复合型直流潮流控制器的拓扑如图 7-2 所示。该拓扑主要包含潮流控制部分与限流部分，潮流控制部分与限流部分有重叠区域。晶闸管 $VT_1 \sim VT_4$、$VT_5 \sim VT_8$ 分别在两条线路上构成 H 桥结构。i_1、i_2 为 H 桥外部线路 1、2 上的电流，i_{11}、i_{12} 为在 H 桥内部流经潮流控制部分及限流部分的电流，均以图 7-2 所示电流方向为正方向。控制 H 桥内晶闸管的通断使得电流 i_{11}、i_{12} 始终从左到右流经潮流控制及限流部分。以线路 1 为例，当 i_1 为正时导通晶闸管 VT_1、VT_2，i_1 为负时导通晶闸管 VT_3、VT_4，使得 i_{11} 方向始终为正，如图 7-3 所示。

潮流控制部分包括 4 个与二极管串联的 IGBT 开关管（$VF_1 \sim VF_4$），4 个串入线路的电容（C_{10}、C_{11}、C_{20}、C_{21}），限流电感 L_{lim}，4 个辅助双向开关管（VF_{1a}、VF_{2a}、VF_{1b}、VF_{2b}），4 个快速机械开关（$UFD_1 \sim UFD_4$），4 组双向开关（$S_1 \sim S_4$）。除了 4 个 IGBT 开关管（$VF_1 \sim VF_4$）以外，上述器件又与两条线路上的晶闸管 $VT_{1a} \sim VT_{7a}$、$VT_{1b} \sim VT_{7b}$ 构成了限流部分。

141

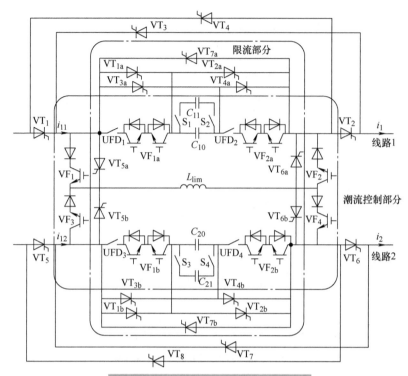

图 7-2　复合型直流潮流控制器的拓扑

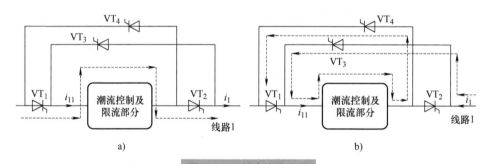

图 7-3　H 桥电流流向图

a) i_1 为正　b) i_1 为负

在潮流控制模式下，晶闸管 $VT_{1a} \sim VT_{7a}$、$VT_{1b} \sim VT_{7b}$ 均关断，快速机械开关 $UFD_1 \sim UFD_4$ 闭合，辅助开关管 VF_{1a}、VF_{2a}、VF_{1b}、VF_{2b} 均导通，双向开关 $S_1 \sim S_4$ 闭合，对线路 1、2 进行潮流控制。线路上的电容 C_{10}、C_{11}、C_{20}、C_{21} 会带电压。当某一线路发生单极接地故障时，潮流控制模式关闭，利用线路电容所带的电压控制故障线路晶闸管的通断，将电感 L_{lim} 串入故障线路进行限流。在与线路上的 DCCB 进行配合时，一旦断路器动作，立即将电感 L_{lim} 旁路，避免电感对故障电流衰减产生抑制作用。

2. 潮流控制原理与控制策略

本节所提出潮流控制策略基于线间直流潮流控制器原理，即通过控制开关管 $VF_1 \sim VF_4$ 的通断实现两条线路上电容与电感 L_{lim} 之间的能量交换，从而达到控制线路潮流的目的。令 C_1 为电容 C_{10}、C_{11} 并联的等效电容，C_2 为电容 C_{20}、C_{21} 并联的等效电容。

通过对 H 桥内晶闸管的控制，不论何种工况，电流 i_{11}、i_{12} 始终从左往右流经线路及各控制部分。潮流控制过程中，首先电容 C_1 与电感 L_{lim} 通过导通的开关管 VF_1、VF_2 进行能量交换。一段时间后，开关管 VF_1、VF_2 关断，开关管 VF_3、VF_4 导通，电容 C_2 与电感 L_{lim} 并联，二者进行能量交换。各电流方向如图 7-4 所示。为更直观地描述潮流控制原理及其过程，未对限流部分加以展示。线路电容电压、电流及电感电流、电压正方向已在图 7-4 中标示。

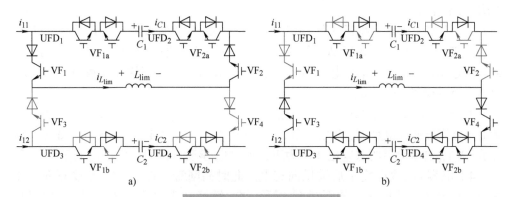

图 7-4 潮流控制原理示意图

a) VF_1、VF_2 导通 b) VF_3、VF_4 导通

令 VF_1、VF_2 的占空比为 D，VF_3、VF_4 与其互补导通，占空比为 $1-D$。假设电感的工作电流连续，由电感 L_{lim} 的伏秒平衡原理可以得到

$$\frac{U_{C_1}}{U_{C_2}} = -\frac{1-D}{D} \tag{7-1}$$

式中，U_{C_1}、U_{C_2} 为线路电容 C_1、C_2 的稳态电压。由于 $D \in (0, 1)$，U_{C_1}、U_{C_2} 必然异号。不考虑潮流控制器的损耗，认为其效率为 100%，可以得到

$$\frac{i_{11}}{i_{12}} = \frac{D}{1-D} \tag{7-2}$$

选取 i_{11}、i_{12} 中的一个作为受控量，采用 PI 闭环控制策略即可进行潮流控制。

3. 故障电流抑制原理与控制策略

当一条线路发生单极接地故障时，潮流控制部分立即闭锁，开关管 $VF_1 \sim VF_4$ 关断，电容 C_1、C_2 两端的电压控制相应线路晶闸管的通断以串入电感 L_{lim} 进行故障电流的抑制。假设故障前线路 1、2 的电流方向都为正，线路 1 发生单极接地故障。

此时分为两种工况。工况 1：故障发生在控制器右侧，换流站馈入电流的方向是从左到右，故障电流会迅速增大；工况 2：故障发生在控制器左侧，换流站馈入电流的方向是从右到左，线路电流先减小再反向增大。对于工况 1，当电容 C_1 电压为正时，故障限流的动作过程如下：

1）正常工作状态下，对两条线路进行潮流控制，快速机械开关 $UFD_1 \sim UFD_4$ 闭合，4 个辅助双向开关 VF_{1a}、VF_{2a}、VF_{1b}、VF_{2b} 导通，VT_1、VT_2、VT_5、VT_6 导通，$S_1 \sim S_4$ 闭合，晶闸管 $VT_{1a} \sim VT_{7a}$、$VT_{1b} \sim VT_{7b}$ 均关断，限流部分电流流通路径如图 7-5a 所示。

2）检测到故障发生后，闭锁潮流控制，关断开关管 $VF_1 \sim VF_4$ 和辅助开关 VF_{1a}、VF_{2a}，同时触发导通晶闸管 VT_{3a}、VT_{4a}。电流转移至晶闸管 VT_{3a}、VT_{4a} 支路，流过电容 C_{10} 与 C_{11} 的电流为零，如图 7-5b 所示，断开快速机械开关 UFD_1、UFD_2，断开双向开关 S_1、S_2。

3）机械开关达到额定开距后，给晶闸管 VT_{2a}、VT_{5a}、VT_{6a} 触发信号。VT_{2a} 承受正向电压导通，电容 C_{10} 开始放电，电流向 VT_{3a}、C_{10}、VT_{2a} 支路转移，如图 7-5c 所示。VT_{4a} 电流为零时，C_{10} 电压仍为正，则 VT_{4a} 承受一段时间的反向电压后关断。

4）电容 C_{10} 放电完毕后被反向充电。此时晶闸管 VT_{5a}、VT_{6a} 承受正向电压导通，电感 L_{lim} 被投入，如图 7-5d 所示。C_{10} 继续被充电直至电压达到最高值，流过 VT_{3a} 的电流降为零，故障电流完全转移至限流电感回路中，如图 7-5e 所示。工况 1 下各晶闸管的控制见表 7-1。

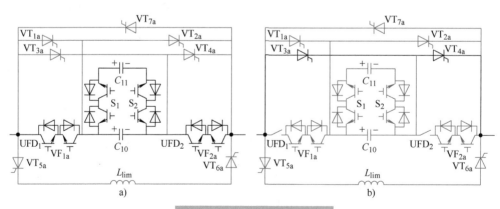

图 7-5　故障限流过程原理图

a）阶段 I　b）阶段 II

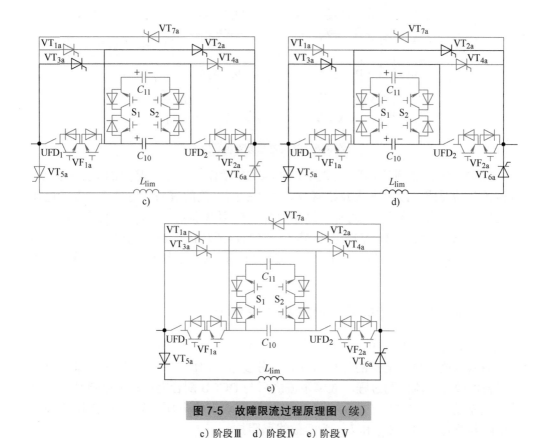

图 7-5 故障限流过程原理图（续）

c）阶段Ⅲ d）阶段Ⅳ e）阶段Ⅴ

表 7-1 故障限流开关状态表

$U_{C_{10}}$	先触发的晶闸管	后触发的晶闸管
+	VT_{3a}、VT_{4a}	VT_{2a}、VT_{5a}、VT_{6a}
−	VT_{1a}、VT_{2a}	VT_{4a}、VT_{5a}、VT_{6a}

对于工况 2，电容 C_{10} 电压为正时，在步骤 2）中检测到故障发生后，将晶闸管 VT_3、VT_4 导通以保证 i_1 从左至右流经限流部分。之后的步骤与工况 1 相同。

在故障限流之后，由线路上的 DCCB 对故障电流进行切断，此时若限流电感仍串联在电路中，会抑制故障电流的衰减，因此需要将电感 L_{lim} 旁路。以工况 1 中电容 C_{10} 承受正电压为例，说明电感旁路的原理。限流电感旁路时各电流流向如图 7-6 所示。

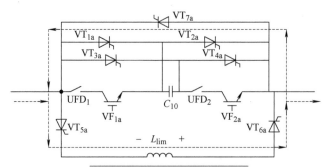

图 7-6　限流电感旁路示意图

保护系统检测到故障后，线路 1 的 DCCB 动作，转移支路中的 IGBT 关断，避雷器开始耗能，故障电流开始衰减。由于故障电流的衰减，电感 L_{lim} 上的电压会发生突变（由正变负）。此时，给晶闸管 VT_{7a} 触发信号，VT_{7a} 将承受正向电压导通，电感 L_{lim} 被旁路，VT_{7a} 与电感 L_{lim} 之间形成环流。流经电感 L_{lim} 的电流保持不变，为线路电流与流经 VT_{7a} 的电流之和，避雷器继续耗能，直至线路电流降为零，完成故障电流的清除。

7.2.2　潮流控制器的故障电流抑制过程分析

多端直流输电系统中，若某一条线路上发生了接地故障，其余换流站会向故障点馈入电流，故障电流的分析与计算十分复杂，因此在一个单端等效系统分析该设备的故障电流抑制过程。故障限流之后与 DCCB 配合完成故障电流切断。单端等效系统电路如图 7-7 所示，U_s 为换流站等效直流电压，R_s 和 L_s 为换流站等效电阻与桥臂电感，R_{line} 和 L_{line} 为等效线路阻抗。

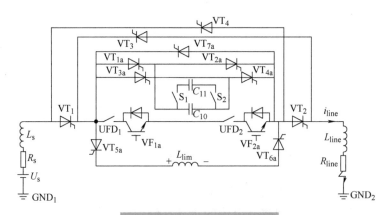

图 7-7　单端等效系统电路图

在故障之前将线路上的电容预充电至 U_0（电压方向为左正右负），来等效潮流控制过程中电容所带的电压。故障发生之前，开关管 VF_{1a}、VF_{2a} 导通，机械开关 UFD$_1$、UFD$_2$、S$_1$、S$_2$ 闭合，晶闸管 VT$_1$、VT$_2$ 导通，其余晶闸管均关断。各物理量的正方向如图 7-7 所示。假设在 t_0 时刻线路发生单极接地故障，限流各阶段时间点和动作过程见表 7-2。

表 7-2　故障限流过程

时刻	限流过程
t_0	发生单极接地故障
t_1	检测到故障，关断辅助开关 VF$_{1a}$、VF$_{2a}$，同时触发导通晶闸管 VT$_{3a}$、VT$_{4a}$，断开 UFD$_1$、UFD$_2$，断开 S$_1$、S$_2$
t_2	给 VT$_{2a}$、VT$_{5a}$、VT$_{6a}$ 导通信号，电容 C_{10} 接入线路
t_3	C_{10} 刚好放电完毕
t_4	电容电流为零，限流电感 L_{lim} 完全投入
t_5	DCCB 动作，给 VT$_{7a}$ 触发信号

（1）$t_0 \leqslant t < t_2$　设 I_0 为线路故障前的额定电流，t_0 时刻发生单极接地故障之后，线路电流迅速上升。忽略 t_1 时刻的电流转移过程和各开关管的通态损耗，在 t_2 时刻电容 C_{10} 接入线路之前，可以得到线路电流的大小为

$$i_{\text{line}} = I_0 + \left(\frac{U_s}{R_s + R_{\text{line}}} - I_0 \right) \left(1 - \mathrm{e}^{-\frac{t-t_0}{\tau_0}} \right) \qquad (7\text{-}3)$$

$$\tau_0 = \frac{L_s + L_{\text{line}}}{R_s + R_{\text{line}}} \qquad (7\text{-}4)$$

（2）$t_2 \leqslant t < t_3$　在 t_2 时刻给晶闸管 VT$_{2a}$、VT$_{5a}$、VT$_{6a}$ 持续导通信号，VT$_{2a}$ 承受正电压导通，使得 VT$_{4a}$ 承受电容 C_{10} 上的电压，两端电压由正压变成了负压，阳极电流迅速减小。同时，电容 C_{10} 开始放电，电流迅速从 VT$_{4a}$ 支路转移至 C_{10}、VT$_{2a}$ 支路，VT$_{4a}$ 的电流变为零。忽略电流转移过程，在 t_3 时刻电容 C_{10} 放电结束之前，可以得到

$$\begin{cases} U_s = (L_s + L_{\text{line}}) \dfrac{\mathrm{d}i_{\text{line}}}{\mathrm{d}t} + (R_s + R_{\text{line}}) i_{\text{line}} - u_{C_{10}} \\[2mm] i_{C_{10}} = C_{10} \dfrac{\mathrm{d}u_{C_{10}}}{\mathrm{d}t} \\[2mm] i_{\text{line}} = -i_{C_{10}} \end{cases} \qquad (7\text{-}5)$$

t_2 时刻电容电压为 U_0，由式（7-3）、式（7-4）可计算得到 $i_{line}(t_2)=I_1$，代入式（7-5）即可求得放电过程中电容电压及电流为

$$\begin{cases} u_{C_{10}} = \sqrt{c_1^2 + c_2^2}\, e^{\sigma(t-t_2)}\sin[\beta(t-t_2)+\delta_1] - U_s \\ i_{C_{10}} = -C_{10}\sqrt{(c_1^2+c_2^2)(\sigma^2+\beta^2)}\, e^{\sigma(t-t_2)}\sin[\beta(t-t_2)+\delta_2] \end{cases} \quad (7\text{-}6)$$

式中各参数为

$$\begin{cases} \sigma = -\dfrac{R_{line}+R_s}{2(L_{line}+L_s)} \\ \beta = \sqrt{\dfrac{1}{C_{10}(L_{line}+L_s)} - \dfrac{(R_{line}+R_s)^2}{4(L_{line}+L_s)^2}} \\ c_1 = U_0 + U_s \\ c_2 = -\dfrac{I_1}{C_{10}\beta} - \dfrac{\sigma c_1}{\beta} \\ \delta_1 = \arctan\dfrac{c_1}{c_2} \\ \delta_2 = \arctan\dfrac{\sigma c_1 + \beta c_2}{\sigma c_2 - \beta c_1} \end{cases}$$

（3）$t_3 \leq t < t_4$ t_3 时刻电容 C_{10} 刚好放电完毕，然后开始反向充电，晶闸管 VT_{5a}、VT_{6a} 承受正向电压导通，电感 L_{lim} 被接入线路中。此时，电感 L_{lim} 与电容 C_{10} 并联，线路电流等于流经电感 L_{lim} 与电容 C_{10} 的电流之和。忽略换流站等效电阻、线路电阻及各开关管通态损耗，在 t_4 时刻限流电感 L_{lim} 完全投入之前，可以得到电压和电流关系为

$$\begin{cases} U_s = (L_s + L_{line})\dfrac{di_{line}}{dt} - u_{C_{10}} \\ u_{C_{10}} = -L_{lim}\dfrac{di_{L_{lim}}}{dt} \\ i_{C_{10}} = C_{10}\dfrac{du_{C_{10}}}{dt} \\ i_{line} = i_{L_{lim}} - i_{C_{10}} \end{cases} \quad (7\text{-}7)$$

已知 $u_{C_{10}}(t_3) = i_{L_{lim}}(t_3) = 0$，由式（7-6）可以计算得到 $i_{C_{10}}(t_3) = I_2$。将上述数据代入式（7-7）可计算得到

$$
\begin{cases}
u_{C_{10}} = \sqrt{A^2 + E_2^2}\, \sin[\beta_1(t - t_3) - \delta_3] + A \\[2mm]
i_{C_{10}} = C_{10}\beta_1 \sqrt{A^2 + E_2^2}\, \sin[\beta_1(t - t_3) + \delta_4] \\[2mm]
i_{L_{\lim}} = \dfrac{1}{L_{\lim}\beta_1} \sqrt{A^2 + E_2^2}\, \sin[\beta_1(t - t_3) + \delta_4] - \dfrac{A}{L_{\lim}}(t - t_3) + \dfrac{E_2}{L_{\lim}\beta_1}
\end{cases} \tag{7-8}
$$

式中

$$
\begin{cases}
\beta_1 = \sqrt{\dfrac{L_s + L_{line} + L_{\lim}}{C_{10}(L_s + L_{line})L_{\lim}}} \\[4mm]
A = -\dfrac{U_s L_{\lim}}{L_s + L_{line} + L_{\lim}} \\[4mm]
E_2 = \dfrac{I_2}{C_{10}\beta_1} \\[4mm]
\delta_3 = \arctan \dfrac{A}{E_2} \\[4mm]
\delta_4 = \arctan\left(-\dfrac{E_2}{A}\right)
\end{cases}
$$

（4）$t_4 \leqslant t < t_5$　在 t_4 时刻电容 C_{10} 电压达到最大，流过电容支路的电流降为零，电流全部转移至电感 $L_{\lim}$ 所在支路，限流电感完全投入。忽略各开关管的通态损耗，由式（7-8）求得 $i_{line}(t_4) = I_3$，在 t_5 时刻 DCCB 动作之前可以得到线路电流大小为

$$
i_{line} = I_3 + \left(\frac{U_s}{R_s + R_{line}} - I_3\right)\left(1 - e^{-\frac{t - t_4}{\tau_1}}\right) \tag{7-9}
$$

$$
\tau_1 = \frac{L_s + L_{line} + L_{\lim}}{R_s + R_{line}} \tag{7-10}
$$

（5）$t_5 \leqslant t < t_5 + \Delta t$　t_5 时刻 DCCB 动作，触发晶闸管 VT_{7a}，限流电感旁路。忽略电感 $L_{\lim}$ 被旁路的过程，假设故障清除时间为 Δt。若避雷器中的电流突增，其两端电压也会突增，且该电压值在几千安的故障电流下几乎为一常数。因此将避雷器的耗能过程进行简化处理，避雷器两端的电压近似表示为 ku_{moAn}，其中 u_{moAn} 是避雷器的额定电压，k 是根据避雷器的 $I{-}U$ 特性计算的常数，以模拟故障清除阶段避雷器的电压。在 Δt 内，忽略换流站与线路等效电阻，由 KVL 得到电

149

压关系为

$$(L_s + L_{line})\frac{di_{line}}{dt} = -ku_{moAn} + U_s \qquad (7\text{-}11)$$

由式（7-9）、式（7-10）可以得到 $i_{line}(t_{5-}) = I_4$，代入式（7-11）可得

$$i_{line} = I_4 - \frac{ku_{moAn} - U_s}{L_s + L_{line}}t \qquad (7\text{-}12)$$

7.2.3　参数选取

1. 电容的选取

以线路 1 上的电容为例，电容的取值包括电容 C_{10}、C_{11} 的取值。由式（7-5）、式（7-7）可知，限流过程中线路电流的大小与接入的电容值有关。电容越大，充电速度越慢，线路电流越大。而在潮流控制的过程中，线路上的电容取值越大，潮流控制暂态过程的波动越小。为了同时满足潮流控制能够有较平稳的暂态过程与限流过程故障电流较小的需求，设计了电容 C_{10}、C_{11} 并联的结构形式。C_{10} 取值较小，C_{11} 取值较大。在潮流控制阶段，C_{10} 与 C_{11} 并联的大电容投入电路，在故障限流过程中投入小电容 C_{10}。

由 7.2.2 节可知，电容 C_{10} 的大小对许多问题有影响，主要关注两点：VT_{4a} 能否可靠关断、L_{lim} 投入所用时间。在式（7-5）、式（7-6）涉及的 C_{10} 放电过程中，需要保证 C_{10} 在 VT_{4a} 恢复对正向电压的阻断能力之前持续为 VT_{4a} 提供反压，保证 VT_{4a} 能够可靠关断。鉴于电容越小，放电所用时间越短，因此 C_{10} 取值不能过小。L_{lim} 投入所用时间为 $\Delta t = t_4 - t_3$，电容 C_{10} 的值越小，Δt 的值越小。为了使限流过程更快速，C_{10} 取值不能过大。

根据工程实际中系统电压等级和对限流效果的要求，在 $\pm500kV$ 系统中，初步取 L_{lim} 为 300mH。C_{10} 分别为 30μF、40μF、50μF、60μF、70μF，得到 C_{10} 不同容值的选取对故障线路电流的影响，如图 7-8 所示。随着电容 C_{10} 取值的增大，电容的充电速度减慢，线路电流的峰值增大。根据上述分析，取处于中间位置的电容值，即 C_{10}、C_{20} 为 50μF。

2. 电感的选取

电感 L_{lim} 在潮流控制阶段进行两条线路之间的能量交换，在故障限流阶段依靠自身完全投入以实现故障电流的抑制。取 C_{10} 为 50μF，L_{lim} 分别为 100mH、200mH、300mH、400mH、500mH，得到不同电感取值对故障电流抑制能力的影响，结果如图 7-9 所示。

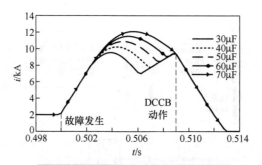

图 7-8　不同 C_{10} 值的故障线路电流

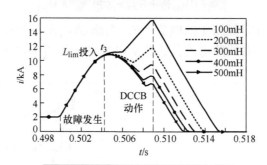

图 7-9　不同 L_{lim} 值的故障线路电流

电感 L_{lim} 取值越大，完全投入之后对于故障电流的抑制作用越好，且 DCCB 动作后切断故障电流所用的时间越短。但 t_3 时刻电感接入线路时的电流值与电感大小无关。电感值小于 300mH 时，电感投入对故障电流的抑制作用较小，DCCB 动作时故障电流值较大。电感值超过 300mH 后，电感值增大，但故障清除时间的缩小幅度开始减小，且限流过程的电流峰值为 t_3 时刻电感接入线路时的电流值，不再因为电感值的增大而减小。综合上述分析，在 500kV 系统中，选取限流电感 L_{lim} 为 300mH。

7.2.4　模型验证

1. 潮流控制仿真验证

在 PSCAD 4.5.1 中搭建四端柔性直流电网模型并进行仿真验证。系统拓扑如图 7-10 所示，4 个换流站均为使用半桥子模块的 MMC 结构。

图 7-10 中已对各线路稳定运行时的电流方向进行标示，各换流站的功率为正表示换流站输出有功功率，为负表示吸收有功功率。在各线路上安装 DCCB 在发生故障时进行故障清除，安装位置如图 7-10 所示。所提出的具有故障限流能力的复合型直流潮流控制器参数为：$L_{\text{lim}}=300\text{mH}$，$C_{10}=C_{20}=50\mu\text{F}$，$C_{11}=C_{21}=650\mu\text{F}$。

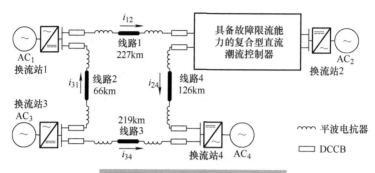

图 7-10 四端柔性直流电网示意图

已知在正常运行时线路 1 的电流为 $i_{12}=1.86\mathrm{kA}$。在 $t=2.0\mathrm{s}$ 时控制线路 1 电流上升至 2.40kA，得到各线路电流及线路上电容电压如图 7-11 所示。

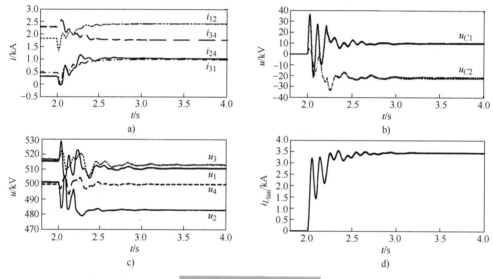

图 7-11 潮流控制波形图

a）线路电流 b）电容电压 c）换流站电压 d）电感电流

由图 7-11 可知，受控线路电流 i_{12} 在经过约 0.7s 波动后较为平稳地达到新的额定值，其余各线路电流随之变化，同样经波动后达到新的稳定值。线路 1、2 上的电容电压经历约 1s 的波动后到达了稳定值，暂态期间的波动较小，稳态时线路上的电容电压基本保持稳定，二者一正一负，与 7.2.1 中的理论分析相符。换流站电压暂态过程波动较小，波动量不超过稳态后电压的 3%。电感电流在进行潮流控制后迅速上升，小幅度波动后到达稳态值。仿真结果表明，该具有故障限流能力的直流潮流控制器在正常运行时，具有良好的潮流控制能力。

2. 故障电流抑制与断路仿真验证

在 $t=5.0s$ 时，线路 2 上发生单极接地故障，各线路电流仿真结果如图 7-12a 所示，主要包含故障检测、故障限流、故障断路 3 个阶段。线路电流在故障发生后迅速增大并触发保护启动。在检测到故障之后，迅速闭锁潮流控制功能，并将线路上的辅助开关关断，触发晶闸管 VT_{1b}、VT_{2b} 导通，将线路电流转移至晶闸管支路，同时关断 S_3、S_4。再给晶闸管 VT_{4b}、VT_{5b}、VT_{6b} 导通信号，电容 C_{20} 接入线路开始放电。C_{20} 放电完毕时限流电感 L_{lim} 接入线路，C_{20} 反向充电。C_{20} 电压充至最大值时电感 L_{lim} 完全投入，然后 DCCB 动作，触发 VT_{7b} 导通将电感 L_{lim} 旁路，避雷器消耗故障电流直至将其清除。由图 7-12a 可知，所提出的控制器的限流部分与 DCCB 配合，可将故障电流峰值限制在 7kA 以内，且在 13ms 内完成故障电流限制与清除，具备良好的故障限流能力。

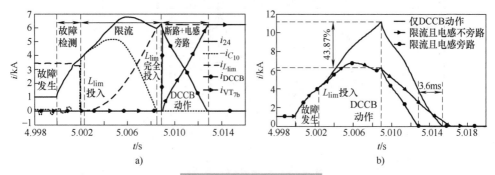

图 7-12　故障限流仿真图

a）限流过程各电流　b）故障限流效果对比

图 7-12b 比较了 3 种情况下的线路电流，分别为故障发生后不进行故障限流仅 DCCB 动作、故障发生后进行故障限流但 DCCB 动作后限流电感不旁路、故障发生后进行故障限流且 DCCB 动作后将限流电感旁路。由图 7-12b 可知，在四端直流电网中，相比无故障限流环节限流电感 L_{lim} 的投入使得线路电流在 DCCB 动作时下降了 43.87%。DCCB 动作后电感 L_{lim} 的旁路会加速故障电流的消耗，可缩短故障清除时间约 3.6ms。

7.3　具备故障限流及断路功能的复合型直流潮流控制器

7.2 节提出的具备故障限流功能的复合型直流潮流控制器需要与 DCCB 配合完成故障线路的切除。本节提出了一种具备故障限流及断路功能的复合型直流潮流控制器，其拓扑同样采用线路上电容由一大一小两个电容并联的结构[4]。通过对 IGBT 的控制投入电感进行故障限流，利用潮流控制的电容电压控制晶闸管通断完成故障线路的切除[5]。

7.3.1 潮流控制器拓扑及控制策略

1. 复合型直流潮流控制器拓扑

本节提出的具备故障限流及断路功能的复合型直流潮控制器，拓扑如图 7-13 所示。它主要由具有限流功能的潮流控制器部分和直流断路部分组成。

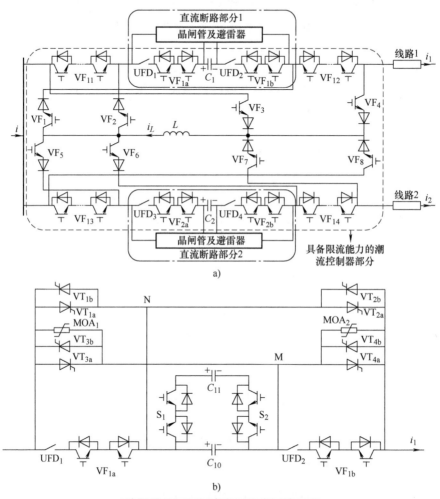

图 7-13 复合型直流潮流控制器拓扑

a）整体结构　b）直流断路部分

具有限流功能的潮流控制器部分包括 2 条线路上的串联等效电容（C_1、C_2），1 个电感器（L），8 个 IGBT（$VF_1 \sim VF_8$）及其串联的二极管、4 组串联的 IGBT 及其反并联二极管（$VF_{11} \sim VF_{14}$）。以直流断路部分 1 为例，它包含 2 个电容器（C_{10}、C_{11}）、2 个双向开关（S_1、S_2）、2 组辅助开关（VF_{1a}、VF_{1b}）及其反并联二极管、

2 个快速机械开关（UFD_1、UFD_2）、4 组反并联晶闸管（$VT_{1a}/VT_{1b} \sim VT_{4a}/VT_{4b}$）和 2 个避雷器（$MOA_1$、$MOA_2$）。图 7-13a 中的电容 C_1 是图 7-13b 中 C_{10}、C_{11} 并联后的等效电容。

在正常工作状态下，2 条线路上的快速机械开关 $UFD_1 \sim UFD_4$ 闭合，4 组辅助开关 VF_{1a}、VF_{1b}、VF_{2a}、VF_{2b} 导通，8 组反并联的晶闸管 $VT_{1a}/VT_{1b} \sim VT_{8a}/VT_{8b}$ 关断，4 组串联的开关管 $VF_{11} \sim VF_{14}$ 导通，$S_1 \sim S_4$ 闭合。故障限流与直流断路功能闭锁，潮流控制部分工作。当某条线路上发生接地故障时，闭锁潮流控制功能，根据故障线路及其电流方向，通过控制 4 组开关管 $VF_{11} \sim VF_{14}$ 及 8 个开关管 $VF_1 \sim VF_8$ 的导通与关断，将电感 L 串联进故障线路进行限流。故障线路上对应的直流断路部分投入工作，切除故障支路。

2. 潮流控制原理与控制策略

正常工作状态下，该装置的故障电流抑制和故障线路切除功能闭锁，潮流控制部分投入工作。控制 8 个开关管 $VF_1 \sim VF_8$ 的导通及关断，实现电感 L 与电容 C_1、C_2 之间的能量交换，进行线路潮流控制。

规定当电流方向为负时，其绝对值增大表示电流增大。当 i_1、i_2 同为正方向或同为负方向时，调节 i_1 增大，则 i_2 必然减小，反之亦然。文献［6］详述了 i_1、i_2 同方向时的运行原理，本节不再赘述。当 i_1、i_2 方向为一正一负时，调节 i_1 增大时，i_2 也增大；调节 i_1 减小时，i_2 也减小。根据装置的对称性，以 i_1 为正方向、i_2 为负方向，增大 i_1 为例进行说明。此时，i_1 的计算式为

$$i_1 = i + |i_2| \tag{7-13}$$

假定换流站输出电流 i 为定值，则 $|i_2|$ 增大时，i_1 随之增大，即线路 2 中电容 C_2 电压极性为左正右负。如果 8 个开关管全部关断，C_2 会持续向线路 2 放电，为了维持电容能量稳定，需要控制开关管进行能量转移。沿用文献［6］中的控制规律，在 i_1 为正方向、i_2 为负方向时，控制导通的开关管为 VF_1、VF_3、VF_5、VF_7。设 VF_1、VF_3 的占空比为 D，VF_5、VF_7 与其互补导通，占空比为 $1-D$。假设电感工作电流连续，根据伏秒特性可以推导出

$$\frac{u_{C_1}}{u_{C_2}} = \frac{1-D}{D} \tag{7-14}$$

式中，u_{C_1}、u_{C_2} 为电容 C_1、C_2 稳态时的电压。由式（7-14）可知，线路 1 中电容 C_1 电压极性也是左正右负。

根据电容电压极性及能量转移路径，首先导通开关管 VF_1、VF_3，使 C_1 与 L 并联，C_1 向 L 充电，L 的电流逐渐增大，电流方向为从右向左，如图 7-14a 所示。一段时间后，断开开关管 VF_1、VF_3，导通开关管 VF_5、VF_7，则 C_2 与 L 并联，L

向 C_2 充电，L 的电流逐渐减小，电流方向仍为从右向左，如图 7-14b 所示。

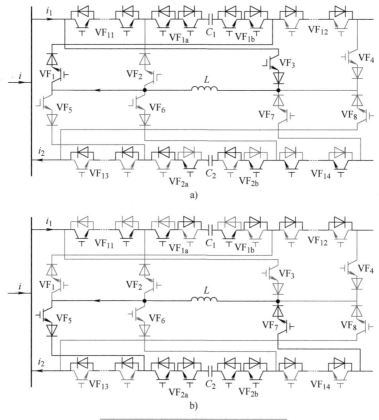

图 7-14　电流互反运行原理示意图

a）L 和 C_1 并联　b）L 和 C_2 并联

在一个开关周期内进行一次上述过程。选取较高的开关频率，不断重复上述过程。进行潮流控制时的等效电路如图 7-15 所示，相当于在 2 条线路上各串联 1 个电压源，2 个电压源之间进行功率交换。在稳态时，2 个电压源的电压稳定，关系如式（7-14）所示，通过改变线路上的电压，控制线路的潮流。

在系统的正常工作状态下，根据线间直流潮流控制器的基本控制原理，在不同的工况和控制要求下对潮流进行控制，各种工况下开关管的通断特性及被控器件见表 7-3。表中，↑表示电流的绝对值增大，↓表示电流的绝对值减小。

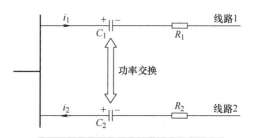

图 7-15　潮流控制时的等效电路图

表 7-3　潮流控制开关状态表

电流方向		控制需求	导通开关	u_{C_1}	u_{C_2}
i_1	i_2	i_1/i_2			
+	+	↑ / ↓	VF$_1$、VF$_3$、VF$_6$、VF$_8$	−	+
		↓ / ↑	VF$_1$、VF$_3$、VF$_6$、VF$_8$	+	−
+	−	↑ / ↑	VF$_1$、VF$_3$、VF$_5$、VF$_7$	+	+
		↓ / ↓	VF$_1$、VF$_3$、VF$_5$、VF$_7$	−	−
−	−	↑ / ↓	VF$_2$、VF$_4$、VF$_5$、VF$_7$	+	−
		↓ / ↑	VF$_2$、VF$_4$、VF$_5$、VF$_7$	−	+
−	+	↑ / ↑	VF$_2$、VF$_4$、VF$_6$、VF$_8$	−	−
		↓ / ↓	VF$_2$、VF$_4$、VF$_6$、VF$_8$	+	+

3. 故障电流抑制与线路切除原理

（1）故障电流抑制　当某一条线路发生短路故障时，闭锁该装置的潮流控制部分，投入其短路电流抑制部分。当检测到故障发生之后，关断开关管 VF$_1$ ~ VF$_8$，根据故障线路和其电流方向控制 4 组开关管 VF$_{11}$ ~ VF$_{14}$ 和 VF$_1$ ~ VF$_8$ 的导通与关断，将电感 L 串联进故障线路中，限制故障电流的上升速度及峰值。

以 i_1 为正方向、i_2 为负方向，线路 1 发生接地故障为例。检测到故障发生后，给开关管 VF$_1$、VF$_3$、VF$_5$、VF$_7$ 发送关断信号，将潮流控制功能闭锁。关断串联的 IGBT 开关组 VF$_{11}$，并导通开关管 VF$_2$、VF$_3$，将电感 L 串联进故障线路 1 进行限流。故障电流上升期间，各电流方向如图 7-16 中实线所示。故障电流达到峰值后开始减小，电感 L 电压变为左正右负，故障电流流经 VF$_{11}$ 上的反并联二极管形成回路，如图 7-16 中虚线所示，电感 L 被短路。线路 1 发生故障时，各换流站会向故障点馈入电流，各线路上的电流也会增大。故障限流期间，电流 i_2 流经电容 C_2，给电容充电，可在一定程度上消耗电流 i_2，同时减少馈入线路 1 故障点的电流。

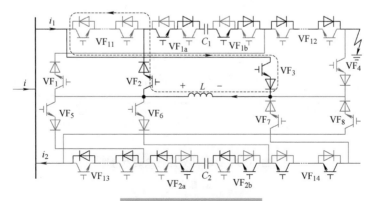

图 7-16　故障限流示意图

（2）故障线路切除　线路 1 上实现故障线路切除的直流断路部分结构如图 7-13 所示。以换流站输出电流为正，线路 1 上发生故障为例进行分析，此时分为两种工况。工况 1：i_1 方向为正，即故障线路电流方向与反馈电流方向相同，故障发生后，电流方向仍为正且迅速增大，不会出现反向。工况 2：i_1 方向为负，即故障线路电流方向与反馈电流方向相反，故障发生后，电流先迅速减小至零，再反向增大。

断路部分的动作在两种工况下略有不同，而在两种工况下，又因对电流调节的要求不同，分为 $u_{C_{10}}$ 为正和负两种。

对于工况 1，以 $u_{C_{10}}$ 为正为例，动作过程如下：

1）系统正常工作时，按照要求进行潮流控制，快速机械开关 UFD$_1$、UFD$_2$ 闭合，双向开关 VF$_{1a}$、VF$_{1b}$ 导通，电流流通路径如图 7-17a 所示。

2）检测到故障发生之后关断辅助开关 VF$_{1a}$、VF$_{1b}$，同时触发导通晶闸管 VT$_{1a}$、VT$_{2a}$。电流转移至晶闸管 VT$_{1a}$、VT$_{2a}$ 支路，流过电容 C_{10} 的电流为零，断开快速机械开关 UFD$_1$、UFD$_2$ 与双向开关 S$_1$、S$_2$，电流流通路径如图 7-17b 所示。

3）待 UFD$_1$、UFD$_2$ 达到额定开距后，给 VT$_{3a}$ 导通信号，则 VT$_{3a}$ 因承受正电压而导通。C_{10} 开始放电，电流迅速由 VT$_{1a}$ 支路向 VT$_{3a}$ 支路转移。当 VT$_{1a}$ 电流为零时，C_{10} 没有放电完毕，VT$_{1a}$ 承受 C_{10} 提供的一段时间反电压后自动关断。

4）C_{10} 上电压降为零后，继续被反向充电，电容电压不断升高，如图 7-17c 所示。当电容电压到达一定值，触发避雷器 MOA$_2$ 导通，如图 7-17d 所示，能量经过 MOA$_2$ 进行消耗吸收，完成故障线路的切除。

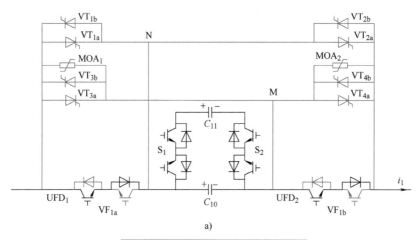

图 7-17　断路部分运行原理示意图

a）阶段 I

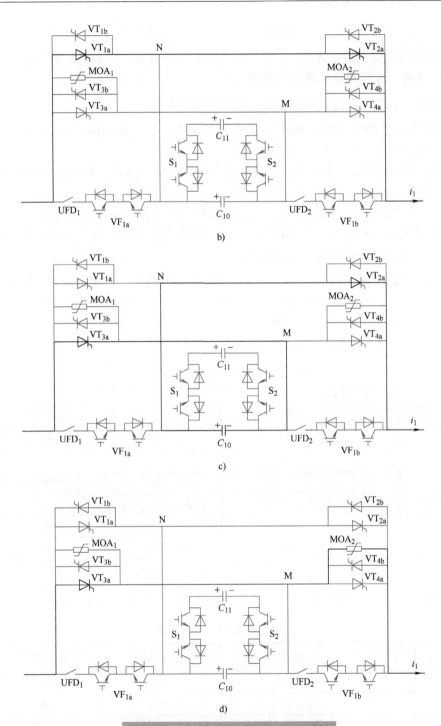

图 7-17　断路部分运行原理示意图（续）

b）阶段 Ⅱ　c）阶段 Ⅲ　d）阶段 Ⅳ

若 u_{C_1} 为负，则 3）中给 VT_{3a} 导通信号改为给 VT_{4a} 导通信号，VT_{2a} 将承受一段时间的反压后自动关断。4）中电容电压升高到一定的值后将触发避雷器 MOA_1 导通，进行能量的消耗与吸收。

对于工况 2，以 u_{C_1} 为正为例，动作过程如下：

1）系统正常工作时，按照要求进行潮流控制，快速机械开关 UFD_1、UFD_2 闭合，双向开关 VF_{1a}、VF_{1b} 导通。

2）检测到故障发生后关断辅助开关 VF_{1a}、VF_{1b}，同时触发导通晶闸管 VT_{1a}、VT_{2a}、VT_{1b}、VT_{2b}，电流迅速转移至 VT_{1b}、VT_{2b} 支路。

3）当线路电流先降到零后，线路电流将反向增加，电流将由 VT_{1b}、VT_{2b} 支路转移到 VT_{1a}、VT_{2a} 中，待 UFD_1、UFD_2 达到额定开距后，给 VT_{3a} 导通信号。

4. 故障电流抑制与断路控制策略

（1）不同工况下的开关状态　当某线路发生故障时，需要闭锁复合装置的潮流控制部分，进行限流与断路控制。以图 7-13b 所示直流断路部分为例，在不同的工况下发生故障时，投入故障电流抑制功能的各开关状态见表 7-4。在本节 3 中的故障工况下，断路控制开关状态见表 7-5。

表 7-4　故障电流抑制开关状态表

电流方向		故障线路	导通开关	关断开关组
i_1	i_2			
+	+	线路 1	VF_2、VF_3	VF_{11}
		线路 2	VF_5、VF_8	VF_{13}
+	−	线路 1	VF_2、VF_3	VF_{11}
		线路 2	VF_6、VF_7	VF_{14}
−	−	线路 1	VF_1、VF_4	VF_{12}
		线路 2	VF_6、VF_7	VF_{14}
−	+	线路 1	VF_1、VF_4	VF_{12}
		线路 2	VF_5、VF_8	VF_{13}

表 7-5　断路控制开关状态表

i_1 方向	u_{C_1}	先触发的晶闸管	后触发的晶闸管	触发的避雷器
+	+	VT_{1a}、VT_{2a}	VT_{3a}	MOA_2
	−	VT_{1a}、VT_{2a}	VT_{4a}	MOA_1
−	+	VT_{1a}、VT_{2a}、VT_{1b}、VT_{2b}	VT_{3a}	MOA_2
	−	VT_{1a}、VT_{2a}、VT_{1b}、VT_{2b}	VT_{4a}	MOA_1

（2）开关操作流程 以换流站输出电流为正，i_1方向为正，i_2方向为负，线路 1 发生单极接地故障为例，设备进行故障电流抑制和断路控制的流程如图 7-18 所示。

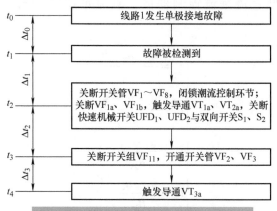

图 7-18 故障电流抑制和断路控制的流程

故障电流抑制需要在判断故障电流方向后，决定需要动作的开关器件，而在故障切除环节的工况二下会出现故障电流方向的改变。为了限流功能的正常实现，将故障限流控制与短路控制过程相结合，步骤如下：

1）t_0 时刻线路发生单极接地故障，经过Δt_0 后，在 t_1 时刻检测到了故障，触发设备在故障状态下进行故障电流抑制和断路控制。

2）经过Δt_1 的延时，在 t_2 时刻关断开关管 $VF_1 \sim VF_8$，闭锁设备的潮流控制功能。关断辅助开关管 VF_{1a}、VF_{1b}，同时触发导通晶闸管 VT_{1a}、VT_{2a}，将故障电流转移至 VT_{1a}、VT_{2a} 支路。电容 C_{10} 所在支路流过的电流为 0，在零电流状态下关断快速机械开关 UFD_1、UFD_2 与双向开关 S_1、S_2。

3）经过Δt_2 的延时，保障此时故障电流方向不会改变，在 t_3 时刻关断开关组 VF_{11}，并导通开关管 VF_2、VF_3，将电感 L 串联进线路 1 中，限制故障电流的上升。

4）经过Δt_3 的延时，快速机械开关 UFD_1、UFD_2 已达到额定开距，在 t_4 时刻触发导通晶闸管 VT_{3a}，使得电流迅速由 VT_{1a} 支路向 VT_{3a} 支路转移，晶闸管 VT_{1a} 承受反向电压而关断。然后，电容 C_{10} 被反向充电，最终触发避雷器 MOA_2 导通。故障电流消耗在由避雷器组成的吸收回路中，此时将故障线路从直流系统中切除出去，非故障部分可恢复正常运行。

7.3.2 潮流控制器动作过程的理论分析

1. 潮流控制的理论分析

以图 7-10 所示的四端直流电网为例，对所提的复合型设备的潮流控制部分进行理论分析。换流站 1、换流站 3、换流站 4 均为定功率运行，换流站 2 为定直流电压运行。复合型潮流控制器安装在换流站 1 的出口侧，连接着线路 1 和线路 2，即电容 C_1 串联进线路 1 中，电容 C_2 串联进线路 2 中。

加装该复合型直流潮流控制器后，直流系统的潮流方程如式（7-15）、式（7-16）所示：

$$\begin{cases} i_{12} = \dfrac{u_1 - u_2 - u_{C_1}}{R_{12}} \\[2mm] i_{13} = \dfrac{u_1 - u_3 - u_{C_2}}{R_{13}} \\[2mm] i_{24} = \dfrac{u_2 - u_4}{R_{24}} \\[2mm] i_{34} = \dfrac{u_3 - u_4}{R_{34}} \\[2mm] u_{C_1} i_{12} = -u_{C_2} i_{13} \end{cases} \tag{7-15}$$

$$\begin{cases} P_1 = u_1(i_{12} + i_{13}) \\ P_3 = u_3(i_{34} - i_{13}) \\ P_4 = u_4(-i_{24} - i_{34}) \end{cases} \tag{7-16}$$

式中，u_1、u_2、u_3、u_4 为换流站 1、2、3、4 的直流侧电压；P_1、P_3、P_4 为换流站 1、3、4 向直流侧输出的有功功率；R_{12}、R_{13}、R_{34}、R_{24} 为线路 1、2、3、4 的线路电阻；i_{12}、i_{13}、i_{34}、i_{24} 为线路 1、2、3、4 的电流。当 i_{12}、i_{13} 为一正一负时，由式（7-14）、式（7-15）可知

$$\left| \frac{i_{12}}{i_{13}} \right| = \frac{D}{1-D} \tag{7-17}$$

2. 故障电流抑制与断路控制的理论分析

为了方便分析与计算，选用单端等效系统对所提拓扑的限流及断路部分进行分析，如图 7-19 所示。图中，U_{dc} 为换流站的等效直流电压；R_s 为换流站等效电阻；L_{dc} 为平波电感；R_1、L_1 分别为线路的等效电阻与电感。

在单端等效系统中无法进行潮流控制，因此在故障发生前，将电容 C_{10} 预充电至 $u_{C_{10}} = u_0$，来等效潮流控制的结果。发生故障前，开关管 VF_{11}、VF_{1b} 均导通，快速机械开关 UFD_1 闭合，开关管 VF_2、VF_3 及各晶闸管均关断。故障限流与断路过程各时间点见表 7-6，下文将分时间段对各个过程进行详细分析。

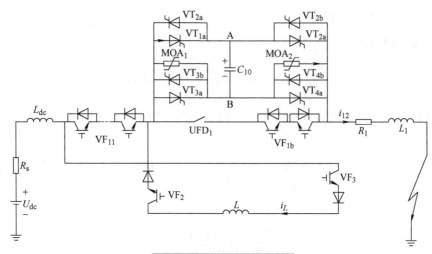

图 7-19　单端等效电路图

表 7-6　故障限流与断路过程各时间点

符号	发生事件
t_0'	线路发生单极接地故障
t_1'	故障被检测到
t_2'	关断 VF_{1b}、UFD_1，触发导通 VT_{1a}、VT_{2a}
t_3'	限流电抗投入
t_4'	触发导通 VT_{3a}
t_5'	故障电流到达峰值
t_6'	避雷器动作

（1）$t_0' \leqslant t \leqslant t_3'$　t_0' 时刻发生单极接地故障，线路电流迅速上升。在 t_2' 时刻各器件动作，线路电流由 VF_{1b}、UFD_1 支路转移至晶闸管 VT_{1a}、VT_{2a} 支路。

（2）$t_3' \leqslant t \leqslant t_4'$　在 t_3' 时刻，将限流电感 L 串入线路中，可得投入瞬间的磁链为

$$\begin{cases} \psi(t_{3-}') = (L_{dc} + L_1)i_{12}(t_{3-}') \\ \psi(t_{3+}') = (L_{dc} + L_1 + L)i_{12}(t_{3+}') \end{cases} \tag{7-18}$$

由磁链守恒定律，可以得到

$$i_{12}(t_{3+}') = \frac{L_{dc} + L_1}{L_{dc} + L_1 + L} i_{12}(t_{3-}') \tag{7-19}$$

在投入限流电抗的瞬间，线路电流 i_{12} 会发生突变。在 t'_{3+} 后，L 完全投入线路中，由 KVL 可得

$$u_{dc} = (L_{dc} + L_1 + L)\frac{di_{12}}{dt} + (R_s + R_1)i_{12} \qquad (7\text{-}20)$$

将初值 $i_{12}(t'_{3+})$ 代入式（7-20），可以解得 i_{12} 为

$$i_{12} = [I_1 - i_{12}(t'_{3+})]\left(1 - e^{-\frac{t-t'_{3+}}{\tau_1}}\right) + i_{12}(t'_{3+}) \qquad (7\text{-}21)$$

式中

$$\tau_1 = \frac{L_{dc} + L_1 + L}{R_s + R_1} \qquad (7\text{-}22)$$

$$I_1 = \frac{u_{dc}}{R_1 + R_s} \qquad (7\text{-}23)$$

（3） $t'_4 \leqslant t \leqslant t'_6$ $\quad t'_4$ 时刻触发导通晶闸管 VT_{3a}，VT_{3a} 导通后电容 C_{10} 上的电压加到 VT_{1a} 两端，使其承受反向电压后关断，同时电容 C_{10} 开始放电。C_{10} 放电完毕后被反向充电，直至 t'_6 避雷器被触发动作。忽略晶闸管的通态电压降，$t'_4 \sim t'_5$ 期间由 KCL 及 KVL 可得

$$\begin{cases} u_{dc} = (L_{dc} + L_1 + L)\dfrac{di_{12}}{dt} + (R_s + R_1)i_{12} - u_{C_{10}} \\ i_{12} = -i_{C_{10}} \\ i_{C_{10}} = C_{10}\dfrac{du_{C_{10}}}{dt} \end{cases} \qquad (7\text{-}24)$$

令 $i_{C_{10}}$ 的正方向与 $u_{C_{10}}$ 为关联参考方向。初始条件为 $u_{C_{10}}(t'_4) = u_0$，$i_{12}(t'_4)$ 可由式（7-21）求得，将 $u_{C_{10}}(t'_4)$ 与 $i_{12}(t'_4)$ 的值代入式（7-24），可解得

$$\begin{cases} u_{C_{10}} = \sqrt{d_1^2 + d_2^2}\, e^{\partial(t-t'_4)} \sin[\omega(t-t'_4) + \theta_1] - u_{dc} \\ i_{12} = C_{10}\sqrt{(\partial^2 + \omega^2)(d_1^2 + d_2^2)}\, e^{\partial(t-t'_4)} \sin[\omega(t-t'_4) + \theta_2] \end{cases} \qquad (7\text{-}25)$$

其中

$$\partial = \frac{R_s + R_1}{2(L_{dc} + L_1 + L)} \qquad (7\text{-}26)$$

$$\omega = \sqrt{\frac{1}{(L_{dc} + L_1 + L)C_{10}} - \frac{(R_s + R_1)^2}{4(L_{dc} + L_1 + L)^2}} \qquad (7\text{-}27)$$

$$\begin{cases} d_1 = u_0 + u_{dc} \\ d_2 = -\dfrac{i_{12}(t_4') + \partial C_{10} d_1}{C_{10}\omega} \end{cases} \qquad (7\text{-}28)$$

$$\begin{cases} \tan\theta_1 = d_1 / d_2 \\ \tan\theta_2 = \dfrac{\partial d_1 + \omega d_2}{\partial d_2 - \omega d_1} \end{cases} \qquad (7\text{-}29)$$

$t_5' \sim t_6'$ 期间，接入线路中的电感值由 $L_{dc}+L_1+L$ 变为 $L_{dc}+L_1$。将式（7-24）～式（7-29）中的 $L_{dc}+L_1+L$ 替换为 $L_{dc}+L_1$，即可得到 $t_5' \sim t_6'$ 期间电容电压及故障线路电流。

（4）$t_6' \leqslant t \leqslant t_6' + \Delta t$　t_6' 时刻避雷器动作，故障清除时间为 Δt。将避雷器的耗能过程进行简化处理，避雷器两端的电压近似表示为 ku_{moAn}。忽略换流站与线路等效电阻，由 KVL 得到电压关系为

$$(L_{dc} + L_1)\frac{di_{12}}{dt} = -ku_{moAn} + u_{dc} \qquad (7\text{-}30)$$

将 $i_{12}(t_6')$ 代入式（7-30）可得故障清除期间电流的表达式为

$$i_{12} = i_{12}(t_6') - \frac{ku_{moAn} - u_{dc}}{L_{dc} + L_1}t \qquad (7\text{-}31)$$

3. 参数选取

具备故障限流及断路功能的复合型直流潮流控制器线路上的电容采取一个大电容与一个小电容并联的结构，原理与 7.2.3 节相同。初步取 L 为 300mH，得到 C_{10} 不同的选取对故障线路电流的影响，结果如图 7-20a 所示。综合考虑潮流控制时的暂态波动、双向开关（$S_1 \sim S_4$）的电流承受能力及故障清除时间，选取 C_{10} 为 50μF，C_{20} 为 750μF。

电感在潮流控制阶段进行两条线路之间的能量交换，在故障限流阶段依靠自身完全投入以实现故障电流的抑制。取 C_{10} 为 50μF，得到不同电感取值对电流抑制能力的影响，结果如图 7-20b 所示。随着电感值的增大，电感投入之后的线路电流峰值逐渐减小，故障清除所用时间减小，且电感增大到 300mH 后，随着电感值的增大，故障清除时间几乎不再减小。因此，选取电感 L 的值为 300mH。

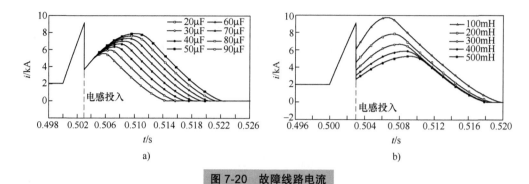

图 7-20   故障线路电流

a）不同 C_{10} 值的故障线路电流   b）不同 L 值的故障线路电流

7.3.3   模型验证

在 PSCAD 4.5.1 中搭建如图 7-10 所示的四端直流电网，线路参数见表 7-3。

1. 潮流控制仿真

在 t=2.0s 前，系统处于正常工作状态，不进行潮流控制。t=2.0s，复合型装置的潮流控制部分控制电流 i_{12}=2.40kA，仿真结果如图 7-21 所示。

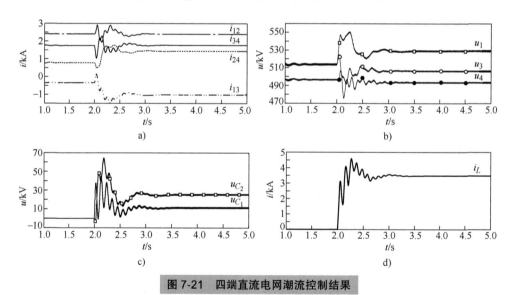

图 7-21   四端直流电网潮流控制结果

a）线路电流   b）换流站电压   c）电容电压   d）电感电流

潮流控制部分投入后，各电压、电流均发生突变，经过约 1.0s 波动后稳定在新的状态。电流 i_{12} 可在 1.0s 内达到目标值，暂态过程较为平滑。换流站电压暂态过程波动较小，波动量不超过稳态后电压的 3%。由于电容值选取较小，暂态过程电容电压波动较大，但对系统整体运行影响较小。稳态电容电压 u_{C_1} 和 u_{C_2} 基本保持恒定，随着充放电过程会有周期性小幅度波动，相对于系统电压而言，产生的影响基本可以忽略。

将仿真所得的结果与理论值进行对比，见表 7-7，二者误差不超过 3%。电容电压在测量时取平均值，因此误差较大。结果表明，该复合型设备在进行稳态潮流控制时能迅速、稳定工作，具备良好的潮流控制功能。

表 7-7　潮流控制仿真值与理论值对比

对象	理论值	测量值	误差（%）
u_1/kV	529.288	529.676	0.073
u_3/kV	506.973	506.768	−0.040
u_4/kV	493.745	493.750	0.001
i_{12}/kA	2.400	2.393	−0.292
i_{13}/kA	−1.032	−1.027	−0.484
i_{24}/kA	1.447	1.441	−0.415
i_{34}/kA	1.761	1.772	0.625
u_{C_1}/kV	10.601	10.917	2.981
u_{C_2}/kV	24.651	24.944	1.189

2. 故障电流抑制与断路仿真

t=5.50s 时，线路 1 发生单极接地故障，假设保护系统耗时 1ms 检测到故障，并发出信号，仿真结果如图 7-22 所示。

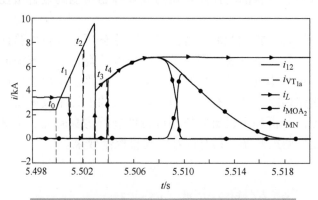

图 7-22　四端电网中故障限流与断路过程电流波形

由图 7-22 可知，检测到故障后在 t_1 时刻将潮流控制功能闭锁，8 个 IGBT（$\text{VF}_1 \sim \text{VF}_8$）断开，电感 L 上流过的电流变为零。t_3 时刻将电感 L 投入故障线路进行限流，故障电流迅速下降并转移至电感 L 所在的回路。t_4 时刻电容 C_{10} 接入故障线路，电容与电感串联，电容被充电直至避雷器 MOA_2 动作，故障电流可在 18ms 内被清除。

为了验证故障限流的效果，在都进行故障清除的前提下，对是否进行故障电流限制的两种情况进行了仿真，得到结果如图 7-23 所示。

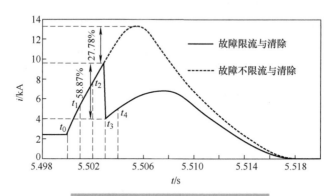

图 7-23 四端电网故障限流效果验证

投入电感 L 进行故障限流的瞬间，故障电流立即降低了 58.87%。在故障限流与断路过程中，投入限流电感 L 后故障电流的峰值降低了 27.78%。仿真证明，所提出的复合型直流潮流控制器具有良好的故障电流限制和清除能力。

7.4 本章小结

本章围绕多端直流电网的潮流控制与故障限流的复合研究展开，提出了两种用于多端直流电网的具备潮流控制与短路故障抑制功能的复合型控制器及其控制策略。

针对其工作原理、控制策略、各阶段的理论分析、可行性验证及参数设计进行了研究，提出了两种具备故障限流及断路功能的复合型直流潮流控制器，可在线路正常运行时对线路进行潮流控制，在某一条线路发生单极接地故障时进行故障限流与故障线路切除，从而有效限制故障电流的上升率及峰值。通过四端直流电网对相关的理论分析和所提出的拓扑可行性进行仿真验证。仿真结果表明，本章所提的两种复合型控制器都具有良好的潮流控制效果。

参考文献

[1] XU F，YU H，LU Y，et al. A shunt type power flow controller for meshed DC grids [C] //12th IET International Conference on AC and DC Power Transmission，2016：1-6.

[2] 张书鑫，李彬彬，毛舒凯，等. 新型线间直流潮流控制器 [J]. 电力系统自动化，

2018, 42 (12): 100-105.

[3] 李馨雨, 吕煜, 许建中. 具备故障限流功能的新型线间直流潮流控制器 [J]. 电力系统自动化, 2020, 44 (21): 80-88.

[4] 许建中, 李馨雨, 宋冰倩, 等. 具备故障限流及断路功能的复合型直流潮流控制器 [J]. 中国电机工程学报, 2020, 40 (13): 4244-4256.

[5] XU J, LI X, LI G, et al.DC current flow controller with fault current limiting and interrupting capabilities [J].IEEE transactions on power delivery, 2021, 36 (5): 2606-2614.

[6] 张家奎, 徐千鸣, 罗安, 等. 电感共用式线间直流潮流控制器及其控制 [J]. 电力系统自动化, 2018, 42 (23): 20-32.

Chapter 8
第8章

故障限流器拓扑及其演化

目前直流故障限流器可分为超导限流器与基于电力电子器件的限流器，超导限流器造价高，在高压直流系统中不具备应用前景。基于电力电子器件的限流器通常需要大量器件串并联，在稳态运行中会造成较高的损耗。本章提出的基于换相电容与限流电感的混合式限流器，其通态损耗低，限流效果较好，能够有效节约断路器投资成本。本章将分别介绍其拓扑结构、仿真效果，并对经济性进行分析。

8.1 基于换相电容的故障限流器

混合式 DCCB 能够利用避雷器吸收能量、隔离故障线路，然而随着直流电网电压等级的提高，故障电流上升率进一步加快，加大断路器的制造难度。本节将基于传统限流拓扑，提出两种基于换相电容与晶闸管的混合式直流限流器，通过晶闸管节约限流器成本，并利用换相电容控制晶闸管的投切，将电抗器串入故障回路，达到限流目的。

8.1.1 新型限流器拓扑结构

本节提出的电容换相混合式故障限流器拓扑[1-2]如图 8-1 所示。

该限流器分为两个主要支路，分别为通态低损耗支路和主限流器支路。通态低损耗支路由超快速机械开关（UFD）和负载转换开关（LCS）组成[3]。主限流器为横向放置的 H 桥电路，在 H 桥电路的 4 个桥臂上都存在反并联晶闸管，其目的在于实现双向限流能力，由晶闸

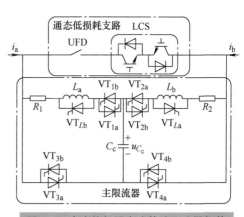

图 8-1　电容换相混合式故障限流器拓扑

管 VT、限流电阻 R、限流电感 L 和换相电容 C_c 组成。其中下标为 a 的晶闸管仅会在电流方向为 i_a 时导通，下标为 b 的晶闸管仅会在电流方向为 i_b 时导通（故后文将简化为单向限流器来分析）。

本拓扑中 VT₁ 和 VT₂ 为单只晶闸管，其作用是控制对应方向的支路导通。VT_L 的作用是在导通时旁路对应的电抗器，在关断时和对应电抗器并联承担换相电容的分压。VT₃ 和 VT₄ 可以在触发时控制对应方向桥臂导通，在关断时根据 KVL 承受环路中换相电容分压。所有晶闸管都经过大量电力电子器件的串联，其目的在于晶闸管截止时分担环路电压。通过换相电容 C_c 的充放电，可以控制电流在桥臂上的通断，最终将限流器件串入系统放电回路中。C_c 在系统稳态时被充电[4]，其预充电方向如图 8-1 所示。

在发生故障（t_0 时刻）前，系统经过通态低损耗支路向负载供电，i_{Load} 表示稳态时负载电流方向，t_0 时刻发生短路故障，此后限流器动作过程如下：

（1）$t_0 \leqslant t < t_2$ 在 t_0 时刻发生故障后，$t_0 \sim t_1$ 时故障电流流经通态低损耗支路，t_1 时刻保护装置发出指令，同时触发 VT₃、VT₄，导通主断路器中 IGBT，关断 LCS 模块，并且给 UFD 发出分闸指令。该时段内电流路径如图 8-2a 所示。

$t_1 \sim t_2$ 时故障电流流经主限流器支路 VT₃、VT₄，并流经主断路器的全控型开关（Brk）阀段（以 IGBT 为代表），如图 8-2b 所示。忽略此过程中半导体器件的通态电压降，根据 KVL 可得式（8-1），其特征根和方程的解如式（8-2）和式（8-3）所示。

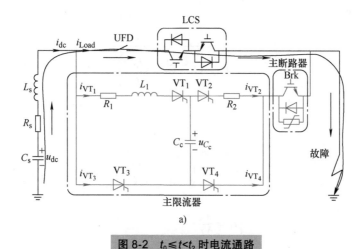

a)

图 8-2 $t_0 \leqslant t < t_2$ 时电流通路

a) $t_0 \leqslant t < t_1$ 时

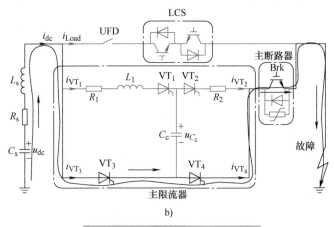

b)

图 8-2 $t_0 \leq t < t_2$ 时电流通路（续）

b) $t_1 \leq t < t_2$ 时

$$L_s C_s \frac{\mathrm{d}^2 i_{dc}}{\mathrm{d}t^2} + R_s C_s \frac{\mathrm{d}i_{dc}}{\mathrm{d}t} + i_{dc} = 0 \tag{8-1}$$

$$\rho_{1,2} = -\frac{R_s}{2L_s} \pm \sqrt{\left(\frac{R_s}{2L_s}\right)^2 - \frac{1}{L_s C_s}} \tag{8-2}$$

假设故障瞬间的初始条件为 $u_{dc}(t_0) = U_0$，$i_{dc}(t_0) = I_0$，则可得故障电流为

$$i_{dc} = A\sqrt{\frac{C_s}{L_s}} \mathrm{e}^{-\sigma t} \sin(\omega t + \theta) \tag{8-3}$$

其中

$$A = \sqrt{U_0^2 + \left(\frac{U_0 \sigma}{\omega} - \frac{I_0}{\omega C_s}\right)^2} \tag{8-4}$$

$$\theta = \arctan\left(\frac{U_0}{\dfrac{U_0 \sigma}{\omega} - \dfrac{I_0}{\omega C_s}}\right) \tag{8-5}$$

$$\begin{cases} \sigma = \dfrac{R_s}{2L_s} \\[2mm] \omega = \sqrt{\dfrac{1}{L_s C_s} - \left(\dfrac{R_s}{2L_s}\right)^2} \end{cases} \tag{8-6}$$

本过程中，系统电容 C_s 损失的能量全部转移进系统电抗 L_s 或者被系统电阻 R_s 消耗：

$$\frac{1}{2}C_s[u_{dc}^2(t_0)-u_{dc}^2(t_2)]=\frac{1}{2}L_s[i_{dc}^2(t_2)-i_{dc}^2(t_0)]+R_s\int_{t_0}^{t_2}i_{dc}^2\mathrm{d}t \tag{8-7}$$

（2）$t_2 \leqslant t < t_3$　在 t_2 时刻，UFD 完成分断，触发晶闸管 VT_2，并且持续触发晶闸管 VT_1。在 VT_2 触发瞬间，换相电容 C_c 与 R_2 形成放电通路，VT_4 上电流瞬间转移至 VT_2 支路，VT_4 因为承受换相电容反向电压而关断。设换相电容的初始电压为 U_{C_c0}，该换路过程成功的条件是，换相电容电压和支路电流满足

$$\frac{U_{C_c0}}{R_2}-i_{VT_4}(t_{3-})>0 \tag{8-8}$$

换路过程在极短时间内完成后，$i_{VT_2}(t_{3+})=i_{VT_4}(t_{3-})$，$VT_4$ 因为承受换相电容反压而截止，如图 8-3 所示。此时电路进入 C_s 和 C_c 串联经过 L_s、R_s 和 R_2 放电过程，故障电流不断给换相电容反向充电，直到 u_{C_c}=0。该过程为三阶动态电路求解过程，可以通过状态方程得到结果，如式（8-9）所示：

$$\begin{cases} i_{dc}(t_2 \sim t_3) = C_s \dfrac{\mathrm{d}u_{dc}}{\mathrm{d}t} = C_c \dfrac{\mathrm{d}u_{C_c}}{\mathrm{d}t} \\ u_{dc}+u_{C_c}=R_s i_{dc}+R_2 i_{dc}+L_s\dfrac{\mathrm{d}i_{dc}}{\mathrm{d}t} \end{cases} \tag{8-9}$$

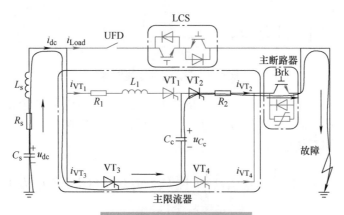

图 8-3　$t_2 \leqslant t < t_3$ 时电流通路

该过程中电容减少的储能，一部分转移到系统电抗 L_s，另一部分被电阻消耗，如式（8-10）所示：

$$\frac{1}{2}C_s[u_{dc}^2(t_2)-u_{dc}^2(t_3)]+\frac{1}{2}C_c[u_{dc}^2(t_2)-0]=\frac{1}{2}L_s[i_{dc}^2(t_3)-i_{dc}^2(t_2)]+(R_s+R_2)\int_{t_2}^{t_3}i_{dc}^2dt \quad （8-10）$$

（3）$t_3\leqslant t<t_4$ 至 t_3 时刻，换相电容上的电压到 0，故障电流继续给换相电容反向充电，VT_1 承受正向电压而导通，如图 8-4 所示。随着换相电容电压的不断增大，i_{VT_3} 不断减小（虚线所示），i_{VT_1} 不断增大，直到 VT_3 关断。该四阶电路可以通过电路动态方程式（8-11）求解：

$$\begin{cases} u_{C_c}=L_1\dfrac{di_{VT_1}}{dt}+i_{VT_1}R_1 \\[2mm] i_{dc}=-C_s\dfrac{du_{dc}}{dt} \\[2mm] u_{dc}-u_{C_c}=(R_s+R_2)i_{dc}+L_s\dfrac{di_{dc}}{dt} \\[2mm] i_{dc}=i_{VT_1}+i_{VT_3} \end{cases} \quad （8-11）$$

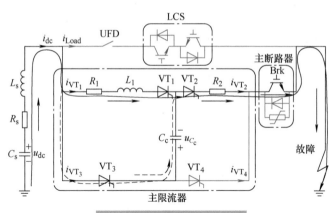

图 8-4　$t_3\leqslant t<t_4$ 时电流通路

该过程中，系统电容作为唯一的电源，其能量向电路其余部分转移，如式（8-12）所示。需要特别注意的是，经过反向充电后储存在 C_c 中的能量，将随着 VT_3 关断同系统隔离，不再产生影响。

$$\frac{1}{2}C_s[u_{dc}^2(t_3)-u_{dc}^2(t_4)]=\frac{1}{2}C_cu_{dc}^2(t_4)+\frac{1}{2}L_s[i_{dc}^2(t_4)-i_{dc}^2(t_3)]+(R_s+R_2)\int_{t_3}^{t_4}i_{dc}^2dt+R_1\int_{t_3}^{t_4}i_{VT_1}^2dt$$

$$（8-12）$$

（4）$t_4\leqslant t<t_5$ t_4 时刻，VT_3 上的电流全部转移至 VT_1，VT_3 关断。L_1、R_1 和 R_2 串联接入系统，实现第二次换相，限流器动作过程完成，如图 8-5 所示。此时电路又回到二阶电路放电过程，该过程与 $t_0\sim t_2$ 放电过程的不同在于系统电

阻、电抗经过限流器的投入过程而增大，从而改变了二阶电路的时间常数，抑制故障电流进一步上升，直到 t_5 时刻断路器动作。

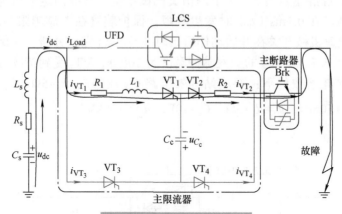

图 8-5　$t_4 \leqslant t < t_5$ 时电流通路

该过程中，系统电容损失的能量全部转移进入电抗或被电阻消耗：

$$\frac{1}{2}C_{\mathrm{s}}[u_{\mathrm{dc}}^2(t_4) - u_{\mathrm{dc}}^2(t_5)] = \frac{1}{2}(L_{\mathrm{s}}+L_1)[i_{\mathrm{dc}}^2(t_5) - i_{\mathrm{dc}}^2(t_4)] + (R_{\mathrm{s}} + R_1 + R_2)\int_{t_4}^{t_5} i_{\mathrm{dc}}^2 \mathrm{d}t \qquad (8\text{-}13)$$

（5）$t_5 \leqslant t < t_6$　t_5 时刻发出断路器动作指令，直到 t_6 时刻完全切断故障电流，此阶段电流路径如图 8-6 所示。

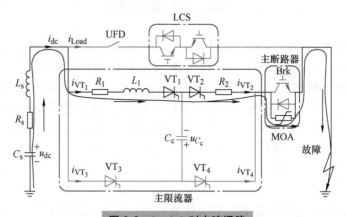

图 8-6　$t_5 \leqslant t < t_6$ 时电流通路

该过程内储能元件损失的能量等于耗能元件（电阻和避雷器）吸收的能量：

$$\frac{1}{2}C_{\mathrm{s}}[u_{\mathrm{dc}}^2(t_5) - u_{\mathrm{dc}}^2(t_6)] + \frac{1}{2}(L_{\mathrm{s}} + L_1)i_{\mathrm{dc}}^2(t_5) = (R_{\mathrm{s}} + R_1 + R_2)\int_{t_5}^{t_6} i_{\mathrm{dc}}^2 \mathrm{d}t + E_{\mathrm{MOA}} \qquad (8\text{-}14)$$

8.1.2 新型限流器性能验证

在仿真平台搭建如图 8-7 所示的仿真测试系统。系统额定电压为 500kV，额定电流为 2kA。在 0.1ms（t_0）时发生故障，保护装置在电流越限 20% 时发出限流指令。超快速机械开关在开始动作后延时 T_{mtd}=2ms 完成分断。为保证晶闸管可靠导通，VT_2、VT_3 和 VT_4 的触发脉冲宽度为 100μs，VT_1 受到持续触发脉冲。该测试系统的具体参数如下：换流站等效电路 C_s=180μF，R_s=5Ω，L_s=200mH。主限流器内 L_1=150mH，R_1=R_2=5Ω，C_c=10F，u_{C_c}=100kV。

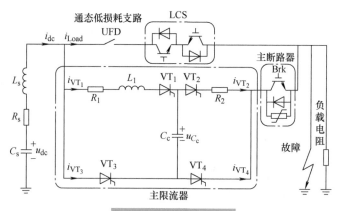

图 8-7 限流电路模型

定义限流效果指标为某时刻限流前后故障电流下降幅值之比，故障后 $i$ms 的限流效果指标（current-limiting index after i ms，CLIi）定义为故障后 $i$ms 有无限流器电流下降幅值之比。仿真结果如图 8-8 所示，同无限流器的故障放电电流相比，故障后 5ms 的限流效果指标 CLI5=44.6%。该新型限流器可以减缓换流站电容放电速度（见图 8-8b），有利于重新恢复稳态运行。使用断路器切断故障电流时，避雷器吸收的能量下降 44.3%（见图 8-8c）。由此，本节提出的混合式限流器可以有效降低短路电流，进一步而言，可以降低避雷器的投资需求。

以图 8-9 的张北四端直流电网为仿真模型，在该四端电网中验证电容换相混合式故障限流器的限流效果，直流电网的运行参数见表 8-1。仿真设定 1s 时直流电网发生双极短路故障，随后限流器按照前文所述原则投入系统，并与不添加限流器时的直流电网故障电流对比。仿真中使用的换相式限流器参数与上文保持一致。

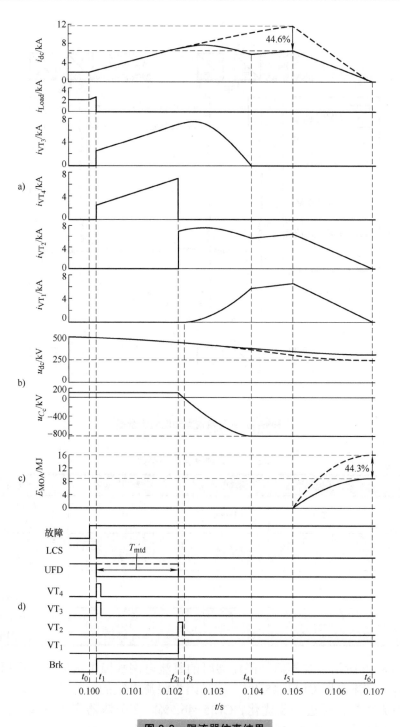

图 8-8　限流器仿真结果

a）支路电流　b）电容电压　c）避雷器能量　d）控制时序

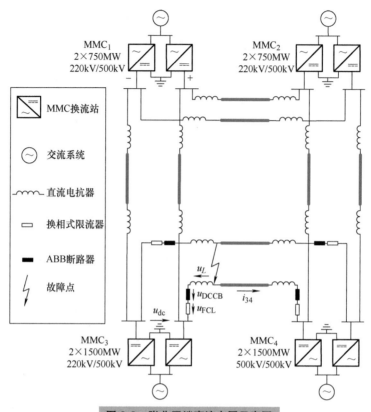

图 8-9　张北四端直流电网示意图

表 8-1　四端直流电网参数

换流站	桥臂子模块个数	子模块电容 /μF	桥臂电抗 /mH	控制策略
MMC_1	233	15000	75	P=1500MW Q=0MVar
MMC_2	233	7500	100	P=−1500MW Q=0MVar
MMC_3	233	15000	75	P=−3000MW Q=0MVar
MMC_4	233	7500	100	U_{dc}=−1000kV Q=0MVar

　　如图 8-10 所示，与不添加限流器时的直流电网故障电流对比，采用换相式限流器后，直流电网 CLI4=45.4%，同时因为限流电阻的耗能效果，以更长时间考核的限流效果指标进一步优化，CLI5=46.5%。在限流器完成投入后，故障电流上升率明显下降，由 2.33kA/ms（无限流器）下降到 1.11kA/ms，大幅抑制故障电流上升速度。

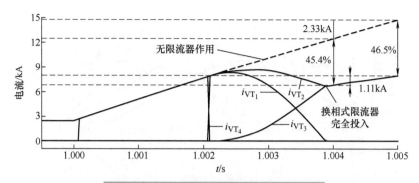

图 8-10　换相式限流器在直流电网的应用

在直流电网中，故障后快速上升的桥臂电流会在极短时间内达到 IGBT 过电流极限，触发子模块闭锁，导致换流站失效。为了避免子模块闭锁，通常需要在故障电流达到限值前启动断路器，切断故障电流，以保证换流站持续运行。以所用四端直流电网为例，假定所用 IGBT 器件额定电流为 3kA，在电流达到 6kA 时触发器件自保护闭锁。没有配置限流器的直流电网在故障发生 3.9ms 后，MMC_3 站正极一相桥臂达到闭锁（图 8-11 中虚线），为此留给断路器的动作时间十分有限，会大大增加误判的概率。使用限流器（图 8-11 中实线）可以有效抑制桥臂电流增长速度，在故障后 9.1ms 达到闭锁限值。由此，限流器的采用可以为保护系统争取 5.2ms 左右的时间，有效避免断路器误动，降低对系统的扰动，也延长了断路器的使用寿命。

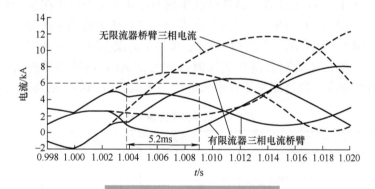

图 8-11　MMC_3 站三相桥臂电流

限流器无法独立完成故障清除，需要配合断路器切除故障线路。如图 8-12 所示，假定在故障发生后 5ms 切除故障，限流器使得对断路器的性能要求大幅降低，不仅切断电流幅值大幅下降，避雷器吸收能量也同步下降 48.5%，对于降低断路器的电力电子器件并联数量和避雷器需求有显著效果。若进一步将断路器分断时间设定为故障后 4ms，则对断路器的要求进一步降低，但是对保护系统的准确性要求会提高。

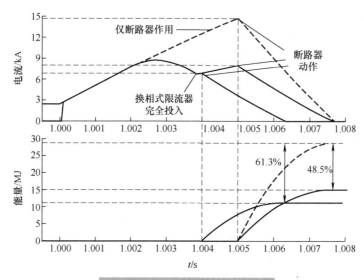

图 8-12 限流器配合断路器应用

8.1.3 新型限流器成本分析

为了对比所提换相式限流器方案在切断直流电网故障电流时的经济性，与仅使用 ABB 混合式断路器切断故障电流时的器件需求作为对比。

选取目前相对比较成熟的大功率 IGBT 和晶闸管器件作为选型方案。在 IGBT 方面，4.5kV/3kA 的 IGBT 器件已经实现商业化，即将应用在多个柔性直流输电工程中。而 8.5kV/5kA 的晶闸管器件在国内已经具备大规模生产能力，并且向巴西美丽山水电项目等供货。考虑 3 种情况：项目 1 为仅使用 ABB 断路器切断电流时的器件需求；项目 2 为配合换相式限流器使用的 ABB 断路器器件需求；项目 3 为限流器器件需求。通过测量器件最大电压与电流，得到器件的需求见表 8-2。

表 8-2　器件需求数量对比

项目	开关器件耐压 / 耐流	并联数量	串联数量	总数
1	IGBT 4.5kV/3kA	5	332	3320
2	IGBT 4.5kV/3kA	3	332	1992
3	晶闸管 8.5kV/5kA	2	VT_1 1 VT_2 1 VT_3 165 VT_4 165 VT_L 109	882

由表 8-2 可以发现，单纯从器件使用数量上分析，晶闸管不需要配备反并联二极管，因此本节所提换相式限流器 +ABB 断路器方案可以大幅减少电力电子器件（IGBT+ 反并联二极管）使用。再者晶闸管的制造成本低于 IGBT，故而限流器 + 断路器方案具备足够的经济性优势。

此外值得注意的是，对比所选用的 IGBT 器件，目前全球仅有少数（已知仅有 2 家）厂家有能力供货，在实际应用中还会面临产能不足等问题的困扰。而所选用的晶闸管器件，国内即有多家厂商有能力供货，工程使用的灵活度大大提高。

从可靠性层面分析，大量器件的串并联会面临严苛的均压均流问题，工程中应当尽可能减少大量器件的串并联。同 IGBT 相比，晶闸管有 50 年以上应用于高压直流输电的历史，其技术更加成熟，同等工况下的均压均流更容易实现，也更加可靠。使用限流器 + 断路器方案切断故障电流，可以使断路器中的 IGBT 器件减少 1/3 以上。另外，适用于大容量关断的避雷器也同样需要大量绝缘子柱的串并联，其在高压大电流冲击下的均压均流问题也是限制避雷器容量提升的障碍之一。所提出的限流器可以在切断电流时减少 1/2 左右的避雷器容量需求，因此在使用该限流器之后，可以有效提高限流 + 断路过程的可靠性，降低对断路器的需求。

本节所提换相式限流器 +ABB 断路器方案可以大幅减少电力电子器件（IGBT+ 反并联二极管）使用，器件使用量降低 38.13%。

8.2　基于限流电感的故障限流器

8.1 节介绍了利用换相电容充放电将电感串入系统放电回路的限流器。本节提出一种晶闸管旁路限流电感的混合式直流限流器[5]，利用晶闸管实现断路时限流电感快速旁路，降低通态损耗，减少 DCCB 耗能。

8.2.1　新型限流器拓扑结构

本节所提的晶闸管旁路型直流故障限流器拓扑如图 8-13 所示。

限流器主要包括通流支路和主限流器，通流支路由 UFD 和 LCS 组成。主限流器由 3 部分并联而成：①反并联晶闸管阀组 VT_1，用于迅速转移故障电流，保证 UFD 在零电流电压下可靠打开；②晶闸管阀组 VT_2 和预充电电容 C 的串联支路，一方面能够保证 VT_1 的可靠关断，另一方面电容的反向充电可储存部分能量并抑制故障电流上升，C 两端并联由普通机械开关和电阻构成；③反并联晶闸管阀组 VT_3 和限流电感 L 的串联支路，抑制故障电流上升。

假设 t_0 时发生单极接地故障（故障点发生在限流器右侧），如图 8-14 所示，

其中 L_{dc} 为平波电抗器，R_{line}、L_{line} 为集中参数的等效线路阻抗，换流站以直流电压源 U_{dc} 代替[6]。

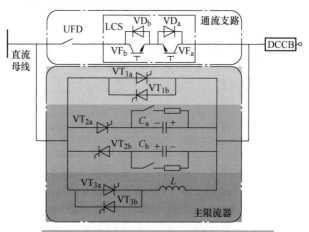

图 8-13　晶闸管旁路型直流故障限流器拓扑

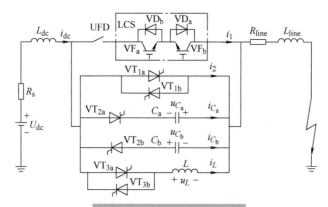

图 8-14　故障后的等效电路

（1）$t_0 \leqslant t < t_2$　当检测到限流器所在线路电流上升 20% 时，给 LCS 模块关断信号，给 VT_{1a} 导通信号，电流迅速转移至 VT_{1a} 中。

t_0 时刻，限流器所在线路电流上升，如式（8-15）所示。

$$i_{dc} = \left(\frac{U_{dc}}{R_{line} + R_s} - I_n \right) \left(1 - e^{-(t-t_0)/\tau_1} \right) + I_n \qquad （8\text{-}15）$$

式中，I_n 为该线路额定电流值。时间常数为

$$\tau_1 = \frac{L_{dc} + L_{line}}{R_{line} + R_s} \qquad （8\text{-}16）$$

在 t_1 时刻检测到过电流，上层控保系统控制限流器动作，LCS 中 IGBT 收到关断信号后立即关断，晶闸管 VT_{1a} 在收到开通信号几微秒内开通，同时 UFD 开始动作。在 $t_1 < t < t_2$ 内，电流流过 VT_{1a}，通态损耗很小，线路电流表达式仍为（8-15）所示。

（2）$t_2 \leq t < t_3$　在 t_2 时刻 UFD 达到额定开距，同时 VT_{2a} 收到开通信号，VT_{2a} 因承受正电压而导通。VT_{2a} 的开通一方面使 C_a 上的电压加到 VT_{1a} 两端，使其两端电压立即变为反向，促使其阳极电流迅速下降；另一方面电容 C_a 开始放电，因为电容 C_a 初始电压与本线路电流方向相反，所以将本线路电流迅速吸引到 C_a 所在支路，则 VT_{1a} 中的电流立即降到零。但 VT_{1a} 阳极电流降为零后，仍需承受一定时间的反向电压，使其充分恢复对正向电压的阻断能力，快速晶闸管关断时间关断时间为数十微秒。

C_a 放电的动态过程可描述为

$$\begin{cases} U_{dc} = (L_{dc} + L_{line})\dfrac{\mathrm{d}i_{C_a}}{\mathrm{d}t} + (R_{line} + R_s)i_{C_a} - u_{C_a} \\ i_{C_a} = -C_a\dfrac{\mathrm{d}u_{C_a}}{\mathrm{d}t} \end{cases} \tag{8-17}$$

u_{C_a} 预充电初值为 U_0；忽略 VT_{1a} 电流降到零的时间，即认为电流在 t_2 时刻立即转移到 VT_{2a} 支路中，则将 t_2 代入式（8-15）可得 $i_{C_a}(t_2) = i_{dc}(t_2) = I_0$。将初值代入式（8-17），解得

$$\begin{cases} u_{C_a} = \sqrt{D_1^2 + D_2^2}\,\mathrm{e}^{\sigma(t-t_2)}\sin[\omega(t-t_2) + \varphi_1] - U_{dc} \\ i_{C_a} = C_a\sqrt{(\sigma^2 + \omega^2)(D_1^2 + D_2^2)}\,\mathrm{e}^{\sigma(t-t_2)}\sin[\omega(t-t_2) + \varphi_2] \end{cases} \tag{8-18}$$

其中

$$\sigma = -\frac{R_{line} + R_s}{2(L_{dc} + L_{line})} \tag{8-19}$$

$$\omega = \sqrt{\frac{1}{C_a(L_{dc} + L_{line})} - \frac{(R_{line} + R_s)^2}{4(L_{dc} + L_{line})^2}} \tag{8-20}$$

$$D_1 = U_0 + U_{dc} \tag{8-21}$$

$$D_2 = -\frac{I_0}{C_a\omega} - \frac{\sigma D_1}{\omega} \tag{8-22}$$

$$\begin{cases} \tan \varphi_1 = D_1 / D_2 \\ \tan \varphi_2 = \dfrac{\sigma D_1 + \omega D_2}{\sigma D_2 - \omega D_1} \end{cases} \qquad (8\text{-}23)$$

需根据式（8-18）~式（8-23）设计电容初始电压和容值，C_a 的放电过程保证 VT_{1a} 在恢复对正向电压的阻断能力的过程中，C_a 未放电完毕，持续为 VT_{1a} 提供反向电压至其完全关断。

（3）$t_3 \le t < t_4$　t_3 时刻 $u_{C_a} = 0$，即 C_a 刚好放电完毕，随后开始反向充电，则 VT_{3a} 因承受正电压而导通，限流电抗被投入故障回路中，C_a 继续被充电。忽略线路电阻、系统电阻和晶闸管 VT_{2a}、VT_{3a} 通态电压降，由 KVL 得

$$\begin{cases} U_{dc} = L_{dc} \dfrac{di_{dc}}{dt} - u_{C_a} + L_{line} \dfrac{di_{dc}}{dt} \\ U_{dc} = L_{dc} \dfrac{di_{dc}}{dt} + L \dfrac{di_{dc}}{dt} + L_{line} \dfrac{di_{dc}}{dt} \\ i_{C_a} = -C_a \dfrac{du_{C_a}}{dt} \\ i_{C_a} + i_L = i_{dc} \end{cases} \qquad (8\text{-}24)$$

化简得

$$(L_{dc} + L_{line})C_a \dfrac{d^2 u_{dc}}{dt^2} + \left(\dfrac{L_{dc} + L_{line}}{L} + 1 \right) u_{C_a} = -U_{dc} \qquad (8\text{-}25)$$

初始条件为 $u_{C_a}(t_3) = 0$，由式（8-18）~式（8-23）得 $i_{C_a}(t_3) = I_1$，代入式（8-25），得

$$\begin{cases} u_{C_a} = \sqrt{E_1^2 + E_2^2} \, \sin[\beta(t - t_3) + \alpha_1] - E_1 \\ i_{C_a} = \beta C_a \sqrt{E_1^2 + E_2^2} \, \sin[\beta(t - t_3) + \alpha_2] \\ i_L = \dfrac{1}{\beta C_a} \sqrt{E_1^2 + E_2^2} \, \sin[\beta(t - t_3) + \alpha_2] + \dfrac{E_1}{L}(t - t_3) - \dfrac{E_2}{\beta L} \end{cases} \qquad (8\text{-}26)$$

其中

$$\beta = \sqrt{\dfrac{L_{dc} + L_{line} + L}{(L_{dc} + L_{line})LC_a}} \qquad (8\text{-}27)$$

$$E_1 = \dfrac{U_{dc}L}{L_{dc} + L_{line} + L} \qquad (8\text{-}28)$$

$$E_2 = -\frac{I_1}{C_a \beta} \tag{8-29}$$

$$\begin{cases} \tan \alpha_1 = E_1 / E_2 \\ \tan \alpha_2 = -E_2 / E_1 \end{cases} \tag{8-30}$$

随着 C_a 反向充电，u_{C_a} 逐渐升高，i_{C_a} 逐渐减小，当 u_{C_a} 等于系统电压时，本线路电流开始减小，平波电抗器和电路电感上得电压变为负值，u_{C_a} 逐渐高于系统电压。

（4）$t_4 \leqslant t \leqslant t_5$ 设 t_4 时刻 $i_{C_a} = 0$。C_a 充电结束，故障电流完全转移至限流电感回路中。令式（8-26）中 i_{C_a} 为零，得

$$t = \arctan(E_2 / E_1) / \beta + t_3 \tag{8-31}$$

由于 $\tan t$ 为周期函数，所以由式（8-31）可得到多个 t，而实际 t_4 应取大于 t_3 的最小值，带入后得到 $U_{\text{Ca\_max}} = u_{C_a}(t_4)$。

8.2.2 新型限流器性能验证

搭建如图 8-14 所示的仿真系统。额定直流电压 $U_{dc}=500\text{kV}$，额定直流电流 $I_n=2\text{kA}$，系统等效内阻 $R_s=1\Omega$，平波电抗器 $L_{dc}=150\text{mH}$，$R_{\text{line}}=0.5\Omega$，$L_{\text{line}}=0.041\text{H}$，UFD 动静触头达到额定开距的时间为 2ms，快速晶闸管关断需承受反向电压的时间为 50ms。设计电容容值 $C_a=C_b=10\mu\text{F}$，电容电压初值 $U_0=38\text{kV}$，限流电抗 $L=0.3\text{H}$。避雷器额定电压 U_{moAn} 为 500kV，在断路器耗能过程中，避雷器两端电压近似表示为 kU_{moAn}，其中 k 为常数，取 1.96。

$t=0.3\text{s}$ 时发生图 8-14 所示的单极接地故障，检测到过电流 20% 时限流器和断路器开始电流转移，各开关器件以 8.1 节所述时序依次动作。为重点验证限流效果，在 DCCB 未动作情况下，针对有无限流器动作两种情况，根据表达式绘出波形如图 8-15 所示。可见限流器的投入使故障线路电流降低，L 完全投入后，上升斜率减小，且在故障后 5ms 时故障电流值降低了 59.2%。

为验证限流电感旁路效果，针对 DCCB 断路过程中限流器电感是

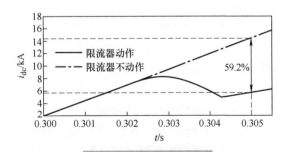

图 8-15 限流效果验证

否旁路两种情况，线路电流和 DCCB 吸收能量对比如图 8-16 所示。图 8-16a 中断路缩短了 3.4ms，图 8-16b 中 DCCB 吸收的能量减少了 8.18MJ。综上所述，本节提出的混合式限流器可以有效降低故障电流，缩短故障隔离时间，从而降低避雷器的投资需求。

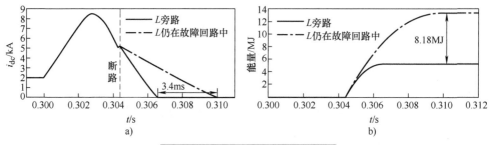

图 8-16　限流电感旁路对比验证

a）线路电流　b）DCCB 吸收能量

在如图 8-9 所示拓扑的四端直流电网中进行仿真验证，电网运行具体参数见表 8-3。假设 t=1s 时 MMC_1 站和 MMC_2 站线路中点发生正极接地故障，随后限流器按上文所述投入系统，仿真中使用的限流器参数与上文保持一致。在应对永久性故障时，必须配合使用断路器切断故障电流。为了更准确地反应限流、断路的全过程，将结合 ABB 混合式断路器联合分析。

表 8-3　四端直流电网运行具体参数

换流站	桥臂子模块个数	子模块电容 /μF	桥臂电抗 /mH	控制策略
MMC_1	233	7500	100	P=1100MW Q=0MVar
MMC_2	233	15000	75	P=−1000MW Q=0MVar
MMC_3	233	7500	100	P=950MW Q=0MVar
MMC_4	233	15000	75	U_{dc}=−1500kV Q=0MVar

图 8-17 所示为在 MMC_1 直流侧出口的限流器和 DCCB 均动作且 DCCB 断路过程中限流电感旁路的情况下，全部支路电流的仿真结果。为验证本限流器的限流及电感旁路效果，额外考虑两种情况：①限流器不动作，仅 DCCB 动作；②限流器动作，断路时电感不旁路。

图 8-18 所示为 3 种情况下关键性能的对比。由图 8-18a 可见，在 DCCB 断路时，故障线路电流减小了 42.7%；将仅 DCCB 动作与限流器动作、断路时电感不旁路的情况对比，虽然断路时电流减小，但因电感仍在故障回路中使断路时间

有所增加；将仅 DCCB 动作与限流器动作、断路时电感旁路的情况对比，限流器的投入及线路电感的旁路缩短了断路时间；将断路时电感旁路与不旁路两种情况下的斜率对比，限流电感的旁路增大了切断电流的速度。由图 8-18b 可见 DCCB 电压峰值几乎一致，但限流及电感旁路缩短了断路时间，电压最快下降。图 8-18c 为 DCCB 耗能情况，将仅 DCCB 动作与限流器动作、断路时电感不旁路的情况对比，虽然限流电感未旁路使断路时间略有增加，但是由于故障电流大大减小，所以耗能还是有所减小；将仅 DCCB 动作与限流器动作、断路时电感旁路的情况对比，由于限流及电感旁路使得断路时间和故障电流均有减小，所以耗能共减小了 57%，大大降低了对 DCCB 避雷器的要求。总之，限流过程抑制了故障电流上升，大大减小了断路时的故障电流值，所以可减少 DCCB 耗能，而限流电感在断路时旁路缩短了断路时间，从而进一步减少 DCCB 耗能。

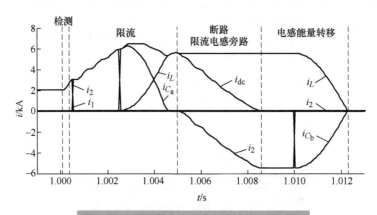

图 8-17　限流器在直流电网中应用仿真波形

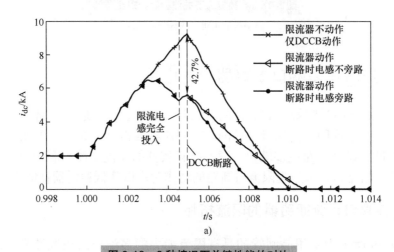

图 8-18　3 种情况下关键性能的对比

a）故障电流

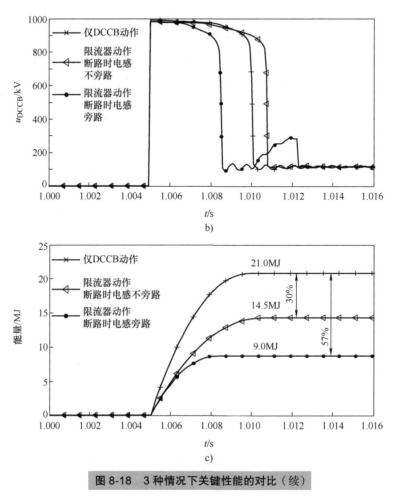

图 8-18 3 种情况下关键性能的对比（续）

b）DCCB 电压 c）DCCB 耗能

8.3 限流器在多端口断路器中的应用

基于 8.2 节中晶闸管构成的直流限流器，本节设计了通流支路。利用混合式设备的优点，采取同一直流母线处的多个限流器或断路器共用主限流电路和主断路器的思路，设计了对应多端口、通态损耗较低的通流支路。利用 IGBT 的全控性设计了主断路器，采用先限流再断路的动作时序以降低避雷器耗能需求。

8.3.1 多端口直流断路器的限流拓扑

图 8-19 所示为采用晶闸管的具有限流能力的多端口直流断路器（multiport DC circuit breaker，MP-DCCB）[7]。

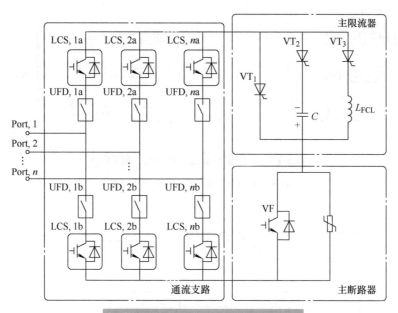

图 8-19　具备限流能力的 MP-DCCB

具备限流能力的多端口断路器包含通流支路、主限流器和主断路器三部分。通流支路包含 n 个并联支路，每个支路均含桥臂 a 和 b，每个桥臂均由 UFD 和 LCS 组成。主限流器由三部分并联而成：①晶闸管阀组 VT_1，用于迅速转移故障电流，保证 UFD 在零电流电压下可靠打开；②晶闸管阀组 VT_2 和预充电电容 C 的串联支路，一方面用来保证 VT_1 的可靠关断，另一方面电容的反向充电可储存部分能量并抑制故障电流上升，电容的预充电及放电回路在此省略；③晶闸管阀组 VT_3 和限流电感 L_{FCL} 的串联支路，用来在故障回路中串入限流电感以抑制故障电流上升。主断路器由单方向的 IGBT 即 VF 和避雷器并联构成。

图 8-20a 所示为常规 DCCB 位置示意图。常规 DCCB 装设在直流线路两侧，在某条线路发生故障后，该线路两端的常规 DCCB 迅速动作以分断该故障线路，剩余网络经潮流重新分配后可恢复正常运行。图 8-20b 所示为 MP-DCCB 位置示意图，显示了当 MP-DCCB 端口 1 与换流站 MMC_1 直流侧出口相连时，其与换流站及线路的连接关系。

8.3.2　多端口直流断路器的限流、断路过程

该多端断路器在正常情况下各 LCS 均为导通状态。假设在 t_0 时刻端口 i 所连线路或母线发生短路故障，限流及断路流程如图 8-21 所示。

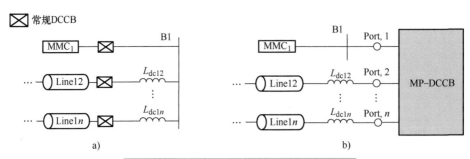

图 8-20　断路器在直流电网中的位置示意图

a）常规 DCCB 位置　b）MP-DCCB 位置

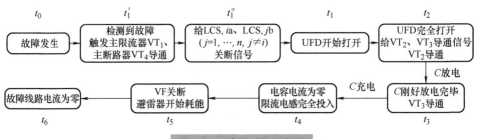

图 8-21　动作过程流程图

假设在 t_0 时刻端口 i 所连线路某处发生单极接地故障，在 t_1' 时刻 VT_1 导通，即限流器开始动作。图 8-22 所示为故障下限流过程的等效电路，其中换流站等效为直流电压源和换流站等效电感 L_{mmcj}（j=1，…，i，…，n），L_{dc1j}、L_{dcj1}（j=1，…，i，…，n）为线路平抗，L_{line1j}（j=1，…，i，…，n）为集中参数下等效线路电感，$L_{linef,1i}$、$L_{linef,i1}$ 为故障点两端线路电感。

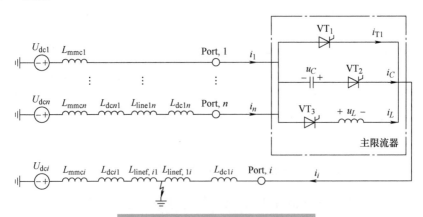

图 8-22　故障下限流过程的等效电路

（1）$t_0 \leq t < t_2$　在 $t_0 \leq t < t_2$ 时段，故障电流持续上升，在限流器内部先后流过通流支路和 VT_1，中间存在短暂的电流转移过程，该过程对故障电流的影响很小，所以故障电流可统一计算。该过程故障电流路径如图 8-23 所示。

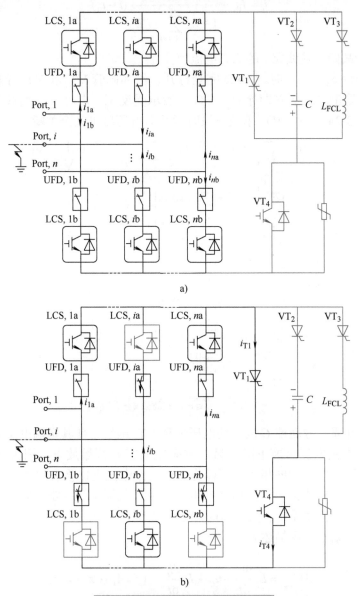

图 8-23 $t_0 \leq t < t_2$ 时故障电流路径

a) $t_0 \leq t < t_1$　b) $t_1 \leq t < t_2$

记 MP-DCCB 所连换流站为 MMC_1，$L_1 = L_{mmc1}$，故障线路序号为 i，记 $L_i = L_{mmci} + L_{dc1i} + L_{linef,1i} + L_{dci1}$，记非故障线路 $L_j = L_{mmcj} + L_{dc1j} + L_{linen} + L_{dcj1}$（$j = 1, \cdots, n$,

$j \neq i$ 且 $j \neq 1$）。由 KVL、KCL 可得 $t_0 \leqslant t < t_2$ 内故障线路电流 i_i 为

$$i_i = I_{iN} + \frac{\sum_{j=1, j \neq i}^{n} U_{dcj} / L_j}{1 + L_i \sum_{j=1, j \neq i}^{n} 1 / L_j}(t - t_0) \qquad (8\text{-}32)$$

式中，I_{iN} 为故障直流线路 i 的稳态电流值。

（2）$t_2 \leqslant t < t_3$ 在 t_2 时刻 UFD 完全打开，给晶闸管 VT_2 和 VT_3 导通信号，则 VT_2 由于承受正电压而立即导通，VT_1 开始承受反压，电容 C 开始放电，故障电流路径如图 8-24 所示。VT_1 承受一段时间反向电压后可完全关断。

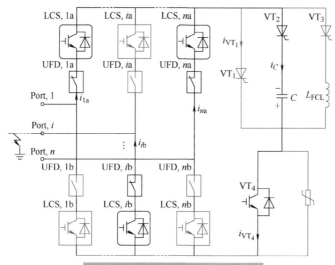

图 8-24　$t_2 \leqslant t < t_3$ 时故障电流路径

VT_2 的开通一方面使 C 两端的电压加到 VT_1 两端，使其两端电压立即变为反向，促使其阳极电流迅速下降，另一方面使电容 C 开始放电，因为电容 C 初始电压与故障线路电流方向相反，所以将故障线路电流迅速吸引到 C 所在支路。上述两个原因使 VT_1 中的电流立即降到零。但 VT_1 仍需承受一定时间的反向电压后才能可靠关断，快速晶闸管关断时间为数十微秒[8]。

C 放电的动态过程描述为

$$\begin{cases} U_{dcj} = L_j \dfrac{\mathrm{d}i_j}{\mathrm{d}t} - u_C + L_i \dfrac{\mathrm{d}i_i}{\mathrm{d}t} & (j = 1, \cdots, n, j \neq i) \\[2mm] i_i = -C \dfrac{\mathrm{d}u_C}{\mathrm{d}t} \\[2mm] i_i = \displaystyle\sum_{j=1, j \neq i}^{n} i_j \end{cases} \qquad (8\text{-}33)$$

记电容 C 预充电初值为 U_0；忽略 VT_1 电流降到零的时间，即认为电流在 t_2 时刻立即转移到 VT_2 支路中，则将 t_2 带入式（8-32）可得 $i_C(t_2)=i_i(t_2)=I_2$。将初值代入式（8-33）解得

$$\begin{cases} u_C = \sqrt{{A_1}^2 + {B_1}^2}\, \sin[\beta(t-t_2)+\varphi_1] + D_1 \\ i_i = -\beta C \sqrt{{A_1}^2 + {B_1}^2}\, \cos[\beta(t-t_2)+\varphi_1] \end{cases} \quad (8\text{-}34)$$

其中

$$\begin{cases} 记 \Sigma_1 = \sum_{j=1,j\neq i}^{n} 1/L_j, \quad \Sigma_2 = \sum_{j=1,j\neq i}^{n} U_{\mathrm{dc}\,j}/L_j \\ A_1 = \Sigma_2/\Sigma_1 + U_0, \quad B_1 = -I_2/C\beta \\ \beta = \sqrt{\dfrac{\Sigma_1}{C(1+L_i\Sigma_1)}}, \quad \tan\varphi_1 = A_1/B_1 \\ D_1 = -\Sigma_2/\Sigma_1 \end{cases} \quad (8\text{-}35)$$

所以在设计电容初始电压和容值时，需考虑式（8-34）、式（8-35）所示的 C 放电过程，以保证在 VT_1 恢复对正向电压的阻断能力的过程中，C 未放电完毕（$u_C>0$），持续为 VT_1 提供反向电压至其完全关断。

（3）$t_3 \leq t < t_4$ 在 t_3 时刻电容电压 $u_C=0$，随后 C 反向充电，则 VT_3 因承受正向电压而导通，如图 8-25 所示（图中标示的电容电压极性为预充电方向，非实际电压极性）。

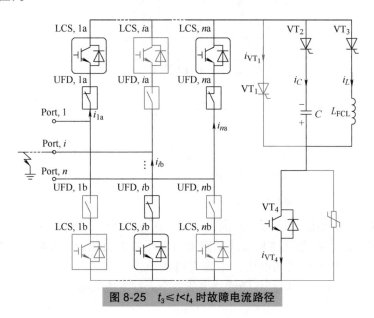

图 8-25 $t_3 \leq t < t_4$ 时故障电流路径

由 KVL 得

$$
\begin{cases}
U_{dcj} = L_j \dfrac{di_j}{dt} - u_C + L_i \dfrac{di_i}{dt} \quad (j=1,\cdots,n, j \neq i) \\[2mm]
i_C = -C \dfrac{du_C}{dt} \\[2mm]
u_C = -L_{FCL} \dfrac{di_{FCL}}{dt} \\[2mm]
i_i = \displaystyle\sum_{j=1,j\neq i}^{n} i_j = i_C + i_{FCL}
\end{cases}
\tag{8-36}
$$

初始条件为 $u_C(t_3)=0$，由式（8-34）、式（8-35）可得 $i_C(t_3)=I_3$，代入式（8-36），可得

$$
\begin{cases}
u_C = \sqrt{A_2{}^2 + B_2{}^2}\, \sin[\gamma(t-t_3)+\varphi_2] + D_2 \\[2mm]
i_C = -\gamma C \sqrt{A_2{}^2 + B_2{}^2}\, \cos[\gamma(t-t_3)+\varphi_2] \\[2mm]
i_{FCL} = \sqrt{A_2{}^2 + B_2{}^2}\, \sin[\gamma(t-t_3)+\varphi_3] - D_2\gamma(t-t_3) - B_2 \\[2mm]
L_{FCL}\gamma \\[2mm]
i_i = i_C + i_{FCL}
\end{cases}
\tag{8-37}
$$

其中

$$
\begin{cases}
\text{记}\, \Sigma_1 = \displaystyle\sum_{j=1,j\neq i}^{n} 1/L_j, \quad \Sigma_2 = \displaystyle\sum_{j=1,j\neq i}^{n} U_{dcj}/L_j \\[3mm]
\gamma = \sqrt{\dfrac{1}{C}\left[\dfrac{1}{L_{FCL}} + \dfrac{1}{C(1/\Sigma_1 + L_i)}\right]} \\[3mm]
D_2 = \dfrac{-\Sigma_2}{(L_i\Sigma_1 + 1)/L_{FCL} + \Sigma_1} \\[3mm]
A_2 = -D_2, \quad B_2 = -I_3/C\gamma \\[2mm]
\tan\varphi_2 = A_2/B_2 \\[2mm]
\tan\varphi_3 = -B_2/A_2
\end{cases}
\tag{8-38}
$$

随着 C 反向充电，u_C 逐渐升高，i_C 逐渐减小，当 u_C 等于系统电压时，故障电流开始减小，平波电抗器和线路电感上的电压变为负值，u_C 逐渐高于系统电压。t_4 时刻 $i_C=0$，C 充电至最高电压，电容支路断开。

（4）$t_4 \leqslant t < t_6$　t_4 时刻后，故障线路电流完全流过限流电感，将 t_4 代入式（8-37）、

式（8-38）得故障线路电流 $i_i(t_4) = I_4$，则 t_4 后，故障线路电流 i_i 为

$$i_i = I_4 + \frac{\displaystyle\sum_{j=1, j\neq i}^{n} U_{dcj} / L_j}{1 + (L_i + L_{FCL}) \displaystyle\sum_{j=1, j\neq i}^{n} \frac{1}{L_j}} (t - t_4) \qquad （8-39）$$

在 t_4 时刻电容电流降为零，限流电感 L_{FCL} 完全被投入故障回路中，如图 8-26a 所示。

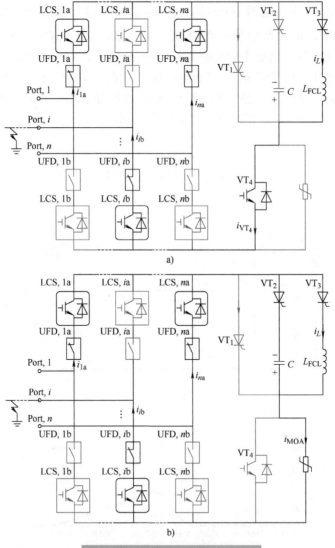

a)

b)

图 8-26　$t_4 \leqslant t < t_6$ 时故障电流路径

a) $t_4 \leqslant t < t_5$　b) $t_5 \leqslant t < t_6$

在 t_5 时刻令 VT_4 关断，故障电流路径如图 8-26b 所示，避雷器动作，故障电流逐渐减少，t_6 时刻故障线路电流降为零。

8.3.3　仿真验证

在 8.1.2 节的四端电网模型中验证该断路器的限流及特性，在具备限流能力的 MP–DCCB 限流及断路过程中，其各支路电流波形分别如图 8-27 所示。$t=t_0=1s$ 时故障发生，故障线路电流 i_3 迅速上升，$t=t_1'=1.001s$ 时刻检测到故障，触发 VT_1、VT_4 导通，延迟 100μs 后，在 $t=t_1''=1.0011s$ 给 LCS，3a、LCS，1b、LCS，2b、LCS，4b 关断信号，则 LCS，1b、LCS，2b、LCS，4b 中电流迅速下降，在 $t=t_1=1.0012s$，电流小于对应 UFD 的剩余电流，对应 UFD 开始打开。

UFD 动作时间为 2ms，在 $t=t_2=1.0032s$ 时，UFD，3a、UFD，1b、UFD，2b、UFD，4b 完全打开，晶闸管 VT_2 和 VT_3 收到导通信号，VT_2 由于承受正向电压而立即导通，电容 C 开始放电，随后反向充电。

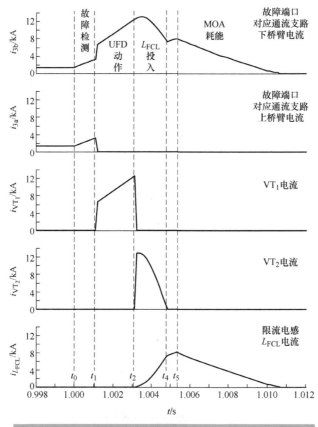

图 8-27　MP–DCCB 限流及断路过程中的各支路电流波形

在 $t=t_4=1.0048s$ 时刻电容电流降为零，限流电感 L 完全被投入故障回路中，$t=t_5=1.0053s$ 时，避雷器动作，故障线路电流在 $t=t_6=1.0104s$ 降为零，系统故障被清除。

图 8-28 展示了各端口电流，稳态时 MMC_1、MMC_2 为送端，MMC_3、MMC_4 为受端。非故障线路 2 和 4 因距故障点距离较远、阻抗较大，故障电流上升较缓，略有限流效果；故障线路对应端口 3 的电流经显著限流后被切断。

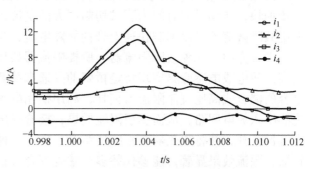

图 8-28 MP-DCCB 各端口电流波形

为重点展示 MP-DCCB 限流效果及耗能情况，对比避雷器阈值电压相同的常规 DCCB 与所提具限流能力的 MP-DCCB 动作下故障电流 i_3 与 MOA 耗能。如图 8-29a 所示，所提具限流能力的 MP-DCCB 与常规 DCCB 相比，在避雷器开始动作时刻，故障线路降低了 55.6%，可显著减少各器件的电流应力。如图 8-29b 所示，由于主限流器的作用，避雷器耗散的能量降低了 48.6%，可大大降低对避雷器容量的要求。

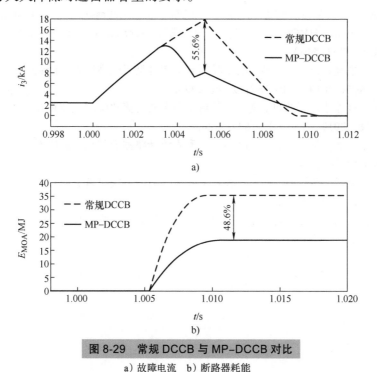

图 8-29 常规 DCCB 与 MP-DCCB 对比

a）故障电流 b）断路器耗能

8.4 本章小结

随着直流电网电压等级和输送容量的不断提高，直流侧故障电流上升率进一步加快，在同样的时间内要求切断更大的电流。在柔性直流电网的直流线路中采用故障限流器可以抑制快速上升的故障电流，为断路器动作提供足够的辅助支撑。本章介绍了几种故障限流器，所提限流器拓扑均采用晶闸管节约投资，利用电容充放电或电感旁路实现特定桥臂的导通和关断。首先提出基于晶闸管与换相电容的混合式高压直流限流器拓扑，利用换相电容的充放电控制桥臂通断，将电抗器串入放电回路，从而实现限流效果；接着提出晶闸管与限流电感配合限流的限流器拓扑，并将限流器与断路器结合，提出一种具有限流效果的多端口直流断路器，限流效果显著，能够代替多个常规混合式直流断路器，并能大大减少对避雷器的耗能需求。在拥有直流故障清除能力的同时，具有一定的经济性优势。

参考文献

[1] 赵西贝，许建中，苑津莎，等.一种阻感型电容换相混合式限流器［J］.中国电机工程学报，2019，39（1）：236-244，338.

[2] 赵西贝，许建中，苑津莎，等.一种新型电容换相混合式直流限流器［J］.中国电机工程学报，2018，38（23）：6915-6923，7125.

[3] HASSANPOOR A，HÄFNER J，JACOBSON B.Technical assessment of load commutation switch in hybrid HVDC breaker［J］.IEEE transactions on power electronics，2015，35（10）：5393-5400.

[4] 周万迪，魏晓光，高冲，等.基于晶闸管的混合型无弧高压直流断路器［J］.中国电机工程学报，2014，34（18）：2990-2996.

[5] 韩乃峥，贾秀芳，赵西贝，等.一种新型混合式直流故障限流器拓扑［J］.中国电机工程学报，2019，39（6）：1647-1658.

[6] 周猛，左文平，林卫星，等.电容换流型直流断路器及其在直流电网的应用［J］.中国电机工程学报，2017，37（4）：1045-1052.

[7] 韩乃峥，樊强，贾秀芳，等.一种具备限流能力的多端口直流断路器［J］.中国电机工程学报，2019，39（17）：5172-5181，5298.

[8] 刘进军，王兆安.电力电子技术［M］.6版.北京：机械工业出版社，2022.

第 9 章

限流式断路器一体化 ◀◀◀◀
设计

　　柔性直流电网直流侧故障的快速隔离和清除问题是直流电网快速发展面临的关键技术瓶颈，目前大多数高压直流断路器无法兼具限流及断路作用。为此，本章针对不同应用场景和使用需求，提出多种限流式断路器一体化设计方案。

9.1　自旁路型限流式断路器

　　目前对于限流式断路器的研究主要集中在中低压直流系统，适用于高压直流电网的研究十分有限。本节提出一种基于单钳位子模块（single clamping sub-module, SCSM）的模块化限流式断路器[1]，具备限流和自旁路功能，可以有效降低直流系统中对断路器切断能力的需求，具备一定的应用前景。

9.1.1　基于单钳位子模块的限流式断路器

　　本节构造了一种基于单钳位子模块的混合式故障限流式断路器，通过子模块电容充电强迫电流转移至限流电抗，同时利用耗能电阻消耗限流式断路器中储能元件的能量，为限流式断路器下次投入创造条件。该限流式断路器的负载支路由负载转换开关（LCS）和超快速机械开关（UFD）组成。使用限流电抗作为限流元件。限流式断路器主支路由大量的单钳位子模块经串联和反串联构成。该限流方案具备混合式器件的优点，同时为降低断路器分断过程中避雷器耗能需求，设计了限流电抗旁路过程，使限流电抗中的能量在断路器分断成功后再通过耗能电阻消耗。但是通常限流器和断路器都是独立设备，串联时损耗较大。为降低通态损耗，本节考虑二者共用负载支路的情况。

　　以恒压源模拟系统直流电压，搭建限流式断路器测试电路如图 9-1 所示。其中，U_{dc}、R_{dc} 和 L_{dc} 用于模拟直流输电系统换流站的直流电压和阻抗。负载侧通过负载电阻短路模拟直流线路故障。同时为简化分析过程，限流式断路器动作时对其中反串联的两个单钳位子模块进行分析。

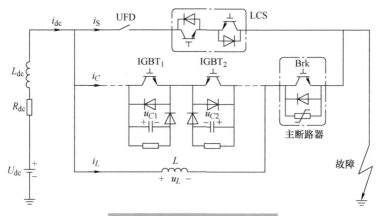

图 9-1　限流式断路器测试电路

9.1.2　限流式断路器电气应力分析

本节所提限流式断路器动作主要分为限流、旁路、分断、耗能 4 个过程，具体如下：

（1）$t_0 \leqslant t < t_2$　在稳态时，直流电流通过负载支路向负载供电，在 t_0 时刻发生直流线路故障，在 t_1 时刻保护装置检测到故障信号后，发出限流指令，电流由负载支路向限流式断路器支路转移。直到 t_2 时刻 UFD 达到额定开距，该过程的电流路径如图 9-2 所示。

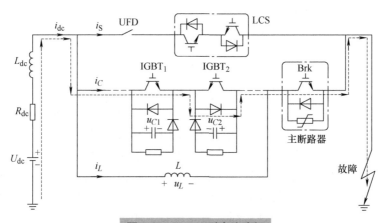

图 9-2　$t_0 \leqslant t < t_2$ 时电流路径

在 t_1 时刻检测到故障信号后，立刻闭锁 LCS，同时导通主支路中 IGBT，使主支路中全部子模块处于旁路状态（见图 9-2）。假定故障前稳态电流为 I_0，则该过程的公式为

$$i_{dc}(t_0 \sim t_2) = \left(\frac{U_{dc}}{R_{dc}} - I_0 \right)\left(1 - \mathrm{e}^{-\frac{t}{\tau_1}} \right) + I_0 \tag{9-1}$$

时间常数为

$$\tau_1 = \frac{L_{dc}}{R_{dc}} \tag{9-2}$$

（2）$t_2 \leqslant t < t_3$　在 t_2 时刻，闭锁主支路中全部 IGBT。此时主支路中的电容相互串联，便于快速充电。平波电抗器和电容并联，电容电压的升高会使故障电流向电抗器转移，从而实现限流效果。在 t_3 时刻全部电流流经平波电抗器。假定每个钳位子模块的电容为 C，在限流过程中，与钳位子模块中电容并联的耗能电阻阻值较大，流过电阻的电流远小于流经电容的电流，因此可忽略不计，则钳位子模块闭锁后的等效电容 $C_e = C/n$（n 为串联的钳位子模块个数）。该过程如图 9-3 所示。

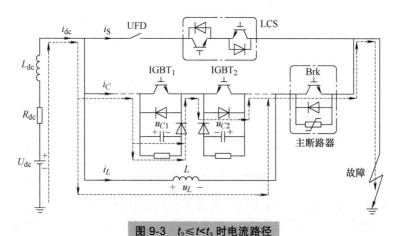

图 9-3　$t_2 \leqslant t < t_3$ 时电流路径

$t_2 \leqslant t < t_3$ 时，根据 KVL 可得

$$\begin{cases} U_{dc} = L_{dc}\dfrac{\mathrm{d}i_{dc}}{\mathrm{d}t} + i_{dc}R_{dc} + u_C \\[2mm] U_{dc} = L_{dc}\dfrac{\mathrm{d}i_{dc}}{\mathrm{d}t} + i_{dc}R_{dc} + L\dfrac{\mathrm{d}i_L}{\mathrm{d}t} \\[2mm] i_C = C_e\dfrac{\mathrm{d}u_C}{\mathrm{d}t} \\[2mm] i_{dc} = i_C + i_L \end{cases} \tag{9-3}$$

该方程组化简后为一个三阶方程，存在求解上的困难，但利用式（9-3）可以方便地进行数值求解，因此不再具体分析。

$t_3 \leqslant t < t_4$ 时，故障电流全部转移向限流电抗 L，系统再次进入 RLC 串联电路的放电过程，在此不再赘述。此时段放电回路的时间常数变为

$$\tau_2 = \frac{L_{dc} + L}{R_{dc}} \tag{9-4}$$

可知当限流式断路器完成投入以后，系统时间常数变大，故障电流上升率变小，阻止故障电流快速上升。

（3）$t_4 \leqslant t < t_5$　在 t_4 时刻，断路器开始分断，关断主断路器 IGBT 的同时导通 IGBT$_2$。系统电抗中的能量经过避雷器耗能，而限流电抗经过 IGBT$_2$ 和二极管续流，如图 9-4 所示。考虑到半导体器件电压降较低，可以认为该时段内 $I_4 = i_{dc}(t_4)$。

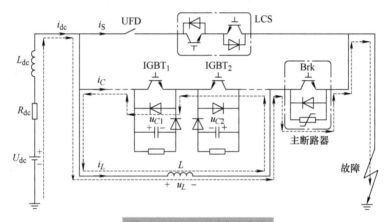

图 9-4　$t_4 \leqslant t < t_5$ 时电流路径

假定从避雷器开始动作到线路电流被彻底切断所需时间为 Δt，避雷器限制电压为 U_{MOV}，线路中总电抗值为 L_Σ。忽略线路中电阻消耗的能量，由能量守恒定律，避雷器中所需要消耗的能量为

$$\int_0^{\Delta t} U_{MOA} i_{dc} dt = \int_0^{\Delta t} U_{dc} i_{dc} dt + \frac{1}{2} L_\Sigma I_4^2 \tag{9-5}$$

由 KVL 可得，断路器分断时间内直流电流为

$$i_{dc} = I_4 - \frac{U_{MOA} - U_{dc}}{L_\Sigma} t \tag{9-6}$$

将式（9-6）代入式（9-5）并化简后得

$$-\frac{\gamma^2}{2L_\Sigma} \Delta t^2 + \gamma I_4 \Delta t - \frac{1}{2} L_\Sigma I_4^2 = 0 \tag{9-7}$$

其中，$\gamma = U_{\mathrm{MOA}} - U_{\mathrm{dc}}$，解式（9-7）得

$$\Delta t = \frac{L_{\Sigma} I_4}{\gamma} \tag{9-8}$$

当不使用限流式断路器进行限流操作或采取限流式断路器电抗旁路策略时，$L_{\Sigma 1} = L_{\mathrm{dc}}$。当使用限流式断路器进行限流操作但是不采取限流式断路器电抗旁路策略时，$L_{\Sigma 2} = L_{\mathrm{dc}} + L$。

由式（9-6）和式（9-8）可知，系统中电抗减小会使电流下降速度更快，断路时间Δt更小。继续观察式（9-5），Δt减小可以使源侧馈入的能量减小，L_{Σ}减小意味着限流式断路器电抗中的磁场能没有通过避雷器熄能，二者共同作用使得需要断路器消耗的能量减小。将$L_{\Sigma 1}$、$L_{\Sigma 2}$分别代入式（9-5）～式（9-8），解得限流式断路器电抗旁路所减小的断路器耗能为

$$E_{\mathrm{save}} = \frac{1}{2} L I_3^2 \left(\frac{U_{\mathrm{dc}}}{\gamma} + 1 \right) \tag{9-9}$$

（4）$t > t_5$　在t_5时刻，i_{dc}下降为0，闭锁IGBT_2。此时主支路中的反向电容并联支路相互串联，限流式断路器电抗电流向SCSM_2中的电容充电，并经过电阻耗能。该过程是直流故障切断后的电抗器耗能过程，其时间周期较长，因此考虑耗能电阻大小对时间周期的影响。当限流电抗中的储能被耗尽，电容中的储能将继续经过电阻放电，如图9-5所示。

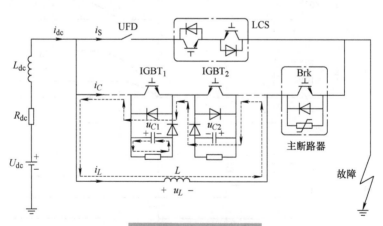

图9-5　$t > t_5$时电流路径

由上文可知，本节限流式断路器的重要特点为：

1）利用故障电流向电容充电，实现电流逐渐向限流电抗转移，该限流电抗投入方式不存在电流突变问题，在限流式断路器满足耐压的条件下不需要避雷器。

2）充分利用单钳位子模块的特点，本节限流式断路器具备自旁路能力，从

而可以降低断路器切断过程中的避雷器耗能需求，并减少断路时间。

为对限流式断路器动作过程进行仿真，在 PSCAD 中搭建如图 9-1 所示的测试电路，波形如图 9-6 所示，并与仅使用断路器切断故障时的波形（虚线）进行

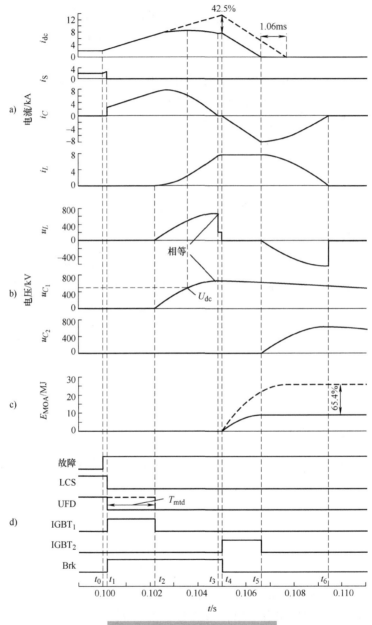

图 9-6　限流式断路器动作过程

a）电流　b）电压　c）能量　d）控制信号

对比。系统参数 U_{dc}=500kV，R_{dc}=5Ω，L_{dc}=0.2H，稳态电流 I_0=2kA。超快速机械开关分断延时 T_{mtd}=2ms。限流式断路器主支路电容 C_1=C_2=20μF，L=150mH。

观察图 9-6 可知，当 $IGBT_1$ 闭锁后，由于主支路中电压 u_{C_1} 上升，且 U_{C_1}=U_L，故障电流逐渐向平波电抗器转移。当 u_{C_1}=U_{dc} 时，故障电流达到限流式断路器动作过程中峰值 i_{dc_peak}。当 i_L=$i_{dc}(t_3)$ 时，限流式断路器主支路达到电压峰值 U_{FCL_peak}，故障电流全部转移至限流电抗，i_{dc} 重新开始上升（$t_3 \sim t_4$），但是故障电流上升率降低。在 t_4 时刻直流断路器开始动作，限流电抗电流流经旁路支路维持不变。当 i_{dc} 下降为 0（t_5）时，重新闭锁 $IGBT_2$，限流电抗经子模块中的电阻和电容放电耗能，t_6 时刻电抗器中电能全部耗尽，电容中的储能继续经电阻放电。

同仅使用断路器切除故障相比，使用限流式断路器进行限流可以使断路器分断电流大幅下降，将极大降低对断路器中 IGBT 关断能力的考验，并且由于较小的故障电流和更短的断路时间，也降低了对避雷器的耗能要求。

9.1.3　限流式断路器关键指标定义及参数灵敏度分析

为考核限流式断路器的限流效果，从两个方面提出限流效果评价指标，并分析所提限流式断路器关键元件参数对限流指标的影响，为参数综合设计提供参考。给出限流式断路器关键指标定义如下：

1）故障电流抑制率。考虑到限流式断路器逻辑上应在断路器之前动作，断路器负责切断限流后的故障电流。定义故障电流抑制率指标（current limiting index，CLI）为某时刻限流前后故障电流幅值之比。如图 9-7 所示，故障后 4ms 的故障电流抑制率（current limiting index at 4ms，CLI5）为 42.5%，同理，CLI5=41.9%，CLI6=41.3%。

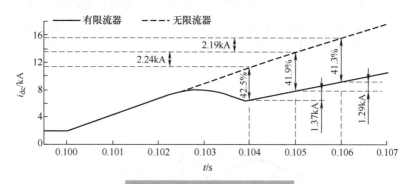

图 9-7　限流式断路器指标图示

2）故障电流上升率抑制率。限流式断路器的投入会减小故障电流上升率，该指标可以用于衡量投入限流式断路器后对故障电流上升速度的抑制效果。定义故障电流上升抑制率（current raise limit index，CRLI）为限流式断路器投入前后故障电流上升率差值所占限流前故障电流上升率的比值。考虑到在系统故障后数毫秒内故障电流上升率基本不变，选取不同的时间段计算结果差别不大。以图 9-7 为例，在故障后 4 ~ 5ms 内，CRLI=（2.24-1.37）/2.24=38.8%，在故障后 5 ~ 6ms 内，CRLI=36.5%。

9.1.4　仿真验证及经济性分析

1. 仿真验证

本节将在图 2-18 所示的四端直流电网中分析所提限流式断路器的限流效果，直流电网的运行参数见表 9-1。仿真设定 1s 时直流电网发生双极短路故障，随后限流式断路器按照前文所述原则投入系统。

表 9-1　四端直流电网的运行参数

换流站	桥臂子模块数	子模块电容 /μF	桥臂电抗 /mH	控制策略
MMC₁	233	15000	50	P=1500MW Q=0Mvar
MMC₂	233	7500	100	P=-1500MW Q=0Mvar
MMC₃	233	15000	50	P=-3000MW Q=0Mvar
MMC₄	233	7500	100	U_{dc}=-1000kV Q=0Mvar

如图 9-8 所示，与不添加限流式断路器时的直流电网故障电流（图 9-8 中虚线）对比，采用换相式限流式断路器后，直流电网 CLI5=42.3%，CLI8=40.4%。在限流式断路器投入后，故障电流上升率明显下降，故障后 5 ~ 8ms 内CRLI=35.3%，故障电流上升速度明显下降。

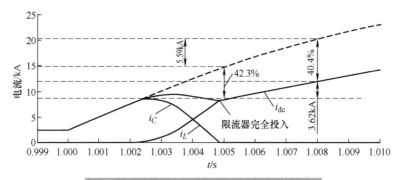

图 9-8　混合限流式断路器在直流电网的应用

206

　　在直流电网中，故障后快速上升的桥臂电流会在极短时间内达到 IGBT 过电流极限，触发子模块闭锁，导致换流站失效。为了避免子模块闭锁，通常需要在故障电流达到限值前启动断路器，切断故障电流，以保证换流站持续运行。以本节所用四端直流电网为例，假定所用 IGBT 器件额定电流为 3kA，在电流达到 6kA 时触发器件自保护闭锁。没有配置限流式断路器的直流电网在故障发生 3.9ms 后，MMC$_3$ 站正极一相桥臂达到闭锁（图 9-9 中虚线）。使用限流式断路器后（图 9-9 中实线），可以有效抑制桥臂电流增长速度，在故障后 8.6ms 达到闭锁限值。由此，限流式断路器的采用可以为保护系统争取 4.7ms 左右的时间，有效避免断路器误动。

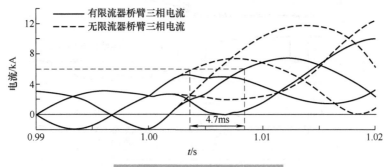

图 9-9　MMC$_3$ 站三相桥臂电流

　　鉴于限流式断路器无法独立完成故障清除，需要配合断路器切除故障线路。假定在故障发生后 5ms 切除故障，限流和断路全过程的电路、电压、能量如图 9-10 所示。为充分说明自旁路限流式断路器在直流电网中的使用效果，提供仅使用断路器切断故障电流和使用不具备自旁路功能的限流式断路器配合切断故障电流的波形作为对比。其中不具备自旁路功能的限流式断路器以本节限流式断路器为例，但是在断路过程中不利用 IGBT$_2$ 创造旁路通路。

　　由图 9-10a 直流故障电流波形可知，使用限流式断路器可以使故障电流峰值大幅下降（42.3%），对断路器的性能要求大幅降低。具备旁路能力的限流式断路器可以进一步节约故障清除时间（2.3ms），而采用不具备自旁路能力的限流式断路器电流下降速度较慢，最后故障清除时间反而延长 1ms。

　　假定断路器所采用的避雷器性能一致，电压基准值为 750kV，避雷器限制电压也相同。针对有无自旁路能力的限流式断路器其耗能分别减少 64.9% 和 32%。采用自旁路限流式断路器在断路过程中减少了 50% 的电抗，因此其避雷器耗能相比非自旁路限流式断路器节约 1 倍左右。多余的 0.9% 是因为断路过程中更小的电抗故障电路下降更快，从而减少了该时间内系统持续馈入的能量。因此采用自旁路限流式断路器可以更好地降低避雷器耗能需求，由断路器中避雷器独立承担耗能变为限流式断路器中耗能电阻和避雷器共同承担，对于降低避雷器需求有显著效果，如图 9-10b 所示。

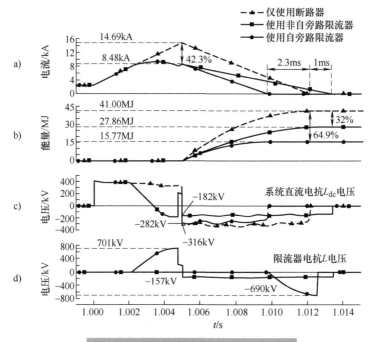

图 9-10　限流式断路器配合断路器应用

对于直流电抗器电压而言，使用断路器可以少量降低直流电抗在断路过程中的过电压水平（34kV）。若是在断路过程中由直流电抗和限流式断路器电抗分压，对应过电压水平更低。但是自旁路限流式断路器的电抗电压过电压明显高于直流电抗电压，为了尽可能使用耐压等级更高的限流式断路器电抗，同时加快故障清除速度，仍然认为自旁路限流式断路器效果较优。

2. 经济性分析

为了对比所提混合式故障限流式断路器方案在切断直流电网故障电流时的经济性，与仅使用 ABB 混合式断路器切断故障电流时的器件需求作为对比。

选取目前比较成熟的大功率 IGBT 器件作为选型方案，通过测量器件最大电压与电流并考虑双向配置，相应器件需求见表 9-2（项目 1 为仅使用 ABB 断路器时的需求，项目 2 为配合限流式断路器使用的 ABB 断路器需求，项目 3 为限流式断路器需求）。

由表 9-2 分析可知，单纯从器件使用数量上分析，本节所提混合式故障限流式断路器 +ABB 断路器方案可以减少电力电子器件（IGBT+ 反并联二极管）的使用，降幅为 12%。

表 9-2　器件需求

项目	开关器件 耐压耐流	并联数量	串联数量	总数
1	IGBT 4.5kV/3kA	5	332	3320
2		3	332	1992
3		3	155	930

进一步而言，本节提出的限流式断路器可以在切断电流时减少 1/2 以上（64.9%）的避雷器容量需求，对于降低避雷器投资有显著效果。若考虑到避雷器的使用寿命限制（通常在 20 次以内），采用限流措施可以延长控保系统判断时间，使断路器误动概率降低，延长断路器寿命，从另一层面节约了投资成本。

对于本节所提流式断路器而言，还需要额外增添子模块中的电容以及限流式断路器电抗。二者难以直接通过数量对比来分析成本，但是考虑到电容和电抗均较为成熟，可以认为没有显著增加工程难度，仍然具备技术上的可行性。

9.2　阻容型限流式直流断路器

本节提出一种阻容型限流式直流断路器拓扑[2]，进一步通过发挥直流电抗的串并联特性，实现稳态响应和暂态限流的良好结合。

9.2.1　阻容型限流式直流断路器拓扑

1. 拓扑结构

本节所提出的阻容型限流式直流断路器拓扑结构如图 9-11 所示。该拓扑可以根据实际工程的需要，以及平波电抗参数、限流速率、经济性、占地面积等各方面综合考虑，选择任意奇数支路数量，构成多并联支路往复式结构。本节以三并联支路往复式结构进行拓扑的原理性分析。

三并联支路结构主要包括 1 个断路阀段、2 个限流阀段和 3 组电抗器。其中，L_n（n=1，2，$\cdots$）为电抗器，MOA_m（m=1，2，$\cdots$）为金属氧化物避雷器，VF_i（i=1，2，$\cdots$）为 IGBT 开关管，VD_j（j=1，2，$\cdots$）为二极管器件，VT 为反并联晶闸管，C 为电容器，R 为电阻。

断路阀段包含 3 条支路：支路 1 为低损耗通流支路，支路 2 为能量吸收支路，支路 3 为电力电子断路支路。其中，电力电子断路支路由于二极管整流桥的结构，使得 IGBT 的单向布置满足了双向断路操作的要求。

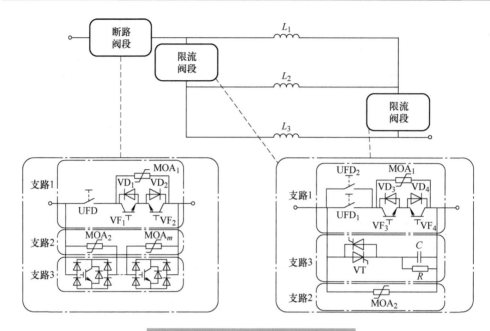

图 9-11 阻容型限流式直流断路器拓扑

限流阀段同样包含 3 条支路，与断路阀段不同的是：限流阀段的支路 1 有两个并联的 UFD，两个 UFD 互为备用关系。支路 2 为能量吸收回路，但是其 IGBT 和 MOA 的数量配置与断路阀段不同。支路 3 为能量转移支路（energy transfer path，ETP），由一组反并联晶闸管 VT、电容 C 以及电阻 R 构成，用于辅助 UFD 成功分断。

2. 控制方式

所提出拓扑的限流状态使其具备了一些很多传统高压直流断路器无法实现的功能。限流状态使得故障电流的上升速率在第一时间得到了抑制，从而为故障的检测和确认提供了额外的时间，在一定程度上减小了故障检测的误判风险。若此时故障判断的结果是暂时性故障，则首先进行断路操作，等待故障消失，再进行重合闸操作；若故障判断结果是永久性故障，则再次进行断路操作。以图 9-11 拓扑为例，本节设计了相应的动态控制方法，流程图如图 9-12 所示。该断路器具体动作过程如下：

1）在系统正常运行时，断路阀段支路 1 的 UFD 闭合，与其相串联的 IGBT 组导通，该支路处于低损耗导通状态，而支路 2 和支路 3 处于高阻态断路状态。限流阀段也是如此，电流流经支路 1。此时，整个断路器的 3 个电抗器并联连接，呈现低电抗状态。

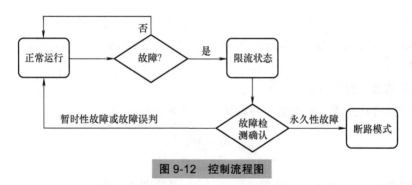

图 9-12　控制流程图

2）当系统检测到疑似故障发生时，断路器立即进入限流状态：开通断路阀段支路 3 的所有 IGBT 和限流阀段支路 3 的晶闸管组，同时关断各阀段支路 1 中的所有 IGBT。线路电流从各阀段支路 1 逐渐转移到支路 3，等待流过 UFD 的电流降至零时，打开各阀段的 UFD，线路电流就完全流过支路 3。

3）限流阀段支路 3 中的电容 C 充电时，晶闸管保持正向导通。待电容向电阻放电，电压降到一定值时，晶闸管组两端的电压将呈现反压状态，持续一定时间后，晶闸管组就会被关断。此时，3 条支路的电抗器由并联状态完全转变成串联状态，呈现大电抗限流状态，立即达到限制线路电流上升速率的效果。

4）经过数毫秒的检测延时后，根据确认结果进行断路操作或将断路器恢复正常运行。

9.2.2　新型限流式断路器拓扑的工作模式解析

图 9-13 所示为所提出断路器在单端系统中的等效电路，其中 U_{dc} 为直流电压源，$R_{线}$ 为线路等效电阻，R_0 为负载电阻，L 为支路电抗器，R_L 为 L 的稳态电阻。

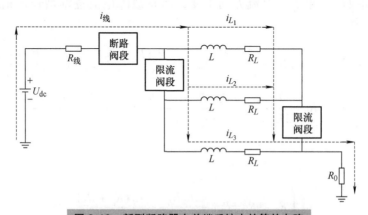

图 9-13　新型断路器在单端系统中的等效电路

对图 9-12 控制流程图进行分析，可将该断路器的运行过程划分为 5 个阶段，包括：正常运行阶段、故障检测阶段、电流转移阶段、限流状态阶段、故障清除阶段。假设 t_0 时刻开始正常运行，t_1 时刻系统发生接地短路故障，各阶段的应力情况分析如下：

1. 正常运行阶段（$t_0 \sim t_1$）

正常运行状态下，3 条电抗并联运行，等效阻抗 R 为

$$R = \frac{(R_L + 3R_2)R_L}{3R_L + R_2} \tag{9-10}$$

线路总电流 $i_{线}$ 及各支路电流 i_{L_1}、i_{L_2}、i_{L_3} 可分别表示为

$$i_{线}(t_0) = \frac{U_{dc}}{R_{线} + R_1 + R + R_0} = \frac{U_{dc}}{R_{线} + R_1 + \frac{(R_L + 3R_2)R_L}{3R_L + R_2} + R_0} \tag{9-11}$$

$$\begin{cases} i_{L_1}(t_0) = \frac{R_L + R_2}{3R_L + R_2} i_{线}(t_0) \\ i_{L_2}(t_0) = \frac{R_L - R_2}{3R_L + R_2} i_{线}(t_0) \\ i_{L_3}(t_0) = i_{L_1}(t_0) = \frac{R_L + R_2}{3R_L + R_2} i_{线}(t_0) \end{cases} \tag{9-12}$$

由式（9-12）可知，由于阀段低损耗支路的等效电阻远小于 R_L，故 3 条支路的电流基本相等，即 $i_{L_1} \approx i_{L_2} \approx i_{L_3} \approx i_{线}/3$。

2. 故障检测阶段（$t_1 \sim t_2$）

直流侧故障发生后，电流方向不变，但是故障电流逐渐增长，相应的 KVL 方程可表示为

$$\begin{aligned} U_{dc} &= (R_{线} + R_1)i_{线}(t) + \frac{2R_2R_L}{3R_L + R_2}i_{线}(t) + \frac{R_L(R_L + R_2)}{3R_L + R_2}i_{线}(t) + L\frac{R_L + R_2}{3R_L + R_2}\frac{di_{线}(t)}{dt} \\ &= \left[R_{线} + R_1 + \frac{2R_2R_L}{3R_L + R_2} + \frac{R_L(R_L + R_2)}{3R_L + R_2} \right]i_{线}(t) + L\frac{R_L + R_2}{3R_L + R_2}\frac{di_{线}(t)}{dt} \end{aligned} \tag{9-13}$$

令

$$\begin{cases} R_{Req} = R_{线} + R_1 + \frac{2R_2R_L}{3R_L + R_2} + \frac{R_L(R_L + R_2)}{3R_L + R_2} \\ R_{Leq} = \frac{R_L + R_2}{3R_L + R_2} \end{cases} \tag{9-14}$$

则式（9-13）可表达为

$$U_{dc}=i_{线}(t)R_{Req} + LR_{Leq}\frac{di_{线}(t)}{dt} \tag{9-15}$$

求解式（9-15）可得

$$\begin{cases} i_{线}(t) = \dfrac{U_{dc}}{R_{Req}} + [i_{线}(t_0) - \dfrac{U_{dc}}{R_{Req}}]e^{-\frac{t-t_1}{\tau}} & t > t_1 \\ \tau = \dfrac{LR_{Leq}}{R_{Req}} \end{cases} \tag{9-16}$$

其中，$i_{线}(t_0)$ 为该直流线路额定电流，也是稳态电流，其值为一常量。由式（9-16）可知，故障电流在以指数规律增长，且在几毫秒内可能会上升到非常大的值，足以显示直流侧故障电流发展十分迅速。

为了方便起见，也可假设断路器动作前，直流故障电流达到的峰值即 $i_{线}(t_2)$ 为

$$i_{线}(t_2) = kI_{线N} \tag{9-17}$$

此处，$I_{线N}=i_{线}(t_0)$，k 为直流故障电流峰值系数，为一个大于1的常数，其值是根据系统的故障保护动作时间或所允许的最大峰值电流来定的。

3. 电流转移阶段 $(t_2 \sim t_3)$

当保护系统下达指令后，流过各阀段的电流都从阀段的低损耗支路转移到各自的支路3，故等效电阻将增大，即为 $R_1' > R_1$。

该状态下两个电容的 KVL 方程可表示为

$$\begin{cases} U_{C_1}=L\dfrac{di_{L_1}(t)}{dt} +R_Li_{L_1}(t) - L\dfrac{di_{L_2}(t)}{dt} - R_Li_{L_2}(t) \\ U_{C_2}=L\dfrac{di_{L_3}(t)}{dt} +R_Li_{L_3}(t) - L\dfrac{di_{L_2}(t)}{dt} - R_Li_{L_2}(t) \end{cases} \tag{9-18}$$

两个电容充电电压的大小由与其同在一个回路中的两条支路电抗器电压及它们的稳态电阻电压决定。

根据伏安特性，电容充电方程可表示为

$$\begin{cases} C\dfrac{dU_{C_1}}{dt} = i_{L_2} + i_{L_3} \\ C\dfrac{dU_{C_2}}{dt} = i_{L_1} + i_{L_2} \end{cases} \tag{9-19}$$

由此可知，两个电容充电电压的上升速率与支路电流的大小有关。其充电速率较为缓慢，从而能够保证低损耗支路 UFD 的可靠打开。同时，由于电容电压的增大，反向电压的作用也会对该支路电流产生较强的限制作用。待电容电压达到一定值，与其串联的晶闸管将处于反向电压状态，从而经过一小段时间后关断，电容电压逐渐地通过与其并联的耗散电阻进行耗散。

4. 限流状态阶段（$t_3 \sim t_4$）

随着 UFD 拉开到安全距离、晶闸管自动关断条件的满足，断路器 3 条支路的电感从并联结构完全转换到串联结构，断路器进入完全限流阶段，3 个电感串联运行，KVL 方程为

$$\begin{cases} U_{dc} = R_{\text{Limiteq}} i_{线}(t) + 3L \dfrac{\mathrm{d}i_{线}(t)}{\mathrm{d}t} \\ R_{\text{Limiteq}} = R_{线} + R_1' + 3R_L \end{cases} \quad (9\text{-}20)$$

该阶段中 $i_{线}(t)$ 的初值为上一阶段的最终值，即 $i_{线}(t_3)$，求解方程（9-20）可得

$$\begin{cases} i_{线}(t) = \dfrac{U_{dc}}{R_{\text{Limiteq}}} + \left[i_{线}(t_3) - \dfrac{U_{dc}}{R_{\text{Limiteq}}} \right] e^{-\frac{t-t_3}{\tau_{\text{Limit}}}} \quad t > t_3 \\ \tau_{\text{Limit}} = \dfrac{3L}{R_{\text{Limiteq}}} \end{cases} \quad (9\text{-}21)$$

对比式（9-16）与式（9-21）可知，限流过程中的时间常数 τ_{Limit} 是断路器未动作前的时间常数 τ 的 3 倍，体现了断路器动作后的限流作用，电流上升的速率大大降低。

从另一个角度看，根据磁链守恒定理可知，当断路器 3 条支路从并联结构突变为串联结构时，因为电感在变化前后的磁链保持守恒，线路流过的电流瞬间变为限流前每个电感中流过的电流，即降低为原来的 1/3，进一步体现了该断路器的限流能力。

5. 故障清除阶段（$t_4 \sim t_5$）

如果系统发生了永久性故障，将进行断路清除故障动作，断路阀段避雷器投入耗能，断路器 3 条支路重新回到并联状态，加快了放电速度。此阶段不再列写解析公式。

9.2.3 拓扑仿真验证

为进一步验证和分析本节所提出的阻容型限流式直流断路器拓扑的故障处理能力，在 PSCAD/EMTDC 下建立基于半桥 MMC 的四端直流电网系统。该系统

的具体参数见表 9-3，断路器模型参数见表 9-4，系统结构图如图 2-18 所示。系统稳态时 MMC$_3$ 和 MMC$_4$ 之间电流最大，所以以 MMC$_3$ 和 MMC$_4$ 两端之间的双极短路故障作为验证该断路器的故障处理效果。故障点距 MMC$_3$ 端 10km，距 MMC$_4$ 端 209km。

表 9-3 四端直流电网参数

换流站	桥臂子模块个数	子模块电容 /μF	桥臂电抗 /mH	平波电抗 /mH	中性线接地电抗 /mH	控制策略
MMC$_1$	233	7000	100	150	300	P=1500MW Q=0MVar
MMC$_2$	233	7000	100	150	300	P=-1500MW Q=0MVar
MMC$_3$	233	15000	75	150	300	P=3000MW Q=0MVar
MMC$_4$	233	15000	75	150	300	U_{dc}=1000kV Q=0MVar

表 9-4 限流式断路器模型参数

参数	数值
支路数 N	3
支路电感 L	0.45H
IGBT 通流峰值 I_{MAX}	0.1kA
限流阀段耗散电阻 R	1000Ω
限流阀段电容 C	15μF

仿真设定 1.0s 时刻系统发生双极短路故障，经过 150μs 检测延时后，断路器各阀段在 1.00015s 开始动作。如图 9-14 所示，方形标记曲线为 ABB 断路器方案下的线路故障电流变化，圆形标记曲线为本节断路器方案下的线路故障电流变化。从图中可以看出，直流电网故障电流发展十分迅速，本节断路器拓扑采用的限流措施在较大程度上对故障电流起到了限制作用。

图 9-15 所示为清除永久性故障的电流波形图，图 9-15a 为限流阀段各支路故障清除过程的电流波形，两个限流阀段的波形一致，此处只展示其中一个限流阀段的波形。图 9-15b 为断路阀段各支路的电流波形。

系统在 t_1=1.0s 时刻发生双极短路故障，采用电压变化率检测的方法，经过 150μs 的检测反应延迟，系统在 t_2=1.00015s 开始进行限流操作。$t_2 \sim t_3$ 阶段，限流阀段的电容投入充电，由于故障的存在，电流也不断增大。随着电容电压的增加，t_3 时刻限流阀段的避雷器两端电压达到其保护值，电流开始转向避雷器支路。

$t_3 \sim t_4$ 阶段由于避雷器能量的大幅度吸收，线路电流下降了一些。t_4 时刻限流阀段退出运行，电抗从并联状态转变到串联状态，断路器正式进入限流阶段。由于限流的作用，$t_4 \sim t_5$ 阶段电流的增长速率比 $t_2 \sim t_3$ 阶段明显降低。考虑各种情况，断路器在经过长达 11ms 的时间确认限流故障，$t_5 = 1.011s$ 进行断路操作，经过 1.6ms（$t_6 = 1.0126s$）的耗能时间，故障线路被彻底隔离。

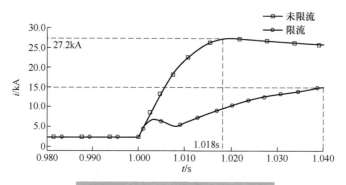

图 9-14　直流线路故障电流波形对比

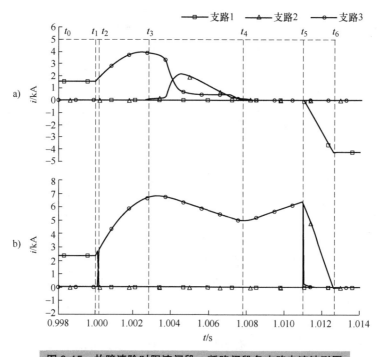

图 9-15　故障清除时限流阀段、断路阀段各支路电流波形图

a）限流阀段　b）断路阀段

限流阶段限流阀段电容充电过程的电压和电流波形图如图 9-16 所示。从

图 9-16a 可知，经过 2ms 的充电，电容电压达到 312.6kV，最高达到 760kV，（一般情况下，UFD 的绝缘电压与触头间隙距离成正比，在 2ms 内可达到 800kV），故 UFD 有足够的电气环境进行安全操作，不会发生击穿问题。与此同时，从晶闸管电压曲线以及支路电流可以看出，晶闸管在 1.008s 左右被被动关断，为下次动作以及重合闸做准备。此后电容储存的能量将由其并联的电阻进行耗散。

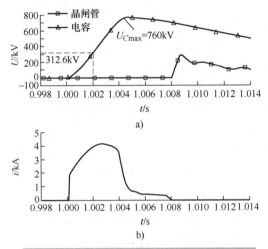

图 9-16　限流阀段支路 3 电压和电流波形图

9.3　多端口直流断路器及其在直流电网保护中的应用

本节提出一种新型多端口直流断路器（MP-DCCB）拓扑[3]，多条线路共用主断路器，在主断路器和线路之间增加选择支路（selector path，SP），利用通流能力大的晶闸管作为控制单元，减少了开关器件数量，正常运行时电流不流经晶闸管，降低了通态损耗。所提 MP-DCCB 具有 n 个端口，可以独立于其他端口中断每个端口处电流；同时具备能量转移支路，避雷器吸收能量时与直流电感形成放电回路，减小避雷器耗能需求，并提高电流衰减速度。

9.3.1　新型多端口直流断路器

本节将介绍所提 MP-DCCB 的拓扑结构、动作逻辑和电气过程。

1. 拓扑结构

图 9-17 所示为本节 MP-DCCB 的拓扑，所提 MP-DCCB 包含通流支路、选择支路（selector path，SP）、主断路支路（main breaker path，MBP）和能量转移支路（ETP）。通流支路由超快速机械开关（UFD）、负载转换开关（LCS）组成。

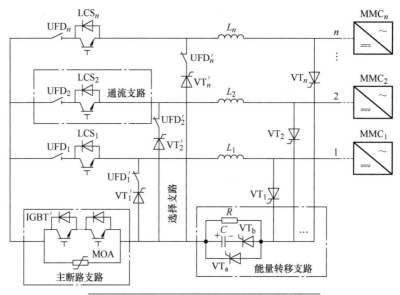

图 9-17　新型多端口直流断路器拓扑结构图

选择支路由 UFD 和晶闸管 VT′ 组成，发生故障后，晶闸管和主断路支路的 IGBT 同时可靠导通，通流支路断开后撤除晶闸管触发信号，故障清除后流经晶闸管的电流减小为 0，经一段延时晶闸管能够自动关断。主断路支路由单方向的 IGBT、二极管和避雷器构成。能量转移支路由三部分构成：①晶闸管 VT_a，与直流电抗形成回路，将电抗电流转移；②预充电电容 C，放电过程为晶闸管 VT_a 提供可靠关断的反向电压，反向充电过程快速吸收直流电抗能量；③耗能电阻 R，消耗电容吸收的能量。

图 9-18a 所示为常规 DCCB 在直流电网中的位置示意图。图 9-18b 所示为本节 MP-DCCB 在直流电网中的位置示意图，显示当 MP-DCCB 安装在换流站出口处保护 n 条线路时，其与换流站及线路之间的连接关系。当直流线路发生故障后，只需通过对应的断路器端口将该线路断开，即可隔离故障，其余线路可以继续保持运行。

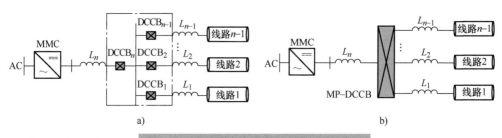

图 9-18　断路器在直流电网中的位置示意图

a）常规 DCCB 位置　b）MP-DCCB 位置

本节方案中，多条线路集成至一个 MP-DCCB 中，直流母线被包含在 MP-DCCB 内。在常规断路器方案中，如果直流母线上发生故障，则必须关闭所有 DCCB，将该节点将完全断开。而对于本节方案而言，因为直流母线集成在断路器内，所以故障概率比通常在室外的直流母线要小。如果在极端情况下，MP-DCCB 母线出现故障时，需要投入后备保护措施，该后备保护措施与断路器拒动后备保护一致。

图 9-19 所示为直流电网中 DCCB 后备保护方案，图中黑色器件为拒动断路器，斜线器件为动作断路器，空心器件为不动作断路器。在图 9-19a 所示的常规 DCCB 方案中，当线路主保护拒动时，需要相邻线路的 DCCB 提供后备保护。以图 9-19a 中线路 12 上发生短路故障为例，当 $DCCB_{12}$ 拒动时，需要相邻线路近端断路器 $DCCB_{13}$ 动作，切除相邻线路，防止远端换流站 MMC_4 向故障点馈入电流，同时闭锁近端换流站 MMC_1，将故障线路退出运行。此时，对于后备保护断路器而言，电流由远端换流站向故障线路反向馈入，因此常规断路器需要具备双向关断能力，反向切断能力主要用于后备保护阶段。对于多端口断路器而言，无论作为主保护还是后备保护，电流都是从直流母线侧流向断路器外侧。以图 9-19b 中线路 12 上所示位置发生短路故障为例，当主保护 $MP\text{-}DCCB_1$ 拒动时，向相邻线路远端多端口断路器 $MP\text{-}DCCB_4$ 发出动作信号，将相邻线路 14 切除，电流方向如图 9-19b 所示，与断路器 $MP\text{-}DCCB_4$ 作为主保护动作时切断电流的方向一致。因此，多端口断路器仅需要单方向的电力电子器件。

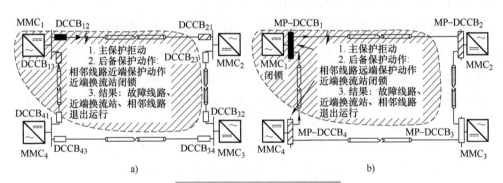

图 9-19 DCCB 后备保护方案

a）常规 DCCB 后备保护 b）多端口 DCCB 后备保护

MP-DCCB 与常规 DCCB 的主要区别在于：多条线路共用主断路器，并且通流支路、选择支路及主断路支路仅需单方向通流和切断能力，减少了 IGBT 数量。与常规 MP-DCCB 相比，本节提出的 MP-DCCB 采用晶闸管作为主断路器和各线路的控制单元，通流能力及体积、重量更具优势；并且本节提出的 MP-DCCB 中故障电流流经晶闸管，其通流能力及可靠性比常规 MP-DCCB 更优；除此之外还增加了能量转移支路，减小了避雷器耗散能量，缩短了电流衰减时间。

2. 动作逻辑

假设 t_0 时刻在线路 1 限流电抗右侧发生接地短路故障，表 9-5 所示为故障后 MP-DCCB 的动作过程。

表 9-5　故障后 MP-DCCB 的动作过程

时刻	动作过程
t_0	故障发生
t_1	检测到故障，导通 VT_1' 及 IGBT′，关断 LCS_1，给 UFD_i'（$i=2$，…，n）关断信号
t_2	UFD_1 达到额定开距打开，关断 IGBT′，同时导通 VT_1、VT_a 与直流电抗形成回路，避雷器开始耗能
t_3	故障线路电流降为 0，导通 VT_b，电容 C 放电，VT_a 承受反压
t_4	VT_a 自动关断，电抗给电容充电
t_5	电抗电流下降为 0，VT_1 自动关断，电容经电阻耗能或将电能用于其他方面

具体动作过程及各器件动作逻辑如下：

1）t_0 时刻故障发生，电流经通流支路流向短路点，MP-DCCB 不参与运行，选择支路、主断路器支路、能量转移支路中无电流流过，电流路径如图 9-20a 所示。MP-DCCB 初始状态为：UFD_i、UFD_i'、和 LCS_i（$i=1$，…，n）导通；VT_i、VT_i'（$i=1$，…，n）、VT_a、VT_b 和 IGBT′ 闭锁。

2）t_1' 时刻检测到故障，导通 VT_1' 和 IGBT′，一段延时后，t_1'' 时刻闭锁 LCS_1，并向 UFD_1、UFD_i'（$i=2$，3，…，n）发出分断信号，则 LCS_1 中电流迅速下降，LCS_1 闭锁后撤除 VT_1' 触发信号，t_1 时刻电流小于 UFD_1 的剩余电流，UFD_1 开始打开。由于电流转移支路通态阻抗很低，为简化解释过程，理论分析中认为 $t_1' = t_1'' = t_1$，电流路径如图 9-20b 所示。

3）t_2 时刻，UFD_1 电流下降为零，达到额定开距，且不会燃弧；此时闭锁主断路器 IGBT′，同时导通 VT_1 和 VT_a，晶闸管导通后即撤除触发信号。避雷器两端电压迅速上升，达到动作电压后，电流流过避雷器，避雷器吸收电源侧线路能量。电流路径如图 9-20c 所示。

4）t_3 时刻避雷器将剩余能量全部吸收，线路电流下降为 0，此后能量转移支路和电感组成独立回路，如图 9-20d 所示。t_3 时刻导通 VT_b，电容 C 开始放电，VT_a 承受反压，经一段时间后关断，电流路径如图 9-20e 所示。

5）t_4 时刻，VT_a 自动关断，直流电抗与 R、C 构成回路，向电容充电，并经电阻放电。由于吸收电容存在，能量快速转移，电流路径如图 9-20f 所示。

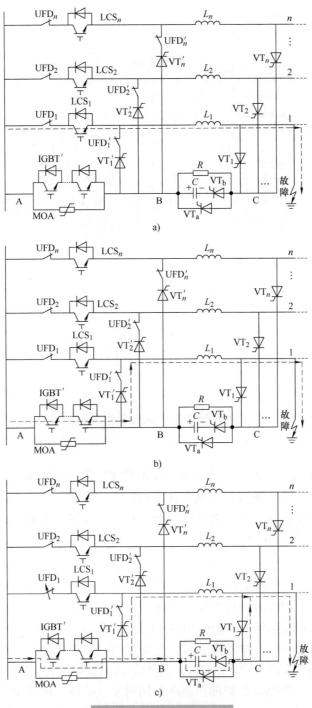

图 9-20　电流流经路径图

a) $t_0 \sim t_1$ 时刻　b) $t_1 \sim t_2$ 时刻　c) $t_2 \sim t_3$ 时刻

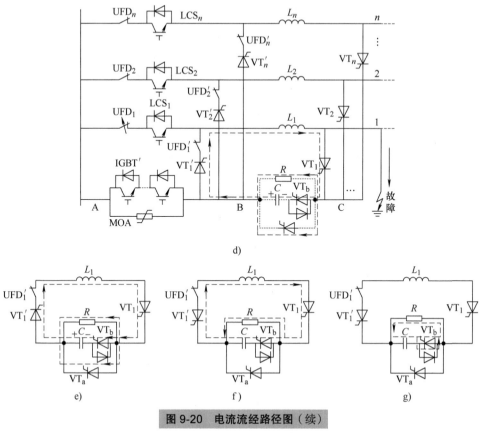

图 9-20　电流流经路径图（续）

d) $t_3 \sim t_6$ 时刻　e) $t_3 \sim t_4$ 时刻　f) $t_4 \sim t_5$ 时刻　g) $t_5 \sim t_6$ 时刻

6）t_5 时刻直流电抗电流下降为 0，晶闸管 VT_1 及 VT_1' 关断，直流电抗能量全部耗散，此后电容经电阻放电耗能。将 UFD_i'（$i=2$，3，$\cdots$，n）合闸，电容放电结束后，MP-DCCB 各器件完全恢复至初始状态，为下一次故障电流分断做好准备。电流路径如图 9-20g 所示。

3. 多种故障类型及重合闸分析

设定图 9-17 中换流站 MMC_n 为近端换流站，其出口处的直流母线若发生单极接地短路故障，则将故障极近端的换流站 MMC_n 闭锁，同时断开连接于同一母线直流线路的远端断路器 $MP\text{-}DCCB_j$（$j=1,2,\cdots,n-1$），切除母线上的直流线路，并将输送功率减小一半，非故障极可以正常运行。若换流站 n 出线线路 n 发生故障，则通过多端口断路器将出线切除，同时闭锁换流站即可。

若同一多端口断路器保护的两条线路同时发生故障，则启用主断路器模块中的主支路及后备支路，通过选择支路将两条故障线路的短路电流同时转移至主断路器进行断路。

断路器切断电流后去游离时间为 150～300ms，去游离结束时，能量转移支路电容、电阻充放电已完成，断路器各器件恢复至初始状态，对断路器进行重合闸。为保护通流支路 UFD 及 LCS，将在低压下开通机械开关，因此先导通主断路器 IGBT′ 和选择支路晶闸管，后将故障线路 LCS 支路和 UFD 合闸。断路器可在 4ms 内完成重合闸操作。

9.3.2　故障发展过程理论分析

图 9-21 所示为 MP–DCCB 动作过程等效电路，其中换流站等效为直流电压源，换流站等效电感、线路平抗、集中参数下等效线路电感统一记为 L_i（i=2，3，…，n）；L_{11} 为故障点至母线处的等效电感值，L_{12} 为故障点至远端换流站处的等效电感值，L_{dc1} 为直流线路限流电感。系统中电阻相对较小，忽略换流器、线路电阻以及各电力电子器件的通态电压降。

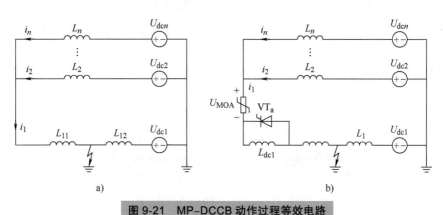

图 9-21　MP–DCCB 动作过程等效电路

a) $t_0<t<t_2$　b) $t_2<t<t_3$

（1）$t_0<t<t_2$　在 $t_0<t<t_2$ 时段，故障电流持续上升，在电流转移支路中流过 IGBT。设 I_{1N} 为故障直流线路 1 的稳态电流值。记 $\Sigma_1 = \sum_{j=2}^{n} 1 \Big/ L_j$，$\Sigma_2 = \sum_{j=2}^{n} U_{dcj} \Big/ L_j$，由 KVL、KCL 得 $t_0<t<t_2$ 内故障线路电流 i_1 为

$$i_1 = I_{1N} + \frac{\Sigma_2}{1 + L_{11}\Sigma_1}(t - t_0) \tag{9-22}$$

（2）$t_2<t<t_3$　t_2 时刻关断 IGBT′，两端电压迅速上升，达到避雷器动作电压设定值 U_{MOA} 时，故障电流流过避雷器，直流电抗与 VT_a 形成回路。避雷器相当于一个电压源，其电压为 U_{MOA}，电流最大值为 I_{max}，t_3 时刻故障线路电流降为零，记断路时间为 Δt_{break}。设 I_2 为 t_2 时刻的线路电流，由式（9-22）计算得线路电流

$I_2=i_1(t_2)$，设避雷器动作期间电压为限制电压 U_{MOA}，在 Δt_{break} 时间内有

$$i_1(t)=I_2+\frac{\Sigma_2-\Sigma_1 U_{MOA}}{1+(L_{11}-L_{dc1})\Sigma_1}(t-t_2) \tag{9-23}$$

则断路时间为

$$\Delta t_{break}=I_2\frac{1+(L_{11}-L_{dc1})\Sigma_1}{\Sigma_1 U_{MOA}-\Sigma_2} \tag{9-24}$$

避雷器需耗散的能量 E_{MOA} 为

$$E_{MOA}=\frac{I_2^2 U_{MOA}}{2}\frac{1+(L_{11}-L_{dc1})\Sigma_1}{\Sigma_1 U_{MOA}-\Sigma_2} \tag{9-25}$$

由式（9-24）和式（9-25）可知，能量转移支路与线路直流电抗形成回路，将直流电抗上的电流转移，断路时间和耗能大幅减少。

（3）$t_3<t<t_5$　t_3 时刻换相电容开始放电，忽略 VT_a 电流降到零的时间，认为直流电抗电流在 t_3 时刻立即转移到换相电容中，则 $i_C(t_3)=i_1(t_2)=I_2$，$u_C(t_3)=-u_0$，由 KVL、KCL 得

$$\begin{cases} i_L(t)=I_2\cos\frac{t-t_3}{\sqrt{CL_{dc1}}}+u_0\sqrt{\frac{C}{L_{dc1}}}\sin\frac{t-t_3}{\sqrt{CL_{dc1}}} \\ u_C(t)=I_2\sqrt{\frac{L_{dc1}}{C}}\sin\frac{t-t_3}{\sqrt{CL_{dc1}}}-u_0\cos\frac{t-t_3}{\sqrt{CL_{dc1}}} \\ t_4=\sqrt{CL_{dc1}}\arctan\left(\frac{u_0}{I_2}\sqrt{\frac{C}{L_{dc1}}}\right)+t_3 \\ t_5=\sqrt{CL_{dc1}}\left[\pi+\arctan\left(-\frac{I_2}{u_0}\sqrt{\frac{C}{L_{dc1}}}\right)\right]+t_3 \end{cases} \tag{9-26}$$

该过程直流电抗中耗散的总能量为

$$W_L=\frac{1}{2}L_{dc1}I_2^2 \tag{9-27}$$

t_4 时刻 $u_C=0$，C 放电完毕，随后直流电抗开始向电容反向充电。在设计电容初始电压和容值时，需考虑式（9-26）放电过程，$t_3\sim t_4$ 的时间间隔需大于晶闸管可靠关断时间，保证 C 未放电完毕（$u_C>0$），能够持续为 VT_a 提供反向电压至其完全关断。

t_5 时刻电感电流降为 0，晶闸管 VT_1' 关断，电容 C 电压上升到最大值，然后

经耗能电阻放电。由式（9-26）和式（9-27）可知，电容越小，充电时间越短，断路器恢复越快，但电容两端最大电压增大，因此需合理设计电容参数。

9.3.3　电气应力及经济性对比分析

本节在图 9-22 所示采用半桥 MMC 的四端双极直流电网中进行分析，换流站 1 ~ 4 的直流出口处均连接双端口 $MP-DCCB_1$ ~ $MP-DCCB_4$。直流线路两端平抗均为 0.15H，换流站接地极电抗为 0.3H，线路电感为 1.287mH/km。MP-DCCB 故障检测时间 t_{det1} 为 3ms，UFD 动作时间 t_{UFD} 为 2ms，晶闸管 VT_a 的关断时间 T_{off} 为 60μs。

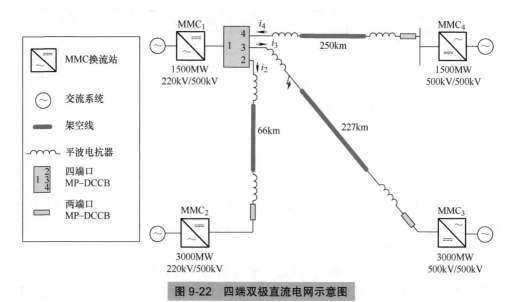

图 9-22　四端双极直流电网示意图

分析 $MP-DCCB_1$，两端口对应的线路中线路 13 额定电流最大，考虑在图 9-22 所示位置处发生双极短路故障。结合直流电网运行参数得：故障线路 12 的额定电流 i_{1N}=2.17kA。

1. 器件需求分析

根据器件承压及最大电流确定主断路器 IGBT 数量。结合 9.3.2 节故障发展过程理论分析，对 IGBT 器件进行合理配置，选取相对成熟的 4.5kV/3kA 大功率 IGBT 器件。由式（9-24）易知，U_{MOA} 越大，断路越快、避雷器耗能越小。但 U_{MOA} 决定了主断路器 IGBT 个数，U_{MOA} 越大，所需 IGBT 越多。本节根据工程经验取 U_{MOA}=800kV，考虑 10% 电压裕度，主断路器需串联的 IGBT 数量为 196。

取 $t=t_0$=1.5s，在主断路支路中，故障电流在 t_2 时刻达到最大值，t_0 ~ t_2 时间间隔近似为故障检测时间 t_{det1}、UFD 动作时间 t_{UFD}，$t_2=t_0+t_{det1}+t_{UFD}$=1.505s，t_0 ~ t_2

时段故障电流的发展近似表达为式（9-22），代入后得到 I_3=8.93kA，考虑 20% 电流裕度，则设计主断路支路 IGBT 并联数为 4。

常规 DCCB 中故障电流发展与 MP-DCCB 中电流发展过程相似，t_2 时刻故障电流达最大值 8.93kA。又由于 IGBT 最大承压为 U_{MOA}=800kV，考虑电压、电流裕度，并且常规 DCCB 中 IGBT 需要双向配置，因此常规 DCCB 需配置的 IGBT 数量为 $4 \times 196 \times 2$。本节所设计的 MP-DCCB 仅需要配置单向 IGBT。综合以上计算，仅考虑主保护下，保护 n 条线路时，常规 DCCB、常规 MP-DCCB 及本节 MP-DCCB 的 IGBT 需求量对比，见表 9-6。

表 9-6　IGBT 需求量对比

项目		常规 DCCB	常规 MP-DCCB	本节 MP-DCCB
通流支路	并联数量	$3 \times n$	$2 \times 3 \times n$	$3 \times n$
	串联数量	2×3	3	3
主断路器	并联数量	$4 \times n$	4	4
	串联数量	196×2	196	196
总数		$1568n$	$784+18n$	$784+9n$

不考虑后备保护的情况下，本节所提 MP-DCCB 与常规 DCCB 相比，节约的 IGBT 数量为 $1559n-784$，当保护的线路数 n=2 时，节约 IGBT 数量 74.15%，n=3 时，节约 IGBT 数量 82.39%。与常规 MP-DCCB 相比，节约的 IGBT 数量为 $9n$。

2. 耗能特性对比

本节选取电容 C 为 500μF，预充电电压 u_0 为 1kV，能量转移支路最大电流为限流电抗开始释放能量的电流初始值 I_3。t_5 时刻电抗中电流降为 0，晶闸管 VT_1 关断，电容 C 中的电压上升到最大值。将参数代入式（9-26）中，则有能量转移支路最大电流为 8.93kA，最大电压为 65.32kV。

根据式（9-27），切断电流时避雷器耗散能量约为 39.81MJ，能量转移支路吸收能量为 14.03MJ，本节所提 MP-DCCB 减少了 35.24% 的避雷器容量需求。大容量关断的避雷器需要大量串并联绝缘子柱，在复杂电磁暂态过程中其均压均流是制约避雷器容量提升的瓶颈之一。考虑避雷器使用寿命，由于断路时避雷器需经过剧烈的材料升温吸收故障电流能量，引入能量转移支路能够有效延长断路器使用寿命。使用本节 MP-DCCB 可以有效降低避雷器容量需求，提升系统可靠性，从另一层面节约了投资成本。

9.3.4　仿真验证

本节在图 9-22 所示直流电网中分析 MP-DCCB，直流电网运行参数与

表 2-15 相同。仿真设定 1.5s 时在图 9-22 所示位置发生双极短路故障，故障检测时间为 3ms，UFD 动作时间为 2ms，晶闸管 VT_a 的关断时间为 60μs。对本节 MP-DCCB 和常规 MP-DCCB 进行对比分析，仿真过程流过各支路及线路 13 电流波形如图 9-23 所示。

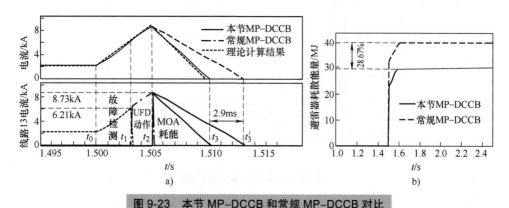

图 9-23　本节 MP-DCCB 和常规 MP-DCCB 对比

a）断路过程各支路电流　b）耗能

在本节 MP-DCCB 中，故障发生后 3ms，线路 12 电流上升到保护系统阈值，系统检测到故障并发出动作信号，通流支路电流达到最大值 6.21kA，故障电流向主断路器转移；故障后 5ms 主断路器 IGBT′ 关断，线路电流达到最大值 8.73kA，直流电抗与 VT_a、VT_1 形成回路，IGBT′ 两端电压持续上升，达到避雷器工作电压 800kV，避雷器电流从 8.73kA 衰减，在本节 MP-DCCB 动作下，故障发生后 10.2ms 电流衰减至 0。

如图 9-23b 所示，对比本节 MP-DCCB 和常规 MP-DCCB，常规避雷器吸收能量 40.02MJ，电流衰减时间为 8.1ms，MP-DCCB 避雷器吸收能量 28.55MJ，电流衰减时间为 5.2ms。与常规 MP-DCCB 相比，电流衰减时间缩短了 35.80%，避雷器耗散能量需求减小了 28.67%。因此能量转移支路能够大大减小避雷器耗散能量，缩短故障切断时间，其中直流电抗、电容和耗能电阻电流如图 9-24 所示。

分析图 9-24 可知，1.505s 直流电抗电流上升到电流最大值，能量转移支路晶闸管导通，直流电抗与能量转移支路形成回路，在 1.5102s 避雷器中电流下降至 0 之前，直流电抗中电流几乎保持不变，直流电抗中的电流被转移，避雷器中电流得以快速衰减，减少了直流线路承受过电流的时间。1.5102s 导通 VT_b，预充电电容短暂放电，电流从 VT_a 中转移至电容，VT_a 承受 60μs 反向电压后关断，电容正向电压下降至 0。直流电抗向电容充电，充电至 1.527s 直流电抗中的能量被电容全部吸收，电流下降为 0，直流电网所有元件与故障隔离。而后能量通过耗能电阻全部耗散，在 1.622s 耗能电阻及电容电流下降为 0。流过能量转移支路的最大电流为 8.91kA，电压最大值为 69.23kV，考虑电压电流裕度，选取合适的晶闸管 VT_a。

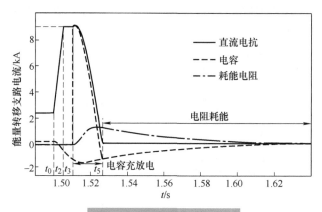

图 9-24　能量转移支路电流

从故障发生到能量耗散完毕，断路器各元件恢复至初始状态的总时间为 122ms，取断路器去游离时间为 200ms，在仿真中对故障清除后的断路器重合闸过程进行验证，线路 12 的电流波形如图 9-25 所示。

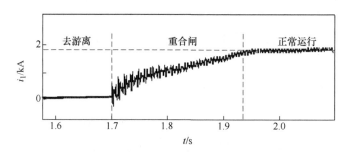

图 9-25　故障至重合闸阶段线路电流波形

为保护通流支路 UFD 及 LCS，保证在低压下开通机械开关，1.7s 时导通主断路器 IGBT′ 和选择支路晶闸管 VT_1'，2.5ms 左右端间电压下降，闭合 UFD_1，1ms 左右机械开关闭合，导通 LCS 支路并关断 IGBT′。经 235ms，通流支路及故障线路电流恢复至额定运行状态。此时故障线路恢复绝缘，断路器支路无过电流，断路器完成重合闸。

9.4　断路器在直流电网中的应用进展

直流断路器是直流输配电系统中实现直流故障隔离最为理想的选择。国内外学者围绕直流断路器的新型拓扑结构、高可靠换流方式、运行控制策略、型式试验方法等方面开展了广泛研究，并在柔性直流电网示范工程中进行了初步应用。

9.4.1　南澳工程

±160kV 南澳多端柔性直流工程是由中国南方电网有限责任公司于 2013 年底建成并投运的世界首个多端柔性直流工程，该工程包括塑城（受端）、金牛（送端）和青澳（送端）3 个换流站，容量分别为 200MW、100MW 和 50MW，采用基于半桥型子模块级联型多电平换流器。工程主要作用是将南澳岛上分散的风电经青澳站和金牛站接入并通过塑城站输出送往其他地区。

为解决南澳多端柔性直流系统第三站在线投切和直流线路故障隔离清除的难题，提高输电工程运行的灵活性和可靠性，2017 年在金牛换流站汇流母线至青澳换流站线路出口处的两极上各加设一台直流断路器[4]，布置如图 9-26 所示。

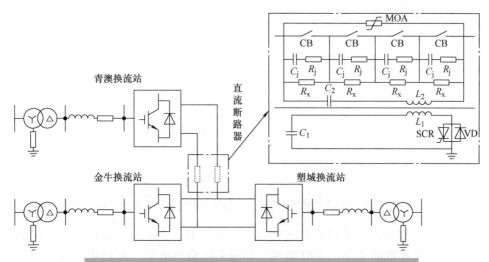

图 9-26　南澳多端柔性直流工程网架及机械式直流断路器拓扑图

南澳 160kV 直流断路器拓扑主要分为高压侧和低压侧两部分，其中高压侧由机械开关 CB 支路、电感 L_2 和电容 C_2 支路、避雷器（MOA）吸能支路构成，低压侧由预充电电容 C_1、耦合电抗器一次侧 L_1、晶闸管 SCR、反并联二极管 VD 构成。直流断路器的串联机械开关 CB 模块数为 4 个，每个 40kV 机械开关模块包括机械断口 CB、均压电容 C_j、均压电阻 R_j 和 R_x。

9.4.2　舟山工程

舟山多端柔性直流输电工程包括舟定、舟岱、舟衢、舟泗和舟洋 5 座换流站，容量分别为 400MW、300MW、100MW、100MW 和 100MW。采用基于模块化多电平换流阀的对称单极设计方案，输电线路为直流海缆。

为实现柔性直流系统快速故障隔离，2016 年在舟定站正负极线路上各加装一台直流断路器[5]，改造后柔性直流系统拓扑结构如图 9-27 所示。

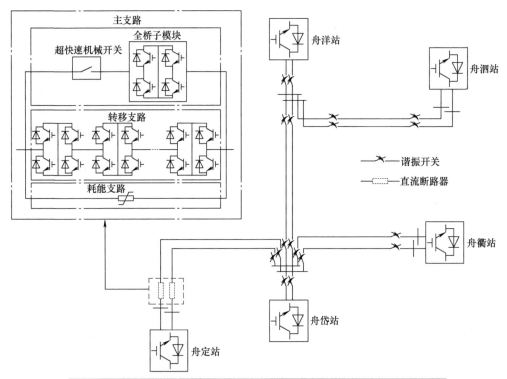

图 9-27　舟山多端柔性直流输电工程直流网架及混合式直流断路器拓扑图

本工程采用的级联全桥混合式直流断路器主要由 3 条并联支路构成，即主支路、转移支路和耗能支路。主支路用于导通系统负荷电流，由超快速机械开关和少量全桥模块串联构成，通态损耗低；转移支路用于分断系统短路故障电流，由多级全桥模块串联构成；耗能支路用于吸收系统短路电流并抑制分断过电压，由避雷器组构成。

9.4.3　张北工程

张北柔性直流电网工程包括北京、张北、丰宁和康保 4 个换流站，电压等级为 ±535kV，北京站、张北站的换流容量为 3000MW，康保站和丰宁站的换流容量为 1500MW。张北工程采用四端环网，系统配置是带金属回线的双极拓扑结构。直流极线和金属回线分别配置了直流断路器和金属回线开关，从而实现直流线路故障的清除。

该工程中采用了混合式直流断路器（含负压耦合式直流断路器）和机械式直流断路器[6]。以混合式直流断路器为例，其典型拓扑结构如图 9-28 所示。

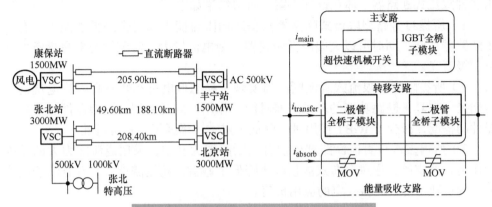

图 9-28 张北柔性直流电网工程直流网架结构

9.4.4 唐家湾工程

唐家湾三端柔性直流配电网工程可将鸡山变电站 110kV 和唐家变电站 10kV 母线互联，系统采用具有 3 个独立交流电源的"星形"网络拓扑结构，由鸡山Ⅰ换流站、鸡山Ⅱ换流站、唐家换流站采用地下电缆相连接，接入唐家湾科技园的风、光、储、充以及多元直流负荷，构成 ±10KV 柔性直流配电网。

三端口直流断路器主要由 1 台断路器和 2 台混合式直流断路器组成[7]，其中断路器为超快速机械开关，混合式直流断路器为耦合负压型混合式断路器，混合式直流断路器拓扑如图 9-29 所示。

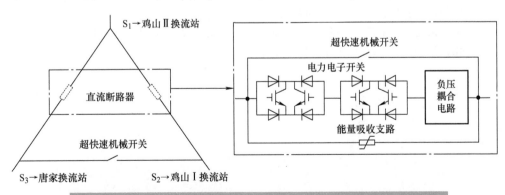

图 9-29 唐家湾三端柔性直流配电网工程网架及三端口直流断路器拓扑图

9.5 本章小结

为解决目前大多数高压直流断路器无法兼具限流及断路作用的问题，本章提出多种限流式断路器一体化设计方案。所得结论如下：

1）所提自旁路型限流式断路器具备双向限流能力和自旁路耗能能力，有利于断路器切断，同时可以大幅降低断路器关断电流应力，对节约全寿命投资成本有积极意义。

2）所提阻容型限流式直流断路器实现了稳态低电抗和暂态高限流电抗的灵活切换，在具备断路功能的基础上兼具限流作用，同时利用全控型器件和半控型器件的搭配，减少了 IGBT 使用量，降低了成本，增强了工程可行性。

3）所提多端口直流断路器以混合式断路器为基础，采用通流能力大的晶闸管作为选择支路，通过分布式能量吸收降低了避雷器耗能需求，并且有利于故障电流的快速下降，具备一定的应用价值。

参考文献

［1］赵西贝，宋冰倩，许建中，等 . 适用于直流电网的自旁路型故障限流器研究［J］. 中国电机工程学报，2019，39（19）：5724-5731，5900.

［2］许建中，张继元，李帅，等 . 一种阻容型限流式直流断路器拓扑及其在直流电网中的应用［J］. 中国电机工程学报，2020，40（8）：2618-2627.

［3］宋冰倩，赵西贝，赵成勇，等 . 新型多端口直流断路器及其在直流电网保护中的应用［J］. 电力系统自动化，2020，44（1）：160-167.

［4］肖磊石，盛超，卢启付 . 南方电网首台机械式高压直流断路器在柔性直流输电系统挂网短路试验及仿真［J］. 高电压技术，2019，45（8）：2444-2450.

［5］刘黎，蔡旭，俞恩科，俞兴伟 . 舟山多端柔性直流输电示范工程及其评估［J］. 南方电网技术，2019，13（3）：79-88.

［6］汤广福，王高勇，贺之渊，等 . 张北 500kV 直流电网关键技术与设备研究［J］. 高电压技术，2018，44（7）：2097-2106.

［7］屈鲁，余占清，陈政宇，等 . 三端口混合式直流断路器的工程应用［J］. 电力系统自动化，2019，43（23）：141-146，154.

Chapter 10
第10章

钳位式断路器拓扑及其演化 ◀◀◀◀

本章提出一种基于网侧降压原理的钳位式断路器，并针对该拓扑设计其预充电支路，基于钳位的思路设计一种具备重合闸判断能力的钳位式断路器，实现了"网侧降压"的故障清除方案。

10.1 基于降压原理的钳位式断路器

第6章基于传统的故障限流设备，根据原理对故障限流方法进行了分类，本小节将基于同样的方法，得出目前断路器的故障抑制分类方法，同时提出一种钳位式断路器新概念，通过电容电压钳位将故障线路电压控制在零电位，从而清除直流电流。

10.1.1 基于降压原理的钳位式断路器原理分析

在第6章曾提到过，根据故障限流设备的空间位置可以将其分为源侧和网侧两类，根据其作用机理又可以分为降压和增阻两方面[1]。按照相同的分类思路，直流断路器作为一种故障清除设备，同样可以以"源侧－网侧"或者"降压－增阻"为依据分类。

对于故障清除的"增阻"方案来说，无论是源侧还是网侧，都存在传统的集中式或分散式断路器方案，而对于"降压"方案，目前只存在源侧的降压方案：换流站配合类（例如闭锁换流站子模块等），网侧降压方案具体的实现形式尚不明确，如图10-1所示[2]。但根据其分类位置可知，所空缺的装备应该拥有以下性质：通过自身承担直流母线对地电压，将故障线路的电压降为零[3]，即通过将故障线路电压钳位至零电位的方式清除故障。

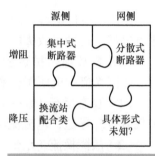

图 10-1 分类方法中的空缺

本节所提钳位式直流断路器（clamping type DC circuit breaker，CTCB）的核心方法在于，在故障回路中串入承压电容，借助电容器"隔直通交"特性实现直流电流的故障清除，如图 10-2 所示，主要分为 3 条支路。通流支路由负载转换开关（LCS）和超快速机械开关（UFD）组成，用于实现稳态低损耗通流的目的，并在故障后投入钳压器支路。主钳压器（main voltage clamper，MVC）支路用于承受换流站对故障线路电压。直流侧耗能支路（energy absorption branch，EAB）用于旁路直流电网中线路电抗，为钳压器支路提供稳定的对地参考电位，并耗散直流侧限流电抗器（CLR）储能。需要指出的是，本拓扑仅具备单向保护能力，双向 CTCB 将在 10.2.2 节中讨论。

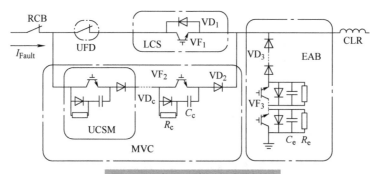

图 10-2　钳位式直流断路器拓扑

注：RCB 为剩余电流断路器。

MVC 支路由大量的单向钳位子模块（unidirectional clamping sub-module，UCSM）串联而成，主要用于确保故障电流向电容充电。电阻 R_c、二极管 VD_c、和电容 C_c 组成缓冲电路同时被用于吸收 C_c 中的能量。EAB 为故障线路中的故障电流提供续流通路，EAB 中的二极管（VD_3）用于承受正常状态下的直流电压。一旦 IGBT 的 VF_3 闭锁，C_e 和 R_e 可以用来消耗存储在 CLR 和故障电流路径中的故障能量。

与传统 DCCB 相比，CTCB 使用阻容电路代替避雷器来消散故障能量。因此，源侧和网侧的故障能量耗散分别进行，降低了对断路器的总体需求。本节所提的 CTCB 使用钳位电容 C_c 实现直流故障隔离，而文献［4］中的电容型 DCCB 仅使用电容器来帮助将故障电流传输到避雷器。

在正常故障保护过程中，所提 CTCB 动作逻辑通常包含 4 个阶段：稳态运行、故障换流、电压钳位和故障耗能。

（1）稳态运行（$t_0 \sim t_1$）　假定直流故障发生于 t_0，故障检测时刻为 t_1；在 t_1 前仅有 VF_1 导通，电流流经 LCS 支路，如图 10-3a 所示。

（2）故障换流（$t_1 \sim t_2$）　当在 t_1 时刻检测到故障后，VF_2 导通的同时 VF_1 闭锁。如图 10-3b 所示，故障电流流经 VF_2，同时 UFD 开始分断动作。

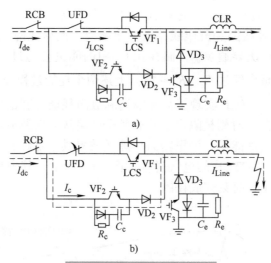

图 10-3　CTCB 动作过程 1

a）稳态运行　b）故障换流

（3）电压钳位（$t_2 \rightarrow t_4$）　当 UFD 在 t_2 时刻完成分断，闭锁 VF_2，故障电流会向 C_c 充电。与此同时，触发 VF_3 为直流侧故障电流创造旁路通路，如图 10-4a 所示。根据钳位电容电压 U_c 的不同，该过程又可以分为两个子过程。

1）$U_c < U_S$（$t_2 \sim t_3$）：从 t_2 时刻开始电压 U_c 上升，根据 KVL，直流线路上的电压 U_{Line} 等于直流系统母线电压 U_S 减去 U_c，因此直流线路电压在 U_c 充电过程中不断下降。因为 U_{Line} 同时是 CLR 上的电压降落，所以此时故障电流是一个上升率下降的上升过程。此时 U_{Line} 没有降到地电位，因此 EAB 旁路支路中没有电流流过。

2）$U_c = U_S$（$t_3 \sim t_4$）：在 t_3 时刻 $U_c = U_S$，则直流线路电压 U_{Line} 下降至接近于零的电位。续流电流 I_e 开始流经 EAB，如图 10-4a 所示。由于系统中电感的存在，此时钳位电容充电电流 I_c 不会立刻下降至零，U_c 会持续上升一段时间。在 t_4 时刻，当 I_c 下降至零后，I_{Line} 会全部流经 EAB 支路，此时 $I_{Line} = I_e$。

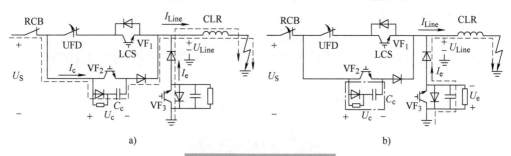

图 10-4　CTCB 动作过程 2

a）电压钳位　b）故障耗能

（4）故障耗能（$t_4 \sim t_6$）　t_4 时刻后，RCB 在零电流下开始分断，直到 t_5 时刻 RCB 分断完成，故障线路和健康线路被完全隔离。此后故障能量会被分散耗能，如图 10-4b 所示。再次导通 VF_2，储存在 C_c 中的能量会通过 R_c 和 VF_2 耗能，闭锁 VF_3 后直流侧能量会经过 C_e、R_e 耗能。上述两个耗能过程分别结束于 t_6 和 t_6'。

基于以上分析，CTCB 实现了故障隔离和故障耗能过程的解耦。来自健全电路的故障电流首先在 t_4 时刻被隔离，然后健全电路从 t_5 时刻开始恢复，被隔离的故障部分独自消散故障能量。该思路为故障耗散提供了足够长时间，有助于降低 RC 电路的额定功率。CTCB 的电气过程如图 10-5 所示，其中故障电流在 t_4 时刻被隔离，故障能量在 t_6 时刻完成耗散。

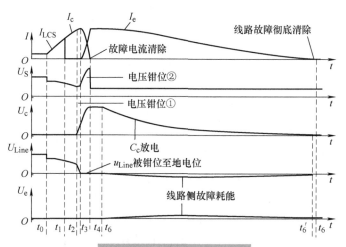

图 10-5　CTCB 的电气过程

10.1.2　等效电路及数学模型分析

将换流站在故障期间的放电过程等效为一个二阶放电电路[5]，则 CTCB 的钳位过程等效电路如图 10-6 所示。

图 10-6 中，C_S、L_S 和 R_S 是换流站电路等效参数。在 $t_2 \sim t_3$ 之间，该电路方程为

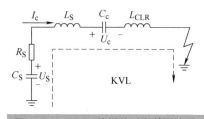

图 10-6　CTCB 的钳位过程等效电路

$$U_S - U_c - (L_S + L_{CLR})\frac{dI_c}{dt} - R_S I_c = 0 \tag{10-1}$$

$$-C_S \frac{dU_S}{dt} = C_c \frac{dU_c}{dt} = I_c \tag{10-2}$$

将式（10-2）代入式（10-1），I_c 可以由下列方程求出：

$$-(L_{\mathrm{S}}+L_{\mathrm{CLR}})\frac{\mathrm{d}^2 I_{\mathrm{c}}}{\mathrm{d}t^2}-R_{\mathrm{S}}\frac{\mathrm{d}I_{\mathrm{c}}}{\mathrm{d}t}-\left(\frac{1}{C_{\mathrm{S}}}+\frac{1}{C_{\mathrm{c}}}\right)I_{\mathrm{c}}=0 \qquad (10\text{-}3)$$

求解式（10-3）得到 I_{c} 的表达式为

$$I_{\mathrm{c}}=C_{11}\mathrm{e}^{\alpha_1 t}\cos\beta_1 t+C_{12}\mathrm{e}^{\alpha_1 t}\sin\beta_1 t \qquad (10\text{-}4)$$

式（10-4）的初始条件为

$$I_{\mathrm{c}}(t_{2+})=I_{\mathrm{c}}(t_{2-}),\ I_{\mathrm{c}}'(t_{2+})=\frac{U_{\mathrm{S}}(t_{2-})}{L_{\mathrm{S}}+L_{\mathrm{CLR}}} \qquad (10\text{-}5)$$

因此

$$\begin{cases} C_{11}=I_{\mathrm{c}}(t_{2-}),\ C_{12}=\dfrac{\dfrac{U_{\mathrm{S}}(t_{2-})}{L_{\mathrm{S}}+L_{\mathrm{CLR}}}-C_{11}\alpha_1}{\beta_1} \\[4mm] \alpha_1=-\dfrac{R_{\mathrm{S}}}{2(L_{\mathrm{S}}+L_{\mathrm{CLR}})},\ \beta_1=\dfrac{\sqrt{4(L_{\mathrm{S}}+L_{\mathrm{CLR}})\left(\dfrac{1}{C_{\mathrm{S}}}+\dfrac{1}{C_{\mathrm{c}}}\right)-R_{\mathrm{S}}^2}}{2(L_{\mathrm{S}}+L_{\mathrm{CLR}})} \end{cases} \qquad (10\text{-}6)$$

则 U_{c} 的表达式为

$$U_{\mathrm{c}}=\frac{\int_{t_2}^{t} I_{\mathrm{c}}\mathrm{d}t}{C_{\mathrm{c}}}=\frac{1}{C_{\mathrm{c}}(\alpha^2+\beta^2)}[(C_{11}\alpha-C_{12}\beta)\mathrm{e}^{\alpha_1 t}\cos\beta_1 t+$$

$$(C_{12}\alpha+C_{11}\beta)\mathrm{e}^{\alpha_1 t}\sin\beta_1 t-(C_{11}\alpha-C_{12}\beta)\mathrm{e}^{\alpha_1 t_2}\cos\beta_1 t_2] \qquad (10\text{-}7)$$

当 CTCB 进入电压钳位状态②时，$U_{\mathrm{c}}=U_{\mathrm{S}}$，$L_{\mathrm{CLR}}$ 被旁路，但是电路的其余部分没有改变。因此，不再进一步研究钳位状态②的数学关系，仅需将 L_{CLR} 从数学表达式中剔除即可。

对于耗能过程而言，MVC 支路中 C_{c} 的耗能过程本质上是一个 RC 放电回路，在文献 [6] 中有充分的讨论。对于 EAB，关断 VF_3 后得到一个单向电路，如图 10-7 所示。

根据 KVL 和 KCL，耗能过程电路可以表示为

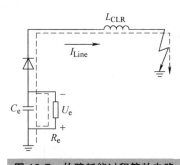

图 10-7　故障耗能过程等效电路

$$\begin{bmatrix} \dfrac{\mathrm{d}I_{\mathrm{Line}}}{\mathrm{d}t} \\[4mm] \dfrac{\mathrm{d}U_{\mathrm{e}}}{\mathrm{d}t} \end{bmatrix}=\begin{bmatrix} 0 & \dfrac{-1}{L_{\mathrm{CLR}}} \\[4mm] \dfrac{1}{C_{\mathrm{e}}} & \dfrac{-1}{R_{\mathrm{e}}C_{\mathrm{e}}} \end{bmatrix}\begin{bmatrix} I_{\mathrm{Line}} \\[2mm] U_{\mathrm{e}} \end{bmatrix} \qquad (10\text{-}8)$$

解式（10-7），得到 I_{Line} 的关系式为

$$\frac{\mathrm{d}^2 I_{\text{Line}}}{\mathrm{d}t^2} + \frac{1}{C_e R_e}\frac{\mathrm{d}I_{\text{Line}}}{\mathrm{d}t} - \frac{I_{\text{Line}}}{L_{\text{CLR}} C_e} = 0 \tag{10-9}$$

则 I_{Line} 的表达式为

$$I_{\text{Line}} = C_{21}e^{\alpha_2 t}\cos\beta_2 t + C_{22}e^{\alpha_2 t}\sin\beta_2 t \tag{10-10}$$

式（10-10）的初始条件为

$$I_{\text{Line}}(t_{5+}) = I_{\text{Line}}(t_{5-}), \ I'_{\text{Line}}(t_{5+}) = 0 \tag{10-11}$$

其中

$$\begin{cases} C_{21} = I_{\text{Line}}(t_{5-}), \ C_{22} = -\dfrac{C_{21}\alpha_2}{\beta_2} \\ \\ \alpha_2 = \dfrac{-1}{2R_e C_e}, \ \beta_2 = \dfrac{\sqrt{\dfrac{4}{L_{\text{CLR}} C_e} - \left(\dfrac{1}{R_e C_e}\right)^2}}{2} \end{cases} \tag{10-12}$$

因此 U_e 可以写为

$$U_e = C_{31}e^{\alpha_3 t}\cos\beta_3 t + C_{32}e^{\alpha_3 t}\sin\beta_3 t \tag{10-13}$$

式（10-13）的初始条件为

$$U_e(t_{5+}) = 0, \ U'_e(t_{5+}) = \frac{I_{\text{Line}}(t_{5-})}{\beta_3} \tag{10-14}$$

其中

$$\begin{cases} C_{31} = 0, \ C_{32} = \dfrac{I_{\text{dc}}(0)}{\beta_3} \\ \\ \alpha_3 = \dfrac{-1}{2R_B C_B}, \ \beta_3 = \dfrac{\sqrt{\left(\dfrac{1}{R_B C_B}\right)^2 + \dfrac{4}{L_B C_B}}}{2} \end{cases} \tag{10-15}$$

根据以上公式，CTCB 的动作过程可以被较好的描述。在 MATLAB 软件中依据以上公式进行建模，可以复现 CTCB 的电压、电流波形，在此不再赘述。

10.1.3 钳位式直流断路器故障保护方案

现有直流断路器在故障重合闸过程中，一旦判断为重合于永久性故障，则需要再次闭锁 IGBT。针对 10.1.1 节提出的基于降压原理的钳位式直流断路器，利

用钳压器的电容特性，可以实现重合后的二次自动分断，具体过程如下：

1）初次分断耗能过程结束后，线路两端的交流断路器 S 也进行分断，钳压器电容开始耗能，耗能电路设计可以参考文献［5］。等待线路去游离过程结束（约 300ms），开始尝试重合闸。该交流断路器在现有直流电网中的作用是关断剩余电流，并物理隔离故障线路，便于后续检修，因此与直流钳压器配合时并不会额外增加成本）。

2）重合 UFD_2，触发钳位支路中的 VF_3，重合 S。

3）此时若重合于永久性故障，直流线路存在接地点，则系统自动向钳压器电容充电，如图 10-8 所示重复初次分断耗能过程即可。重合于永久性故障时的短路预击穿电流由交流断路器承受，不会损坏电力电子器件。若故障消失，钳压器电容不会被充电，此时可以重合通流支路。

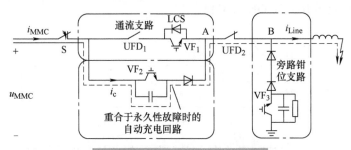

图 10-8　重合闸再次分断示意图

由此，重合于永久性故障后钳压器电容两端存在电压差，自动进入第二次分断过程。一是可以避免再次故障检测过程，二是不需要钳压器支路中的 IGBT 进行重复闭锁操作，避免了断路器重合闸过程中可能存在的结温过高等风险。

考虑到钳压器失效后的后备保护，作为对比，先简述现有双向直流断路器的后备保护方案。如图 10-9a 所示，在故障线路 L_{12} 左端 $DCCB_1$ 失效后，首先闭锁 MMC_1，同时利用相邻线路近端断路器 $DCCB_2$ 切断故障电流，线路 L_{12}、L_{13} 和换流站 MMC_1 退出运行。

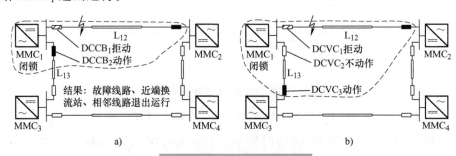

图 10-9　后备保护方案对比

a）双向直流断路器后备保护方案　b）单向钳位式断路器后备保护方案

对于采用单向钳位子模块的直流断路器，仅能切断由换流站流向故障线路的电流，此时失效的钳位式断路器相邻线路近端无法切断故障，可以通过设置合理的延时后，相邻线路远端钳位式断路器 DCVC$_3$ 通过本地检测或远端通信判断故障清除失败，自动触发进入故障清除过程，如图 10-9b 所示。其后果与双向直流断路器一致，同样是切除两条线路和一个换流站，因此也能满足后备保护要求。

10.1.4 仿真验证与分析

下面将针对提出的钳位式直流断路器的故障保护方案分别对近端短路故障保护和重合闸进行仿真验证与分析，仿真工况设置见前文。

近端双极短路故障用于验证 CTCB 切断大电流的性能。CTCB 的电流和电压在图 10-10a 和图 10-10b 中示出。图 10-10c 是 CTCB 各元件的控制时序，其中高电平和低电平表示开关为 ON 和 OFF。

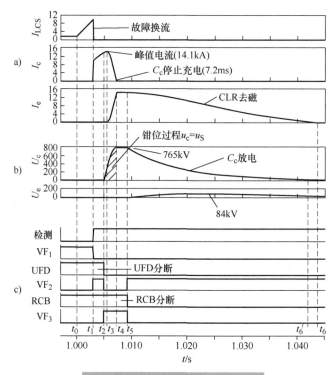

图 10-10 CTCB 大电流分断过程

a）电流 /kA   b）电压 /kV   c）控制时序

在图 10-11 中，故障在 t_0=1s 时发生，并在 t_1=1.003s 被检测到。VF$_1$ 在 t_1 时刻关断，故障电流换流至 MVC。在 t_2=1.005s 时，IGBT 的 VF$_2$ 关闭，然后故障电流开始为 C_c 充电。此时 U_c 从零电压开始升高，故障电流在 $t_2 \sim t_3$ 期间持续上升，但是上升率逐渐下降。在 t_3=1.0053s 时，U_c=U_S，I_c 开始逐渐下降。EAB 为 CLR 中的电流提供了续流路径，在 t_3 时刻后电流开始流经 EAB。$t_3 \sim t_4$ 过程中，I_{Line} 的续流电流逐渐通过 EAB 续流，I_e 逐渐增大而 I_c 减小。在 t_4=1.0072s 时，I_c 达到零，然后用 RCB 隔离故障线路。在 t_5=1.0092s 时，RCB 完成分断。然后，触发 VF$_2$ 并关断 VF$_3$，存储在 C_c 和 CLR 中的能量开始由 R_c 和 R_e 耗散。最后，当 I_e 变为零时故障耗能过程完成，整个过程在 t_6=1.0434s 结束。

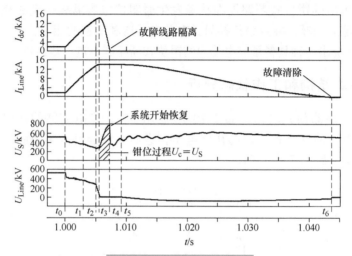

图 10-11　系统级动态响应

根据上述结果，可以总结所提出 CTCB 具有以下特征：①直流电压由 CTCB 的内部电容器钳位，有助于加快故障后的恢复；②故障线路的隔离和能量消耗解耦，实现了快速隔离和较低的能量消耗；③分断过程中故障电流和 IGBT 电压没有突变，可以减轻 IGBT 电压的瞬态变化率，从而降低制造难度。

基于直流钳压器的物理电路，重合于永久性故障时可以按照图 10-8 所示电路自动实现故障电流二次清除，其波形图如图 10-12 所示。

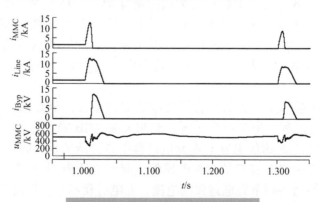

图 10-12　重合于永久性故障波形图

该过程动作逻辑如前文所述，仅需机械开关重合，若故障存在，则故障电流自动向钳压器电容充电，避免了钳压器支路中 IGBT 器件在短时间内再次的大电流关断，优化半导体器件工作环境。

10.2 具备预充电能力的钳位式断路器

10.1 节提出的钳位式断路器在故障发生时钳位电容需要一定的充电时间，存在快速性不足的问题，并且该拓扑只具有单向导通和闭锁的能力，无法实现双向分断，因此本节提出一种具备预充电能力的钳位式断路器，进一步改进其保护性能。

10.2.1 基本结构和工作状态分析

钳位式断路器预充电拓扑如图 10-13 所示[7-8]，充电支路的作用是为钳位电容进行预充电，使其具备一定的初始电压，进而大大提升故障清除速度。下面将详细说明充电支路的工作原理。

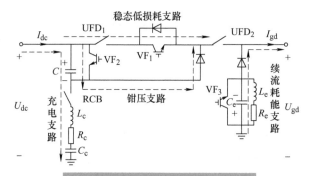

图 10-13 钳位式断路器预充电拓扑

该支路由分压电容 C_c、充电电阻 R_c 和充电电感 L_c 组成。支路中 RCB 用于在充电后将该支路切断以免影响后续故障清除操作。稳态时，线路流过直流传输电流，如图 10-14a 所示。充电过程开始时，闭合充电支路中 RCB，将分压电容 C_c、充电电阻 R_c 和充电电感 L_c 接入充电回路，此时直流线路开始向钳位电容 C 充电，换流站出口电流 I_{dc} 分流为稳态电流 I_{std} 和充电电流 I_{chg} 两部分，如图 10-14b 所示。

由于回路中接入了二极管，在钳位电容 C 的电压达到最高值后，该 RLC 支路不会进入振荡过程，电流将降至零，此时关断 RCB 隔离充电支路，充电过程结束。分压电容 C_c 和钳位电容 C 在充电过程中是分压关系，因此分压电容 C_c 的大小会直接影响钳位电容 C 的初始电压值，起到电压粗调作用；充电电阻 R_c 和充电电感 L_c 能够适当调节充电过程的电流，充电过程不存在振荡现象，因此充电电阻 R_c 和充电电感 L_c 也能对钳位电容 C 的初始电压值起到一定的细调作用。在实际的工程配置中，如果其作用不明显或者不需要时，可以不配置这两种器件。

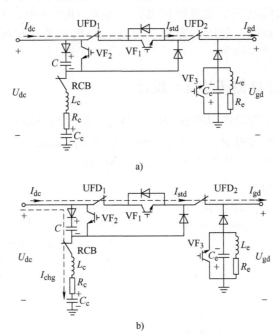

a)

b)

图 10-14　充电阶段示意图

a）稳态电路示意图　b）充电期间电路示意图

下面对充电过程进行解析计算，设换流器电压和等效电容分别为 U_{dc} 和 C_{dc}，线路等效电阻和电感为 R_L 和 L_L，钳位电容 C 的电压为 U_c，分压电容 C_c 的电压为 U_{cc}，充电电流为 i_c，可得

$$U_{dc} - U_c - U_{cc} - (L_L + L_c)\frac{di_c}{dt} - (R_L + R_c)i_c = 0 \qquad (10\text{-}16)$$

$$C_{dc}\frac{dU_{dc}}{dt} = C\frac{dU_c}{dt} = C_c\frac{dU_{cc}}{dt} = i_c \qquad (10\text{-}17)$$

解得

$$i_c = C_1 e^{\alpha x}\cos\beta x + C_2 e^{\alpha x}\sin\beta x \qquad (10\text{-}18)$$

其中

$$\begin{cases} C_1 = i_c(0-)，\ C_2 = 0 \\[2mm] \alpha = -\dfrac{R_L + R_c}{2(L_L + L_c)}，\ \beta = \dfrac{\sqrt{R_L + R_c - 4(L_L + L_c)\left(\dfrac{1}{C_{dc}} + \dfrac{1}{C} + \dfrac{1}{C_c}\right)}}{2(L_L + L_c)} \end{cases} \qquad (10\text{-}19)$$

可以看到，充电电流 i_c 受到线路电抗和电阻以及充电回路电阻、电容和电抗的影响，同时，充电电流也能对钳位电容电压 U_c 和分压电容 C_c 电压 U_{cc} 起到调节作用，因此可以验证，分压电容 C_c、充电电阻 R_c 和充电电感 L_c 都能够对钳位电容 C 的初始电压进行调节。

10.2.2 钳位式断路器拓扑延伸设计

为了使得本节所提出的具有预充电支路的钳位式断路器具备更好的性能，能够适应更多应用场景的需要，灵活地处理多变的直流故障工况，对该拓扑提出了两种延伸设计，包括双向分断结构和泄能支路设计。

1. 双向分断结构

如图 10-15 所示，在钳压支路和续流耗能支路的两端均配置一组二极管整流桥，在这种电路结构下，无论电流是从左侧流向右侧，还是从右侧流向左侧，钳压支路和续流耗能支路中流过的电流方向都是不变的，因此无论电流流向如何，快速直流钳压器都能正常的分断故障电流。这部分的具体应用将于 10.2.3 节后备保护部分叙述。

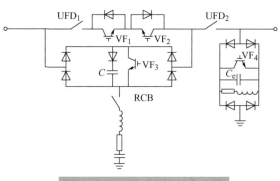

图 10-15 双向分断结构电路图

2. 泄能支路设计

在完成一次完整的直流故障清除操作之后，钳压支路中的钳位电容处于高电压状态，因此在进行下一次故障清除操作之前，钳位电容中的能量需要被泄放掉，以免影响下一次故障清除。下面将提出两种泄能支路拓扑的设计，来满足能量泄放的需求。

第一种泄能支路的结构如图 10-16a 所示，该方案称为泄能支路方案 a。该支路由二极管、开关和耗能电阻组成，在泄能过程中，能够将钳位电容 C 和充电电容 C_c 中的电能全部消耗掉，使两个电容中均不保留剩余电压，以零电压状态进行下一次故障清除操作。

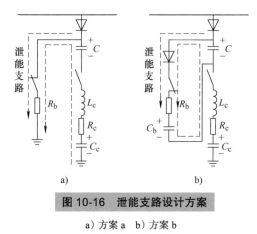

图 10-16 泄能支路设计方案

a) 方案 a　b) 方案 b

第二种泄能支路的结构如图 10-16b 所示，该方案称为泄能支路方案 b。一方面，在方案 a 的基础上，方案 b 中的泄能支路中额外串入一个分压电容 C_b。这个电容的作用是在泄能过程中进行分压，使钳位电容 C 能够保留一部分电压，而不会将电压直接泄放至零，具体保留的电压值可以通过调节分压电容 C_b 的值来调整。另一方面，该支路的两端直接与钳位电容 C 并联，因此方案 b 仅对钳位电容进行泄能操作。

以上两种方案中，方案 a 会将钳位电容 C 的电压泄放至零，而方案 b 则会为钳位电容 C 保留一定的电压。两种方案均能适用于不同的重合闸策略，但是各有侧重，这部分内容将在 10.2.3 节的重合闸策略部分详细介绍。

10.2.3 具有预充电支路的钳位式直流断路器故障保护方案

1. 重合闸策略

为了更好地适应不同的故障类型工况，同时尽可能地利用本节所提出的钳位式断路器拓扑，结合 10.2.2 节所提出的两种泄能支路设计，提出了两种不同的重合闸策略，分别称为重合闸方案 A 和重合闸方案 B。

重合闸方案 A：直接重合 UFD_1、VF_1 和 UFD_2。该方案属于完全重合，重合闸后系统直接恢复至正常的运行状态，钳位电容的泄能可以在重合闸后进行，因此采用该策略时，系统的恢复速度会比较快。重合闸方案 A 应搭配图 10-16 中的泄能支路方案 a 进行完全泄能，其重合过程如图 10-17a 所示。

重合闸方案 B：先重合 UFD_2，此时若主线路电流较小，可判断系统发生的是暂时性故障，故可以将稳态低损耗支路重合使系统进入正常运行状态；若发生永久性故障，由于此时钳位电容接在故障回路内，因此钳压器会直接进入钳压阶段，以更快的速度再次处理故障，直至再次清除故障。该方案属于试探性的部分重合，由于该方案需要在泄能过程完成后才能进行重合，而且钳位电容 C 需要具有一定的初始电压以便快速清除故障，故应配置图 10-16 中的泄能支路方案 b，利用该回路内的分压电容调节初始电压，重合过程如图 10-17b 所示。

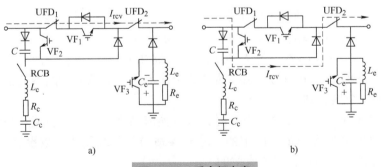

a)   b)

图 10-17　重合闸方案

a) 方案 A　b) 方案 B

重合闸方案 A 和方案 B 均能处理暂时性故障和永久性故障。方案 A 先重合后泄能，属于完全重合，更适合暂时性故障多发的线路，处理暂时性故障时系统的恢复速度很快，在处理永久性故障时则会存在延时较长或冲激较大等问题；方案 B 先泄能后重合，属于部分重合，更适合永久性故障多发的线路，处理永久性故障时能够迅速进入并完成第二次故障清除阶段，处理暂时性故障时其延时会相对较长。

2. 后备保护策略

10.2.2 节中提出的双向分断结构可以使所提拓扑具备双向分断能力。在实际运行过程中，一旦发生主保护拒动，具备双向分断结构的断路器可以以最小的故障清除范围进行后备保护的二次分断。然而，实际运行过程中断路器的故障概率一般是很低的，而且单向分断结构的故障清除范围并不是始终比双向分断结构要大。因此，在合理设计后备保护策略的情况下，单向分断在可靠性方面基本可以与双向结构保持一致，而且在经济性方面还能取得一定优势。下面将提出一种适用于单向结构的具有预充电支路的钳位式直流断路器后备保护策略，并举例分析其具体原理。

如图 10-18 所示，下面将举例说明所提后备保护策略的工作原理。换流站 A 和 B（此处称为"近端换流站"，其余站称为"远端换流站"）之间发生双极短路故障，此时 A 与 B 之间的故障电流方向如图所示，本节所提断路器以图中的箭头图标表示，当"逆向故障电流"时，即箭头方向与故障电流方向相反时，便能够有效分断。因此，在不发生拒动的情况下，A_2 和 B_2 均会动作，此时故障隔离范围为一条线路，与双向断路器一致。

仅发生一次拒动时，以 A_2 拒动为例，近端换流站 A 的非故障侧线路上有 A_1 和 C_1 两个断路器。根据电流方向来判断，采用本节的单向结构时，C_1 将会作为第一后备动作；若采用双向断路器，A_1 将会作为第一后备动作。显然在发生一次拒动时，本节断路器与双向断路器的故障清除范围仍然一致，为 2 条线路加 1 个换流站。

连续发生两次拒动时，对于本节方案，若 C_1 再次拒动，将由 C_4 或 D_4 作为后备，由于故障时远端换流站间的电流方向不确定，无法确定具体由哪个断路器分断。对于双向断路器，若 A_1 再次拒动，将由 C_1 作为后备。因此在两次拒动时，本节方案的清除范围为 3 条线路和 2 个换流站，而双向断路器的清除范围为 2 条线路和 1 个换流站。

需要说明的是，直流故障发生时，近端换流站之间、近端换流站与远端换流站之间的故障电流方向都是固定的，除非各站与各条线路的参数设置极为不均，所以以上分析在大多数情况是有效的。

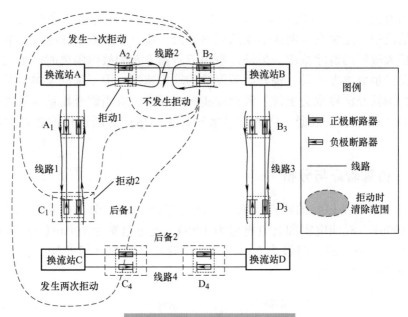

图 10-18   拒动时故障清除范围

总结以上后备保护策略，本节所提拓扑的单向分断并不是"分断固定的单一方向"，而是"逆向故障电流方向分断"。在设置主保护的后备保护时，将目标断路器临近的另一条线路上其他换流站出口的两个断路器作为后备保护，距离近的作为主后备，距离远的作为副后备。图 10-19 所示为后备保护设置示意图。其中，主后备用单向箭头表示，箭头起点为主后备；副后备用双向箭头表示，箭头两侧互为副后备。

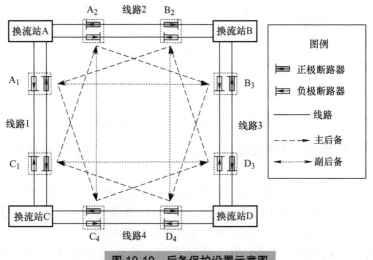

图 10-19   后备保护设置示意图

只有在连续发生两次拒动时，上述方案的故障清除范围才会更大。考虑到在实际情况中，连续发生两次拒动的概率很低，所以上述方案在绝大多数情况下都不会扩大故障的清除范围。另外，本小节所提方案的故障隔离时间更短，能够为后备保护争取更多时间，提升后备保护的动作速度，由于采取了单向结构，相比双向结构其经济性也会更佳。因此在实际工程中，应当综合衡量可靠性、快速性与经济性的需求，根据不同的需求来选择采用单向分断结构或者是双向分断结构。

10.2.4 仿真验证与分析

对于本节所提拓扑的器件参数，钳位电容为 $10\mu F$，分压电容为 $5\mu F$，耗能电容为 $100\mu F$，耗能电阻和充电电阻为 100Ω，充电电感为 $100mH$。故障检测时间设为 $1ms$，UFD 的延时设为 $3ms$，其他设置工况与 10.1 节相同，仿真后所得的波形如图 10-20 所示。

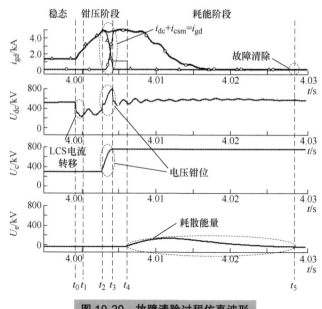

图 10-20 故障清除过程仿真波形

下面结合仿真波形具体验证具有预充电拓扑的钳位式直流断路器工作原理与工作过程。

t_0 时刻故障发生，此时稳态低损耗支路电流 i_{UFD} 和换流站输出电流 i_{dc} 均快速增长，而且这个过程中两个电流是相等的；网侧线路电压 U_{gd} 和换流站输出电压 U_{dc} 均迅速跌落，而且这个时段内两个电压也是相等的。

t_1 时刻检测到故障，触发 VF_1，电流将迅速由稳态低损耗支路转移至钳压支路，i_{UFD} 迅速降至 0，同时钳压支路中流过的电流 i_c 迅速增长，该换流过程满足：$i_{UFD}+i_c=i_{dc}$。根据前面的工作原理分析，这是因为稳态低损耗支路与钳压支路并联，在这个过程中，故障电流由稳态低损耗支路转移至钳压支路。$t_1 \sim t_2$ 期间，i_c 和 i_{dc} 持续增长。

t_2 时刻，在 UFD$_1$ 经过 3ms 的延时而完全关断后，钳压支路中的钳位电容接入故障回路，在故障回路中接入反向电压，开始钳位后，使得 i_c 迅速降低，网侧线路电流 i_{gd} 只能经由续能耗能支路续流，续流耗能支路电流 i_{csm} 迅速增长，该过程与上一过程类似，由于续能钳压支路中的电流转移至续流耗能支路，该过程满足：$i_c+i_{csm}=i_{gd}$。

t_3 时刻，电容电流降至 0，U_{gd} 降至 0，故障得以隔离。此时将 UFD$_2$ 关断，该过程仍需 3ms 延时。

t_4 时刻，在 3ms 延时后 UFD$_2$ 完全关断，此时将耗能支路中各个器件接入耗能回路，i_{csm} 和 i_{gd} 逐渐开始减小，在这个过程中两个电流保持相等；耗能电容先后经历充电和放电过程，在耗能阶段初期进行充电，在耗能阶段后期开始放电，其电压 U_e 先增大后减小，由于耗能电容反接于线路与接地极之间，因此 U_{gd} 的值与 U_e 互为相反数，在该过程中，U_{gd} 的值先减小后增大。

t_5 时刻，i_{csm}、i_{gd}、U_e 和 U_{gd} 均降为 0，耗能过程结束，故障清除操作完整结束。

从以上分析中可以看到，在故障清除过程中，各支路中的电压量和电流量之间的数量关系以及各自的变化趋势都与工作原理分析部分相吻合。因此得出结论，本节所进行的软件仿真验证的结果能够验证本节提出的具有预充电拓扑的钳位式直流断路器的可行性。

为进一步验证本节所提出的延伸设计的可行性，下面将对所提故障保护方案进行仿真验证。

根据之前的分析，10.2.2 节中所提出的泄能支路对应不同的重合闸策略。泄能支路方案 a 与重合闸方案 A 配合，泄能支路方案 b 与重合闸方案 B 配合。两种方案均可以应用于暂时性故障或永久性故障，重合闸方案 A 更加适合于暂时性故障，重合闸方案 B 更加适合于永久性故障。因此，这里选取更为典型的工况，即出现暂时性故障时采用重合闸方案 A，发生永久性故障时采用重合闸方案 B。两种工况下得到的波形分别如图 10-21、图 10-22 所示。

图 10-21 展示的是采用重合闸方案 A 处理的暂时性故障的线路电流、线路电压和电容电压的波形。1s 时发生第一次故障，断路器动作将故障清除之后，线路电压和电流均降为 0，钳位电容的电压暂时维持在 500kV。100ms 后首先进行重合闸，将稳态低损耗支路全部恢复。可以看到，线路电流和电压恢复至最初的水平，由于此时故障不再存在，因此电流和电压能够维持在这个水平。达到稳态后，经过短暂延时将钳位电容的能量全部耗散，从图 10-21 中可以看到，钳位电容的电压降为 0。

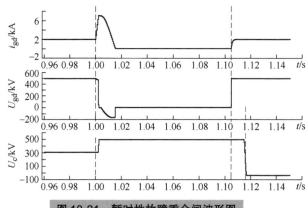

图 10-21　暂时性故障重合闸波形图

图 10-22 展示的是采用重合闸方案 B 处理的永久性故障的线路电流、线路电压和电容电压的波形。1s 时发生第一次故障，断路器动作将故障清除之后，线路电压和电流均降为 0，钳位电容的电压暂时维持在 500kV。60ms 后首先进行泄能，将钳位电容的电压泄放至 100kV。再经过约 50ms 进行重合闸，将钳位电容接至回路中，此时由于故障仍然存在，因此钳位电容会被迅速充电，此时相当于直接进入了第二次故障的钳压阶段。由于此次故障清除操作省去了电流转移阶段，故障电流发展时间短，体现在各个波形上，线路电流和线路电压相比第一次故障更小，钳位电容的末态电压也比第一次故障要更小。可以看到，第二次故障清除的清除速度和效果都要好于第一次。

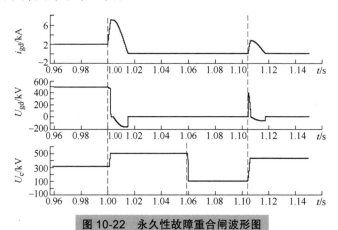

图 10-22　永久性故障重合闸波形图

10.3　具备重合闸判断能力的钳位式断路器

在 10.2 节的基础上，本节提出一种具备自适应重合闸能力的新型钳位式断路器[9]，相比 10.2 节中不同的泄能支路适用于不同的故障场景，该拓扑可以自动判断故障发生的类型并依据故障类型进行重合闸，有效防止断路器重合闸于永久性故障对电力系统造成二次冲击，适用性更好。

10.3.1 基本结构和工作状态分析

具备重合闸判断能力的电容换流型直流断路器（RJ-CCCB）拓扑结构如图 10-23 所示。RJ-CCCB 主要由 4 个部分组成：主支路、换流支路、引流支路、故障类型判别支路。

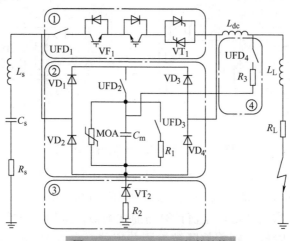

图 10-23　RJ-CCCB 拓扑结构

① 主支路：由超快速机械开关 UFD_1、IGBT 和相应的续流二极管组成的负载换向开关（LCS）和反并联晶闸管 VT_1 构成。

② 换流支路：由金属氧化物避雷器（MOA）、换流电容 C_m、断路开关 UFD_2、卸能开关 UFD_3 和卸能电阻 R_1 构成。当 C_m 两端电压高于直流电压 U_{dc} 时，C_m 停止充电，当 MOA 达到启动电压时，实现故障电流软关断。

③ 引流支路：由引流晶闸管 VT_2 和泄放电阻 R_2 构成。当 MOA 达到启动电压 $U_{trigger}$ 时，引流晶闸管阀组动作，将平波电抗 L_{dc} 旁路，可以降低 MOA 耗能需求，并且泄放电阻 R_2 的投入可以加快故障侧的能量耗散速度。

④ 故障类型判别支路：由判别电阻 R_3 和判别开关 UFD_4 构成，由于架空线接地故障 80% 以上为瞬时性故障，可以通过重合闸操作来使电网恢复正常运行，判定是否为瞬时性故障是重合闸操作的前提，可以通过故障类型判别支路电流 I_{ju} 的大小来区分瞬时性故障与永久性故障。

各支路故障电流转移路径示意图如图 10-24 所示，将故障电流转移过程分为以下几个阶段进行分析：

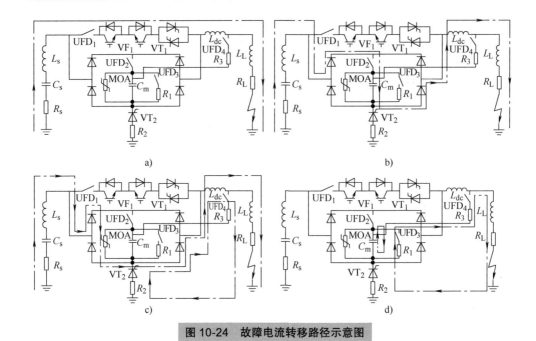

图 10-24　故障电流转移路径示意图

1）故障电流检测阶段。假设 t_0 时刻线路发生单极接地故障，由于存在故障检测延时，此时故障电流仍流经主支路，如图 10-24a 所示，直流线路电流迅速上升。故障检测阶段直流故障电流计算与前文类似，这里不再赘述。

2）电容换流阶段。随着故障被检测并定位，在 t_1 时刻闭锁 LCS 中的 VF_1，由于 $t_0 \sim t_1$ 时间内，换流电容 C_m 两端电压为零，C_m 处于被旁路状态。t_1 时刻，故障电流将转入换流支路，C_m 开始充电，其电流路径如图 10-24b 虚线所示。由于 VT_1 和 UFD_1 均不具备自关断能力，闭锁 VF_1 为 VT_1 和 UFD_1 的分断提供零电流条件。考虑到晶闸管的耐流、耐压、经济性能远优于 IGBT，从而降低了在相同电流和电压等级下主支路中需要串并联的 IGBT 数量，大大提高 RJ-CCCB 的经济性。t_2 时刻，可以分断与 LCS 串联的 UFD（根据目前的技术条件，UFD 的分断时间需要 2ms）。在 t_1 时刻换流站出口处的直流电流和电压分别用 $i_d(t_1)$ 和 $u_d(t_1)$ 表示，采用 Laplace 变换可得直流故障电流 $I_{d2}(s)$ 频域表达式为

$$I_{d2}(s)=\cfrac{\cfrac{u_d(t_1)}{s}+(L_s+L_{dc}+L_L)i_d(t_1)}{R_s+R_L+(L_s+L_{dc}+L_L)s+\cfrac{1}{C_s s}+\cfrac{1}{C_m s}} \qquad (10\text{-}20)$$

将式（10-20）进行 Laplace 反变换，则可得在电容换流阶段直流故障电流时域表达式为

$$i_{d2}(t) = \frac{e^{-\omega_2\varsigma_2 t}}{\sqrt{1-\delta_2^2}} \Big[\frac{u_d(t_1)C_s C_m \omega_2}{C_s + C_m} \sin(\omega_1\sqrt{1-\varsigma_2^2}\,t) - \tag{10-21}$$
$$i_d(t_1)\sin(\omega_2\sqrt{1-\varsigma_2^2}\,t - \gamma_2) \Big]$$

其中

$$\begin{cases} \omega_2 = \sqrt{\dfrac{C_s + C_m}{C_s C_m (L_s + L_{dc} + L_L)}} \\[3mm] \varsigma_2 = \dfrac{R_s + R_L}{2}\sqrt{\dfrac{C_s C_m}{(C_s + C_m)(L_s + L_{dc} + L_L)}} \\[3mm] \gamma_2 = \arctan\sqrt{\dfrac{1}{\varsigma_2^2} - 1} \end{cases}$$

3）耗能阶段。t_3 时刻，换流电容 C_m 两端电压达到 MOA 的启动电压 $U_{trigger}$ 时，耗能支路导通，故障电流在 t_4 时刻衰减至零，其电流流通路径如图 10-24c 中虚线所示。同时 t_3 时刻，导通接地引流晶闸管 VT$_2$，利用 VT$_2$ 减少 MOA 耗能。泄放电阻 R_2 的投入可以缩短能量耗散时间，其电流流通路径如图 10-24c 中点画线所示。记 t_3 时刻直流故障电流 $i_d(t_3) = I_3$，MOA 两端电压为 U_{MOA}，故障隔离时间用 t_{br} 表示，在 $t_3 \sim t_4$ 时间内的故障电流为

$$i_{d3}(t) = e^{-t_{br}(R_s + R_L)/L_\Sigma}\left(I_3 - \frac{U_d - U_{MOA}}{R_s + R_L} \right) + \frac{U_d - U_{MOA}}{R_s + R_L} \tag{10-22}$$

由式（10-22）可得 t_{br} 为

$$t_{br} = -\frac{L_\Sigma}{R_s + R_L}\ln\frac{U_{dc} - U_{MOA}}{U_{MOA} - U_{dc} + I_3(R_s + R_L)} \tag{10-23}$$

当不配置引流支路来旁路 L_{dc} 时，$L_\Sigma = L_s + L_{dc} + L_L$；当配置引流支路来旁路 L_{dc} 时，$L_\Sigma = L_s + L_L$。由式（10-23）可知，L_Σ 越小，电流下降速度越快，t_{br} 小，引流支路可以缩短故障隔离时间。

4）故障类型检测阶段。t_4 时刻，故障已被成功隔离，此时闭合 VF$_1$ 和 VT$_1$ 为后期重合闸做准备。t_5 时刻，断开断路开关 UFD$_2$，同时闭合卸能开关 UFD$_3$，C_m 开始放电。t_6 时刻，闭合引流开关 VT$_2$ 和判别开关 UFD$_4$。考虑到在大型直流电网中，较大的故障电流会产生无法忽略的电磁感应现象，使得瞬时性故障时故障判别支路电流 I_{ju} 很难近似为零，因此应设定电流判别阈值 I_{th} 以降低误判风险，可将 I_{th} 设置为 0.5kA。当故障类型为瞬时性故障时，由于故障点已经消除，此时仅有卸能电阻支路为 C_m 提供放电通路，如图 10-24d 中点画线所示。此时故障类型判别支路电流 I_{ju} 小于判别阈值 I_{th}。当故障类型为永久性故障时，由于故障点仍然存在，卸能电阻支路和故障类型判别支路均可以为 C_m 提供放电通路，此时

$I_{ju} > I_{th}$。因此可以根据故障类型判别支路电流 I_{ju} 是否大于判别阈值 I_{th}，从而判断出故障类型，避免重合闸于永久性故障对系统造成严重危害。

综上所述，故障清除期间各支路故障电流转移过程如图 10-25 所示，其中 i_{dc} 表示 MMC 出口处直流电流，i_{UFD1} 表示主支路电流，i_{C_m} 表示换流支路电流，i_{MOA} 表示耗能支路电流，i_{by} 表示引流支路电流。$t_0 \sim t_1$ 故障电流流经主支路，$t_1 \sim t_3$ 故障电流转移至换流支路，$t_3 \sim t_4$ 故障电流转移至耗能支路与引流支路，t_4 时刻故障成功隔离。

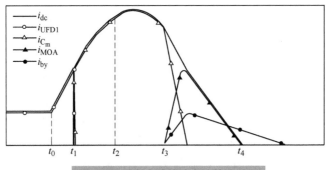

图 10-25　各支路故障电流转移过程

10.3.2　重合闸和后备保护方案

针对 10.3.1 节提出的具有重合闸判断模块的钳位式直流断路器，结合 10.2 节所提拓扑结构，本小节将提出 RJ-CCCB 后备保护协调配合策略。

针对不同的网架结构，若全部线路均采用同一类型直流断路器，将无法全面实现系统可靠性和经济性。由于不同类型的直流断路器都各具优点，可以根据具体需求将它们配置在网架的不同位置上，进一步发挥其在系统整体上的优势。目前 ABB 研制的混合式直流断路器是具有双向分断能力的优选断路器类型，但其制造成本较高，而 10.2 节提出降压钳位式 DCCB 成本较低，但其仅能分断单向故障电流，并且无法实现故障类型判断。

本节所提低成本 RJ-CCCB 具备双向分断故障电流功能且能够实现故障类型自判断。因此，在网架中可以将具有双向分断能力的 RJ-CCCB 拓扑和具有单向分断能力的降压钳位式 DCCB 进行如图 10-26 所示的互补配置，从而将两种 DCCB 的经济性优势极大化。图 10-26 中 A_1、B_2、C_3、D_4 是具有双向分断能力与故障类型判别功能的 RJ-CCCB，A_2、B_3、C_4、D_1 是降压钳位式 DCCB。

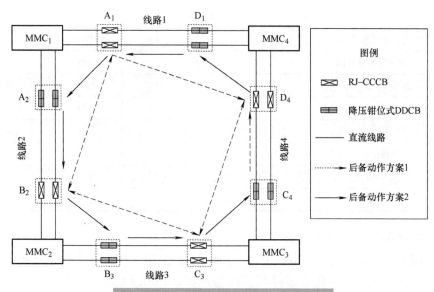

图 10-26　不同 DCCB 间的互补配置策略

当线路 1 发生故障时，A_1 和 D_1 均会动作，由 A_1 进行重合闸判断，此时故障隔离范围为 1 条线路。发生一次拒动时，若 A_1 拒动，A_2 仅有单向分断能力，因此 B_2 作为第一后备动作，B_2 立马进入故障清除状态，由具备故障类型判别能力的 B_2 判断是否重合闸；若 D_1 拒动，D_4 具备双向分断功能，因此 D_4 作为第一后备动作，由 A_1 判断是否重合闸。在发生 1 次拒动时，采用互补配置策略的故障隔离范围为 2 条线路和 1 个 MMC。

若连续发生 2 次拒动，B_2 再次拒动，B_3 仅有单向分断能力，因此由 C_3 作为后备保护，由 C_3 判断是否重合闸；若 D_4 再次拒动，C_4 具备单向分断能力，由 C_4 作为后备保护。在发生 2 次拒动时，采用互补配置策略的故障隔离范围分别为 3 条线路和 2 个 MMC 与 2 条线路和 1 个 MMC，考虑到工程实际中，发生 2 次拒动的概率非常低，因此在大多数情况下不会扩大故障隔离范围。

10.3.3　仿真验证与分析

在 PSCAD/EMTDC 环境下搭建基于半桥型 MMC 的四端双极直流电网仿真模型，如图 10-26 所示，具体参数见表 10-1，线路 1～4 的长度分别为 227km、66km、219km、126km。选择的 IGBT 型号是 ABB 的 5SNA3000K452300，其额定电压和电流为 4.5kV 和 3kA，具备 6kA/1ms 的过电流能力[10]。选择的晶闸管型号是 ABB 的 5STP26N6500，其额定电压和电流为 8.5kV 和 2.7kA，具备 64kA/10ms 的过电流能力[11]。选择的二极管型号是 ABB 的 5SDD40H4000，其额定电压和电流分别为 4.5kV 和 3.8kA，具备 46kA/10ms 的过电流能力[12]。t_0=1.0s 时刻，线路 1 端部发生单极接地短路故障。

表 10-1   四端双极直流电网仿真参数

系统参数	MMC$_1$	MMC$_2$	MMC$_3$	MMC$_4$
换流器容量 /MW	1500	3000	3000	1500
变压器容量 /MV·A	1700	3400	3400	1700
子模块电容 /μF	7000	15000	15000	7000
桥臂电抗 /mH	100	50	50	100
直流线路电抗 /mH	150	150	150	150
直流电网电压 /kV	500	500	500	500
桥臂子模块个数	233	233	233	233

1. 故障清除过程仿真分析

由图 10-27a 可知，1.000s（图中 t_0 时刻）时故障发生，主支路电流和直流线路故障电流迅速增长。随着故障被检测与定位，1.001s（图中 t_1 时刻）关断 LCS 中 VF$_1$ 开关管，此时主支路故障电流达到峰值 4.2kA，故障电流将转入换流支路，C_m 开始充电。1.003s（图中 t_2 时刻）UFD$_1$ 触头达到额定开距[13]，UFD$_1$ 断开。1.005s（图中 t_3 时刻）C_m 两端电压达到 MOA 的启动电压 $U_{trigger}$，耗能支路导通，同时导通引流晶闸管 VT$_2$，利用 VT$_2$ 减少 MOA 耗能。1.009s（图中 t_4 时刻）非故障侧直流故障电流降至零，直流故障被成功隔离。由图 10-27b 可知，1.001s（图中 t_1 时刻）关断 VF$_1$，VT$_1$ 在 40μs 关断延时后也随之关断[7]，1.003s（图中 t_2 时刻）VF$_1$ 和 VT$_1$ 两端电压达到峰值 290kV 和 29kV。1.003s 后，C_m 两端电压全部由 UFD$_1$ 承担。由图 10-27c 可知，近端换流站 MMC$_1$ 桥臂电流峰值为 3.6kA，未超过所选型号 IGBT 的电流上限值 6kA[6]，不会对电力电子器件造成损坏。由图 10-27d 可知 MMC$_1$～MMC$_4$ 的输出功率曲线图，在故障清除过程各 MMC 输入、输出功率均出现较大幅度的波动，随着故障被隔离，系统重新实现潮流分配，MMC$_1$～MMC$_4$ 的输入、输出功率恢复至正常水平。

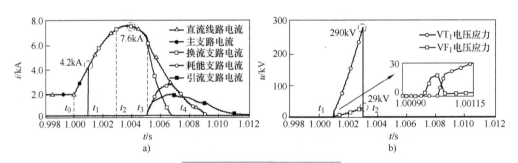

图 10-27   故障清除过程波形

a）各支路电流 b）主支路电力电子器件电压应力

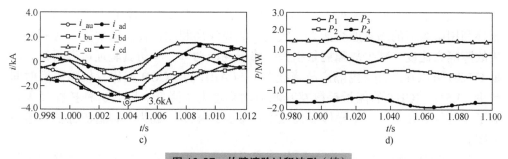

图 10-27　故障清除过程波形（续）

c）MMC$_1$ 桥臂电流　d）MMC$_1$ ～ MMC$_4$ 输出功率

2. 重合闸判断仿真分析

假设在 1.05s 时瞬时性故障消除，如图 10-28 所示。1.1s（图中 t_5 时刻）断开断路开关 UFD$_2$ 和卸能开关 UFD$_3$，C_m 开始放电。1.1s（图中 t_6 时刻）闭合引流开关 VT$_2$ 和判别开关 UFD$_4$，当故障类型为瞬时性故障时，由于故障点已经消除，此时仅有卸能电阻支路为 C_m 提供放电通路，故障判别支路电流峰值为 0.26kA，低于判别阈值 I_{th}。当故障类型为永久性故障时，由于故障点仍然存在，故障类型判别支路可以为 C_m 提供放电通路，卸能电阻支路和故障类型判别支路均可以为 C_m 提供放电通路，故障类型判别支路电流峰值为 1.22kA，高于判别阈值 I_{th}，R_1 支路电流下降速率（833kA/s）高于瞬时性故障时的电流下降速率（500kA/s）。因此，可以根据故障类型判别支路电流是否大于判别阈值 I_{th}，从而实现故障类型判断。

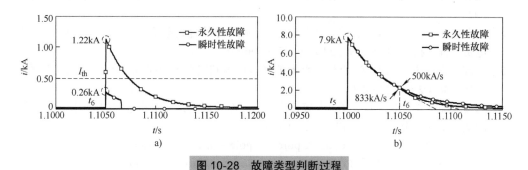

图 10-28　故障类型判断过程

a）故障类型判别支路电流　b）卸能支路电流

10.4　本章小结

基于网侧降压的直流故障抑制思路，本章提出以下 3 种钳位式直流断路器方案设想：

1）提出一种故障隔离时间短、能耗低的钳位式直流断路器（CTCB）。所提拓扑利用电容器的隔直通交能力，实现了故障隔离和能量耗散的解耦，有利于加快故障隔离速度，减少故障能量损失，降低耗能功率。经仿真验证可以得知，所提 CTCB 可以在 7.2ms 内隔离故障线路，与 ABB 的 DCCB 相比，故障隔离时间减少 34.5%，IGBT 的能量耗散及其峰值功率也大幅降低。因此这种拓扑显著降低了设备的设计难度，半导体器件成本也减少约 40%，成为一种直流保护的潜在方案。

2）在 CTCB 的基础上增加一条预充电支路，提出了具备预充电支路的钳位式直流断路器拓扑结构。主要分析了其预充电支路的工作原理，并对该拓扑提出了双向分断结构和泄能支路的延伸设计，然后根据不同的泄能支路提出不同的故障保护方案，仿真结果表明了该拓扑以及对应故障保护方案的可行性。

3）针对直流系统的故障保护方案，为了解决直流电网故障清除及重合闸问题，在前两种钳位式方案的思路基础上提出一种具备重合闸判断能力的钳位式直流断路器拓扑，并设计了相应的后备保护协调配合策略。所提拓扑的引流支路能够减少避雷器耗能并缩短故障隔离时间，同时为故障电流判别支路提供通流路径；而故障类型判别支路可以根据其内部电流值来区分瞬时性故障与永久性故障，防止重合闸于永久性故障对系统造成严重危害。仿真结果表明了所提拓扑的故障清除以及重合闸判断能力的有效性。

参考文献

［1］赵西贝.柔性直流电网故障电流协调抑制策略研究［D］.北京：华北电力大学，2021.

［2］赵西贝，樊强，许建中，等.适用于直流故障清除的直流电压钳位器原理［J］.中国电机工程学报，2019，39（22）：6697-6706.

［3］徐政，肖晃庆，徐雨哲.直流断路器的基本原理和实现方法研究［J］.高电压技术，2018，44（2）：347-357.

［4］周猛，左文平，林卫星，等.电容换流型直流断路器及其在直流电网的应用［J］.中国电机工程学报，2017，37（4）：1045-1053.

［5］LI C, ZHAO C, XU J, et al. A pole-to-pole short-circuit fault current calculation method for DC grids［J］.IEEE transactions on power systems, 2017, 6 (32): 4943-4953.

［6］SONG Q, ZENG R, YU Z, et al. A modular multilevel converter integrated with DC circuit breaker［J］.IEEE transactions on power delivery, 2019, 5 (33): 2502-2512.

［7］李嘉龙，赵西贝，贾秀芳，等.适用于直流电网的降压钳位式直流断路器［J］.中国电机工程学报，2020，40（11）：3691-3701.

［8］李嘉龙.采用快速直流钳压器的直流电网故障清除方案［D］.北京：华北电力大学，2020.

［9］蒋纯冰，赵成勇.具备自适应重合闸能力的电容钳位式直流断路器［J］.电网技术，2022，46（1）：121-129.

［10］ABB，Switzerland.IGBT 5SNA3000K452300 Datasheet［EB/OL］.（2020-11-04）［2023-04-01］.https：//new.abb.com/products/5SNA3000K452300.

［11］ABB，Switzerland.Thyristor 5STP26N6500 Datasheet［EB/OL］.（2020-11-04）［2023-04-01］.https：//new.abb.com/products/5STP26N6500.

［12］ABB，Switzerland.Diode 5SDD40H4000 Datasheet［EB/OL］.（2020-11-04）［2023-04-01］.https：//new.abb.com/products/5SDD20F5000.

［13］WANG Y，MARQUARDT R.A fast switching, scalable DC breaker for meshed HVDC-Supergrids［C］//PCIM Europe，IEEE，2014：1-7.

Chapter 11
第11章

直流故障清除的协调 ◀◀◀◀
配合方法

在第 6 章系统地介绍了限流设备的作用机理，并阐述多种限流设备协调配合原则与多端直流保护与恢复策略之后，本章将对限流器与断路器协调配合原理详细阐述，并对直流电网中多断路器协调配合方法，以及多装备协调清除直流故障展开研究。

11.1 限流器与断路器协调配合原理

在直流电网中，由于故障位置和过渡电阻存在不确定性，以及两侧的限流设备时序相互影响等因素，限流器与断路器协调配合原理主要涉及装备整合、时序配合和方向性布置三方面内容。

11.1.1 限流器与断路器装备整合方法

除了对限流器和断路器设备的独立研究外，一种限流式断路器正在得到学术界越来越多的关注。该断路器可以限制断路器分断的峰值故障电流，同时可以降低投资成本。其原理和限流器与断路器组合的方案类似，但是在实际工程应用中仍然存在着一定的区别。

限流器和断路器在稳态时都通过稳态通流支路（NCB）传输直流电流。限流器通过利用电流转移支路（CTB）将故障电流转移到 CLR，完成限流电抗的投入。断路器通过主断路器（main breaker，MB）投入 MOA，实现故障分断。

如图 11-1 所示，限流器与断路器的整合方法目前有两种：

1）限流器与断路器串联：如图 11-1a 所示，此时限流器和断路器仅在 NCB 完成串联，系统故障后独立完成动作，此时相当于是两个独立的保护装备。

2）限流器与断路器共用一个 NCB：如图 11-1b 所示，此时限流器和断路器的下方支路串联，上方共享一个通流支路，实质上组成一个限流式断路器。

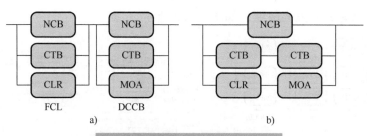

图 11-1 限流器与断路器组合方式

a）限流器与断路器串联 b）限流式断路器

在仿真系统中，若二者采用完全相同的时序控制，则电路保护效果近似相同，但是在实际工程应用中仍然存在不同：

1）通态损耗不同。限流器和断路器串联方案有两个 NCB 串联，而限流式断路器仅有一个。因为限流器和断路器的耐压等级接近，假定每个 NCB 使用相同器件，则限流器和断路器串联方案通态损耗较高。

2）设备体积、重量不同。限流器与断路器串联方案中两个设备可以独立设计、独立制造，该情况下每个设备重量、体积相对较小。限流式断路器由于集成了全部功能，造成单一设备中安装大量 IGBT、CLR 和 MOA 设备，显著增加了单一设备的复杂度、体积和重量，不利于运输和维护。

3）冗余性能不同。断路器故障后的后备保护功能同样是系统可靠性的重要指标。限流式断路器中仅有一个 NCB，若该支路失效，则同时失去了限流 – 断路能力。对于限流器和断路器串联方案，若断路器中 NCB 失效，则线路还具备限流功能，能够为其余保护争取时间。因此，限流器和断路器串联方案的冗余性能较好，单一设备失效后的影响比限流式断路器更小。

综上所述，限流器和断路器串联与限流式断路器相比，具有较高的通态损耗，但是其具有更小的占地面积、设备复杂度较低，而且具有更好的冗余性能，两者在工程应用中各有优势。

11.1.2 限流器与断路器时序配合方法

限流器与断路器通过合理的时序配合方法，即通过合理的启动顺序分级、分层启动，从而达到限制电流，切除故障的效果[1]。

限流器和断路器的操作依赖于被触发前的故障信号检测。为了确保限流器比断路器更早运行，限流器被分离为 N（=3）个子模块（SM），并在超快速机械开关（UFD）操作过程中被触发，如图 11-2a 所示。限流器和断路器中的 NCB 同时被触发。然而，在阻塞 MB 之前，断路器仍然需要一个 2ms 的延迟。UFD 分离可以看作是一个线性过程，其耐压将逐渐建立，限流器的 SM 可以在这段时间内顺序触发，但是整个限流器上的电压必须低于 UFD 的隔离电压。当 UFD 完全分离时，断路器将开始隔离故障，如图 11-2b 所示。

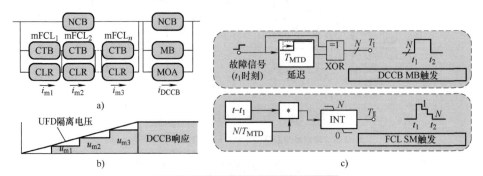

图 11-2　限流器与断路器时序配合

a）模块化 FCL 与 DCCB 串联　b）阶梯跳闸 FCL 与 DCCB 的协调图　c）MB 和 SM 控制图

断路器 MB 和限流器 SM 的控制框图如图 11-2c 所示。

1）断路器：所有 MB IGBT 共享相同的阻塞信号 T_I。在 t_1 处接收到故障信号后进行，在 t_2 处的机械时间延迟（T_{MTD}）后，UFD 成功分离时被阻塞。这是通过 XOR 故障信号及其延迟来实现的。

2）限流器：T_{II} 是插入的限流器数，通过评估 UFD 的接触绝缘电压计算，然后通过限流器向下计算。在这种模式下，限流器在 UFD 分离过程中依次阻塞，并在 t_2 后完全插入。

在限流器的帮助下，降低了峰值故障电流，也降低了对断路器的需求。除了上述方法外，还有一种潜在的限流器和断路器协调方法。由于断路器操作序列不能停止，在实际应用中，跳闸信号通常要等待直流故障被检测到（3ms）。直流电网可以用一个较小的干扰信号跳闸限流器，也可以用一定的故障信号跳闸断路器。这样，就减少了限流器的检测时间延迟，并且可以获得更好的电流抑制性能。如图 11-3 所示，系统将进行电流抑制和清除过程，只有在确认故障（3ms）后才会应用断路器跳闸信号。基于小干扰信号，应用跳闸信号限流器（1ms）信号。在插入限流器和断路器阻塞（3～5ms）期间，故障电流将持续上升。

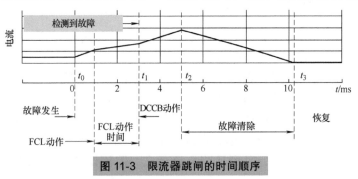

图 11-3　限流器跳闸的时间顺序

根据以上逻辑，限流器子模块首先顺序触发，经过一定时间延迟之后，断路器再动作切除故障。通过合理的时序配合，可以降低峰值故障电流，进而降低对断路器的需求，从而及时隔离故障。

11.1.3　限流器和断路器方向性布置方法

限流器和断路器的方向性布置方法，即利用单向 FCL 和双向 DCCB（正方向作为安装线路的主保护，反方向则是作为后备保护通过相邻的 DCCB 来实现）的保护能力对故障线路进行隔离。

为合理分析故障期间的方向性保护需求，本节首先分析已有的 DCCB 保护方案。当直流电网发生故障后，主保护直接动作故障线路两端的 DCCB 如 CB_{12}，即可实现故障线路的隔离，如图 11-4a 所示。双向 DCCB 中，其正方向作为安装线路的主保护，而后备保护是通过相邻 DCCB 的反向保护能力实现。当故障线路上的主保护 CB_{12} 失效以后，换流站 MMC_1 闭锁，CB_{13} 作为后备保护启动，如图 11-4b 所示。当同故障线路直流母线相连的断路器均失效时（如采用了单向断路器，集成化断路器或者 N–2 时两台断路器同时失效），则可以采用相邻线路远端的 DCCB 保护，如图 11-4c 所示。但是远后备保护时设备与故障点之间的电气距离过远，可能会限制该方案的速度和灵敏度。进一步地，考虑到近后备保护能够及时接收故障线路 DCCB 的故障信号，本节中的协调后备保护也基于近后备保护设计。

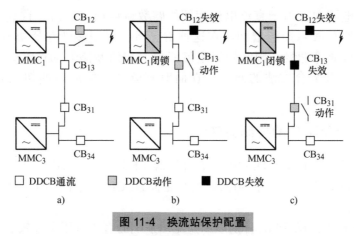

图 11-4　换流站保护配置

a）主保护　b）近后备保护　c）远后备保护

当使用 FCL 与 DCCB 配合进行保护时，仅需要单向 FCL 和双向 DCCB，即可实现合理的近后备保护配置。其核心原因取决于两点：①故障电流方向仅会从线路指向故障点；②断路器的后备保护容量需求远低于主保护容量。此时选择单向 FCL 可以进一步降低成本，具备配置如图 11-5 所示。

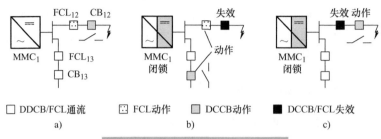

图 11-5　限流器与断路器配合保护

a）主保护　b）断路器失效后备保护　c）限流器失效后备保护

如图 11-5a 所示，在正常工况下，采用 FCL_{12} 和 CB_{12} 配合切断故障，此时因为限流器的作用，可以减少断路器切断容量。考虑 N–1 工况，当 CB_{12} 失效时，闭锁 MMC_1，采用 CB_{13} 切除故障，如图 11-5b 所示。此时 FCL_{12} 仍然在故障回路中，仍然可以起到限流作用；同时相邻线路上的故障电流远小于故障线路电流，DCCB 能够较容易切断相邻线路电流。若 FCL_{12} 失效，为使故障电流小于断路器容量，需要闭锁 MMC_1 限制近端放电，而使用相邻线路限流则意义不大，如图 11-5c 所示。由此，单向 FCL 不仅节约投资，仍然能够满足直流电网的保护要求。

11.2　直流电网中多断路器协调配合方法

在直流电网中，由于直流电网相邻线路数量增加，从而导致直流电网阻尼减小，相邻线路故障馈能增加。在这种情况下，采用多断路器协调配合方法，可以有效分担故障能量，限制短路电流峰值，节约断路器动作时间。因此，对多断路器的协调配合方法的研究，在面对直流电网中故障的切除时显得尤为重要。

11.2.1　常规断路器的控制方法

常规断路器控制中，DCCB 的主断路器（MB）的各 IGBT 单元共用同一控制信号。图 11-6 所示为一个 500kV/2kA 混合 DCCB，用于说明三种控制模式下 DCCB 的性能。

在图 11-6a 中，U_S 和 L_S 分别表示换流站系统的直流电压和等效电感，L_{dc} 表示线路直流电感。RCB 表示剩余电流断路器，用于在断路器动作完成后实现故障线路的物理隔离。DCCB 由超高速机械开关（UFD）、负载转换开关（LCS）、带有 N（=8）个子单元的主断路器（MB）和由金属氧化物避雷器（MOA）组成。图 11-6b 给出了主断路器的 3 种不同控制策略：

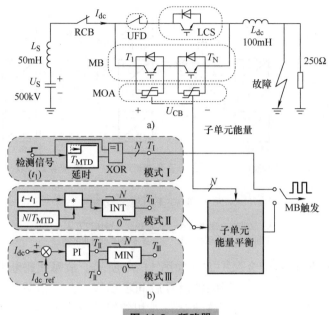

图 11-6　断路器

a）测试电路　b）控制框图

模式 I 即为常规断路器控制方法，所有 MB 中的子单元使用相同的触发信号 T_I。断路器在 t_1 时刻接收到故障信号后开始换路过程，UFD 经过 2ms 机械延迟（T_{MTD}）后成功分断。通过对阶跃故障信号及其延时进行异或（XOR）运算，T_I 电平经过低–高–低变化，实现 MB 中全部子单元的通断控制。

11.2.2　多断路器协调分担故障能量配合方法

在多端互联的直流电网中，当所有传输线的每个端点都安装了混合式断路器时，投资和运行成本会相应提高。本节提出在直流电网中由多个独立的 ABB 型 DCCB 协调保护单一故障线路的方法。通过采用相邻线路的 DCCB 参与故障保护，分担对应相邻线路的故障能量，降低了对故障线路 DCCB 的耗能需求，并降低了投资成本。

1. 多个混合式直流断路器协调配合方法

假设与换流站 MMC_0 相连的直流母线上有 3 条连线，CB_0、CB_1 和 CB_2 分别是故障线路上的断路器和两条相邻线路上的断路器，MMC_1 和 MMC_2 为远端换流站。直流电网发生故障后的电流变化趋势如图 11-7a 所示，故障线路和相邻线路都向故障点馈入电流。常规断路器保护方法如图 11-7b 所示，仅使用故障线路断路器 CB_0 隔离故障，由单一断路器承担全部的故障能量。

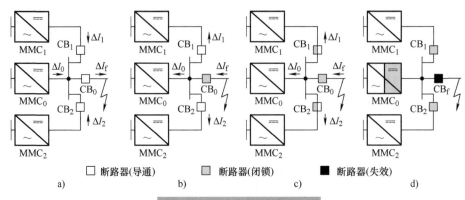

图 11-7　断路器协调配合方法

a）故障电流变化趋势　b）常规断路器保护方法
c）多断路器配合保护方法　d）多断路器后备保护方法

　　所提出的多断路器配合保护方法如图 11-7c 所示。故障线路断路器 CB_0 和相邻线路断路器 CB_1、CB_2 在收到保护信号后同步动作，共同清除故障。此时，由于相邻线路被断路器切断后需要恢复运行，相邻线路断路器将先切断线路，然后马上重合。需要说明的是，因为多断路器均配置于同一换流站，所以断路器间的信号传递延时忽略不计。当故障线路断路器 CB_0 失效时，传统方案中相邻断路器需要等到 CB_0 失效信号后动作。在所提方案中，由于相邻线路断路器已经闭锁，此时若收到 CB_0 失效信号，仅需持续闭锁相邻断路器，并闭锁 MMC_1，即可清除故障，如图 11-7d 所示。因此，该协调后备保护方案相比传统方案节约了后备断路器动作时间。

2. 理论分析

　　直流电网故障等效电路如图 11-8 所示。为简化计算，考虑到电容电压不能突变，认为全部换流站都是直流电压源。U_S 和 L_S 代表换流站电压和等效电感，L_{dc} 代表直流电路电感。编号 0 表明相关设备位于故障线路或故障近端换流站，编号 $1 \sim n$ 表明相关设备位于第 $1 \sim n$ 条相邻线路上。

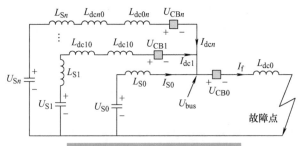

图 11-8　直流电网故障等效电路

假定在 t_0 时刻发生最严重的直流近端双极短路故障，在 t_1 时刻检测到故障，并且直流断路器在 t_2 时刻前不会投入 MOA，则直流母线电压 U_{bus} 可表示为

$$U_{bus} = L_{dc0}\frac{\mathrm{d}I_f}{\mathrm{d}t} = U_{S\beta} - L_{eq\beta}\frac{\mathrm{d}I_\beta}{\mathrm{d}t} \tag{11-1}$$

其中，下角标 $\beta=0$，1，2，$\cdots$，n，代表对应的直流线路和换流站。$L_{eq\beta}$ 是每条线路的等效直流电抗，由下式得出：

$$\begin{cases} L_{eq\beta} = L_{S0} & \beta = 0 \\ L_{eq\beta} = L_{S\beta} + L_{dc\beta0} + L_{dc0\beta} & \beta = 1, 2, \cdots, n \end{cases} \tag{11-2}$$

若假定每个换流站能够在短时间内维持直流电压 U_S，则直流故障电流将达到最大上升速率。每条线路上的直流电流为

$$\begin{cases} I_f = I_f(t_0) + \dfrac{U_S}{L_{dc0} + L_{eq}}t \\ I_\beta = I_\beta(t_0) + \dfrac{L_{eq}}{L_{eq\beta}}\dfrac{U_S}{L_{dc0} + L_{eq}}t \\ \dfrac{1}{L_{eq}} = \sum\dfrac{1}{L_{eq\beta}} \\ t_0 < t < t_2, \beta = 0, 1, \cdots, n \end{cases} \tag{11-3}$$

由式（11-3）可知，当并联的直流线路增多时，等效电抗会减小，I_f 的上升速度会增加，其最大值在 L_{eq} 达到 0 时得到。每条线路上的电流 I_β 的上升速率与线路等效电抗 $L_{eq\beta}$ 成反比。

当仅使用单断路器法切除故障时，断路器 MOA 投入后立即达到其钳位电压 U_{CB_rate}。假设使用单断路器故障电流下降过程为 $t_2 \sim t_4$ 时，相应的故障电流和故障能量分别为

$$I_0 = I_0(t_2) + \frac{U_S - U_{CB\_rate}}{L_{dc0} + L_{eq}}t \quad t_2 < t < t_4 \tag{11-4}$$

$$E_{CB0} = U_{CB\_rate}I_0(t_2)\frac{t_4 - t_2}{2} = U_{CB\_rate}I_0^2(t_2)\frac{L_{dc0} + L_{eq}}{2(U_{CB\_rate} - U_S)} \tag{11-5}$$

若使用多断路器配合分担故障能量，相邻线路上的断路器将在其故障电流到 0 之前（t_4'）保持闭锁。因为相邻线路断路器同样向放电回路中投入了 MOA，其有助于加快故障电流下降速度。此情况下，故障电流和故障能量表达式为

$$I_{\mathrm{f}} = I_{\mathrm{f}}(t_2) + \frac{U_{\mathrm{S}} - \dfrac{2n+1}{n+1} U_{\mathrm{CB\_rate}}}{\dfrac{1}{n+1} L_{\mathrm{eq}} + L_{\mathrm{dc0}}} t \quad t_2 < t < t_4' \qquad (11\text{-}6)$$

$$E_{\mathrm{CB0}} = U_{\mathrm{CB\_rate}} I_{\mathrm{f}}^2(t_2) \frac{L_{\mathrm{dc0}} + \dfrac{1}{n+1} L_{\mathrm{eq}}}{2\left(\dfrac{2n+1}{n+1} U_{\mathrm{CB\_rate}} - U_{\mathrm{S}}\right)} \qquad (11\text{-}7)$$

对比式（11-4）和式（11-6）、式（11-5）和式（11-7），在相邻线路断路器投入后，故障电流下降速度加快，同时故障线路上断路器耗能减少。此外，若令 $n=0$，可以发现式（11-6）和式（11-7）分别等于式（11-4）和式（11-5）。

3. 仿真验证

在如图 11-9 所示的直流电网中验证所提方案，其中一期工程是四端直流电网，二期工程预计将增加 3 个换流站，形成更复杂的七端电网结构。

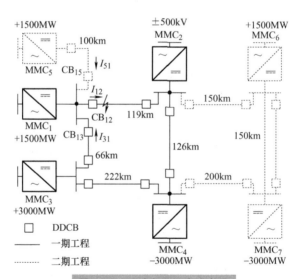

图 11-9 四端和七端直流电网

本算例中的直流电感 L_{dc} 为 100mH，在 $t=1.00$s 时，MMC$_1$ 近端发生金属性短路，检测延时为 3ms，断路器 UFD 动作延时为 2ms。

在稳态工况下，MMC$_1$ 和 MMC$_3$ 分别传送 1500MW 和 3000MW 功率，I_{12} 和 I_{31} 的稳态电流分别是 1.795kA 和 0.391kA。当 CB$_{12}$ 的线路侧发生直流故障时，对比仅采用单断路器和多断路器保护效果，相关电流和能量如图 11-10 所示。

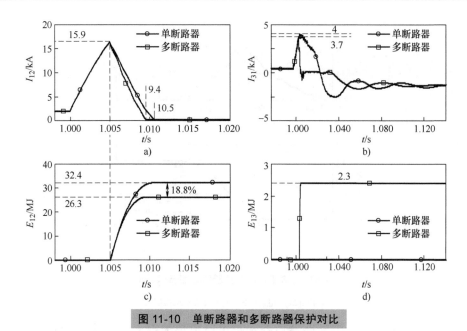

图 11-10　单断路器和多断路器保护对比

a) 故障线路电流　b) 相邻线路电流　c) 故障线路断路器能量　d) 相邻线路断路器能量

在断路器于 $t=1.005s$ 动作前，故障线路电流 I_{12} 的峰值达到了 15.9kA。如果仅使用单断路器，故障电流 I_{12} 在 $t=1.0105s$ 达到 0，CB_{12} 上耗散的总能量为 32.4MJ。在该过程中，相邻线路上的电流 I_{31} 会持续向故障点馈入能量。因为 CB_{13} 没动作，该故障电流仅会在 CB_{12} 的作用下缓慢衰减，并且线路 13 上的潮流在 25ms 内都没有翻转。

作为对比，若 CB_{13} 与 CB_{12} 同步触发，并在 I_{31} 被初次隔离后重新导通，其电流和能量波形如图 11-10 中所示。故障线路电流 I_{12} 在 9.4ms 内被清除，CB_{12} 耗散的能量 E_{12} 为 26.3MJ，二者都优于单断路器方案，并且 CB_{12} 的耗能需求减少了 18.8%。在配合方案中，由 CB_{13} 负责清除幅值较小的 I_{31}，所以其隔离速度较快，I_{31} 在被清除后不再向故障点馈入能量。CB_{13} 吸收的能量 E_{13} 为 2.3MJ，因此使用配合方案可以分担故障能量，并且系统的总耗能也比单断路器方案有所下降。

多断路器方案同样可以降低后备保护过程中相邻断路器 CB_{13} 的耗能。图 11-11 分别展示了 I_{31} 和 E_{13} 在单断路器和多断路器保护下的波形。假设 CB_{12} 在 $t=1.005s$ 建立直流反向电压失败，传统的后备保护方案在收到 CB_{12} 的失效信号后才会启动。因此，MMC_1 在 $t=1.005s$ 时闭锁，CB_{13} 在 $t=1.005s$ 时启动，2ms 后闭锁。在多断路器方案中，CB_{13} 已经在主保护过程中 $t=1.005s$ 启动，仅需在 $t=1.005s$ 收到后备保护信号后保持闭锁，并闭锁 MMC_1 即可。

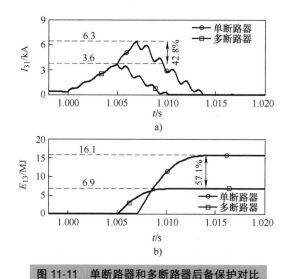

图 11-11 单断路器和多断路器后备保护对比

a）相邻线路电流 b）相邻线路断路器能量

由图 11-11 可知，多断路器后备保护可以更早地投入相邻线路断路器，并在一定程度上模糊了主保护和后备保护的区别。多断路器后备保护中因为 CB_{13} 投入较早，故障电流峰值减少了 42.8%，CB_{13} 上的耗能同样减少了 57.1%。

11.2.3 采用顺序触发技术的多断路器配合方法

11.2.2 节中提出的多断路器配合方法可以有效地分担故障能量，但是因为相邻线路的电流被完全切断，破坏了选择性。顺序触发断路器可以实现相邻线路的部分限流，由此可以保证直流电网网架的完整性，同时也分担了主断路器的耗能需求[2]。

1. 断路器顺序触发控制技术

在 11.2.1 节中得知常规断路器控制方法中 DCCB 的主断路器 MB 的各 IGBT 单元是共用同一控制信号。而在顺序触发断路器中，主断路器中各 IGBT 单元是独立控制的，如图 11-6b 所示，顺序触发断路器的控制方式主要分为顺序闭锁和顺序限流两种：

模式 Ⅱ：顺序闭锁 DCCB。在顺序闭锁 DCCB 中，通过评估 UFD 的绝缘耐受电压能力，计算得到所需关断子模块的数量 $T_{Ⅱ}$，并通过限幅器向下取整。在该模式下，部分子单元在 UFD 触头分离过程中依次关断，实现少量子单元提前投入。在 t_2 时 UFD 完全打开，再将所有子单元都投入电路。

模式 Ⅲ：顺序限流 DCCB。基于电流反馈控制的计算结果，通过改变插入电路中 MOA 的数量来控制直流电流。模式 Ⅲ 中 I_{dc_ref} 为参考直流电流，I_{dc} 为实时

270

测量电流。信号 T_{II} 用于在 UFD 触头分离期间限制投入的子单元数量，T'_{II} 是 PI 控制器生成的投入子单元数量。最后，由 T_{II} 和 T'_{II} 的最小值确定投入子单元的数目 T_{III}。

在模式 II 和模式 III 中，因为不同子单元投入时间不同，需要采用能量平衡模块，保证所有子单元均分故障能量。其控制频率为 10kHz，每个子单元的耗散能量由其对应的传感器计算，并由能量平衡模块决定关断的能量最低的子模块数。

3 种模式下 DCCB 的性能如图 11-12 所示。故障发生于 t_0 时刻，在 t_1 时刻检测到故障。如图 11-12a 所示，模式 I 下的峰值电流为 18.6kA，而模式 II、III 的峰值电流减小到 14.5kA，模式 II 可以在 t_3=12.9ms 即彻底清除故障。从图 11-12b 可以看出，在 t_2 时，模式 I 的断路器电压在 UFD 完全打开后瞬间建立，其瞬态电压冲击较大。模式 II 和模式 III 在 UFD 触头分离的过程中逐渐插入子单元，所以其电路中电阻增大，故障电流峰值下降。此外，由于模式 II 中子单元关断的较早，能量耗散由 67MJ 降至 53MJ，如图 11-10c 所示。模式 III 在起步阶段与模式 II 的电路响应相同，当直流电流下降到一定程度时，电流控制器跟踪 I_{dc_ref}（=2kA）的指令，以此控制部分子单元的通断。值得注意的是，模式 III 由于没有彻底切断电路，其能量耗散在持续增加。若将限流模式的 DCCB 应用于故障线路，其会马上达到断路器耗能极限而被迫关断。若将限流模式的 DCCB 应用于相邻线路，由于相邻线路的故障电流幅值较低，断路器可以承受较长时间的限流控制需求，符合相邻线路电流抑制的需求。

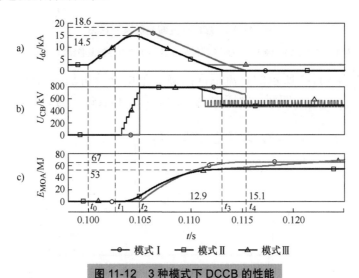

图 11-12　3 种模式下 DCCB 的性能

a）直流电流　b）断路器电压　c）MOA 耗能

根据顺序触发技术带来的 DCCB 性能和灵活性提升，新的协调配合方法可以充分发挥断路器的故障线路电流控制能力，使得直流电网中不同线路的故障电流在故障期间均可控，提高了电网的线路侧控制能力。

2.顺序触发断路器的协调配合方法

（1）主保护方案　单独的 DCCB 采用顺序闭锁控制降低故障峰值电流和故障能量。将多个顺序触发 DCCB 配合使用，可以进一步降低故障能量损耗。所提多顺序触发 DCCB 协调方法的如图 11-13 所示。其关键设定与图 11-6 一致，但是所采用的断路器控制方式不同。

图 11-13a 为故障后直流电网向故障点馈入故障电流方向示意图，图 11-13b 为采用单顺序触发 DCCB（模式Ⅱ）关断故障电流示意图。图 11-13c 中，为彻底切断故障，故障线路和相邻线路上的断路器同时闭锁，以获得最大的故障能量抑制效果。

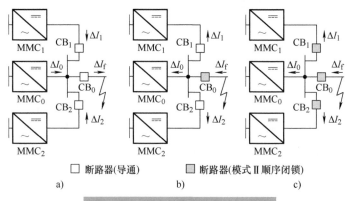

□ 断路器(导通)　　　■ 断路器(模式Ⅱ顺序闭锁)

a)　　　　　　　　b)　　　　　　　　c)

图 11-13　顺序触发断路器协调方法

a) 故障电流变化趋势　b) 单顺序触发断路器保护方案　c) 多顺序触发断路器主保护协调配合方法

再次利用图 11-7 所示的直流电网故障等效电路分析故障阻断性能，并重绘于图 11-14。在 $t_0 \sim t_1$ 期间，故障电流自然上升，其表达式与式（11-3）一致。

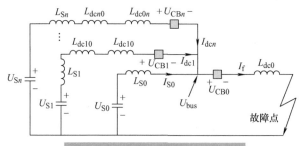

图 11-14　直流电网故障等效电路

若采用基于顺序控制的 DCCB 切断故障线路，DCCB 的子模块将在 UFD 分离过程中逐渐关断。假定子单元电压划分足够细致，则在 UFD 完全分离之前，U_{CB} 可被认为跟随 UFD 的绝缘电压变化，K 为绝缘电压随时间变化的系数。在 UFD 完全分离后，U_{CB} 将达到断路器额定电压 U_{CB_rate}。在此过程中，DCCB 两端

的电压为

$$U_{\mathrm{CB}} = \begin{cases} Kt & t_1 < t < t_2 \\ U_{\mathrm{CB\_rate}} & t_2 < t < t_3 \end{cases} \tag{11-8}$$

$t_1 \sim t_2$ 期间，故障电流随 U_{CB} 的增大而变化：

$$\begin{aligned} i_{\mathrm{f}} &= i_{\mathrm{f}}(t_1) + \int_{t_1}^{t} \frac{U_{\mathrm{S}} - U_{\mathrm{CB}}}{L_{\mathrm{dc0}} + L_{\mathrm{eq}}} \mathrm{d}t \\ &= i_{\mathrm{f}}(t_1) + \frac{U_{\mathrm{S}}(t - t_1) - 0.5K(t - t_1)^2}{L_{\mathrm{dc0}} + L_{\mathrm{eq}}} \quad t_1 < t < t_2 \end{aligned} \tag{11-9}$$

由于顺序触发 DCCB 的子单元关断时间较早，故障电流峰值有限。当断路器电压与直流系统电压相等时，故障电流达到最大值。

$$i_{\mathrm{f\_peak}} = i_{\mathrm{f}}(t_1) + \frac{U_{\mathrm{S}} \dfrac{U_{\mathrm{CB}}}{K} - 0.5K\left(\dfrac{U_{\mathrm{CB}}}{K}\right)^2}{L_{\mathrm{dc0}} + L_{\mathrm{eq}}} \tag{11-10}$$

在 $t_2 = 1.005\mathrm{s}$ 时，所有子单元都关断后，断路器向故障回路中插入的反向电压为 $U_{\mathrm{CB\_rate}}$，此后故障电流下降过程为

$$i_{\mathrm{f}} = i_{\mathrm{f}}(t_2) + \frac{U_{\mathrm{S}} - U_{\mathrm{CB\_rate}}}{L_{\mathrm{dc0}} + L_{\mathrm{eq}}} t \quad t_2 < t < t_3 \tag{11-11}$$

故障线路断路器耗散能量为 $t_1 \sim t_3$ 期间的消耗能量总和：

$$\begin{aligned} E_{\mathrm{dc0}} &= \int_{t_1}^{t_2} i_{\mathrm{f}}(t_2 - t_1)Kt\mathrm{d}t + \int_{t_2}^{t_3} i_{\mathrm{f}}(t_3 - t_2)U_{\mathrm{CB\_rate}}\mathrm{d}t \\ &= 0.5 i_{\mathrm{f}}(t_1)K(t_2 - t_1)^2 + \frac{\dfrac{1}{3}U_{\mathrm{S}}K(t_2 - t_1)^3 - \dfrac{1}{8}K^2(t_2 - t_1)^4}{L_{\mathrm{dc0}} + L_{\mathrm{eq}}} + \\ &\quad U_{\mathrm{CB}} i_{\mathrm{f}}^2(t_2) \frac{L_{\mathrm{dc0}} + L_{\mathrm{eq}}}{2(U_{\mathrm{CB\_rate}} - U_{\mathrm{S}})} \end{aligned} \tag{11-12}$$

若采用多顺序触发 DCCB 协同保护策略，将为故障保护带来新的特性。由于相邻线路的 DCCB 也参与保护，故障线路电流下降速度更快。假设与直流母线相连的所有断路器同时进入顺序闭锁过程，直流母线电压为

$$\begin{aligned} U_{\mathrm{bus}} &= L_{\mathrm{dc0}} \frac{\mathrm{d}i_{\mathrm{f}}}{\mathrm{d}t} + U_{\mathrm{CB0}} = U_{\mathrm{S}} - L_{\mathrm{eq}\beta} \frac{\mathrm{d}i_{\beta}}{\mathrm{d}t} - u_{\mathrm{CB}\beta} \\ &= U_{\mathrm{S}} - L_{\mathrm{S0}} \frac{\mathrm{d}i_0}{\mathrm{d}t} \quad \beta = 1, 2, \cdots, n \end{aligned} \tag{11-13}$$

考虑到各 DCCB 将同步闭锁其子单元，此时的故障电流表达式为

$$i_f = i_f(t_1) + \int_{t_1}^{t} \frac{U_S - \dfrac{(2n+1)}{n+1}Kt}{L_{dc0} + \dfrac{1}{n+1}L_{eq}} dt$$

$$= i_f(t_1) + \frac{U_S t - 0.5\dfrac{(2n+1)}{n+1}Kt^2}{L_{dc0} + \dfrac{1}{n+1}L_{eq}} \qquad t_1 < t < t_2$$

（11-14）

由式（11-14）可知，随着更多相邻 DCCB 参与到故障清除过程，故障电流衰减速度加快，并使得故障耗能更少。峰值故障电流也同样减小为

$$i_{f\_peak} = i_f(t_1) + \frac{U_S\dfrac{U_{CB}}{K} - 0.5\dfrac{(2n+1)}{n+1}K\left(\dfrac{U_{CB}}{K}\right)^2}{L_{dc0} + \dfrac{1}{n+1}L_{eq}}$$

（11-15）

比较式（11-15）和式（11-11）可知，式（11-15）的第二部分随着 n 的增大而变小，从而减小了故障线路断路器的能量耗散。此外，如果 $n=0$，即不存在相邻线路的情况下，则式（11-14）、式（11-15）分别与式（11-11）、式（11-10）相同。

当使用相邻的顺序触发 DCCB 切断全部电流时，可以最大限度地帮助故障线路断路器分担能量，但是该方案会破坏直流电网的网架结构。为了平衡故障能量分担和维持网架完整性的需求，相邻线路断路器仅采用顺序限流模式，既能够分担故障能量，又没有完全切断相邻线路，有助于后续的恢复过程。

（2）辅助系统恢复和后备保护的协调方案　故障清除后的系统快速恢复对直流电网同样重要，而顺序限流断路器可以通过两种途径辅助系统恢复：

1）帮助相邻线路去磁。因为直流系统中故障电流远高于稳态电流，所提出的协调方法通过相邻线路上 DCCB 动作可有效减少线路储能。多余的线路电抗器能量被断路器去磁，从而使相邻线路的电流降低到稳态值附近。若仅使用单一 DCCB 保护，相邻线路储能只能被自然吸收，潮流只能自然恢复。

2）限制恢复过程中电流振荡。因为 CB_1、CB_2 运行在限流模式Ⅲ，此时断路器限制其电流不超过故障后稳态电流。由稳态潮流计算得到限流模式的 I_{dc_ref}，然后通过断路器强行抑制线路电流波动。如图 11-15a 所示，CB_0 工作在模式Ⅱ，CB_1、CB_2 工作在模式Ⅲ。当系统正常恢复后，CB_1、CB_2 切换回导通状态。

基于所提出的主保护方法，提出多个顺序触发 DCCB 的后备保护方案。传统的后备保护只有在接收到故障线路 DCCB 的故障信号后才会启动，然后闭锁故障近端换流站（MMC_0）和相邻线路的顺序 DCCB（CB_1、CB_2），如图 11-15b 所示。

所提协调控制的后备保护与主保护差别较小。在接收到 CB_0 的失效信号后，所有的断路器将切换到模式 Ⅱ，同时 MMC_0 会闭锁，如图 11-15c 所示。同一次性彻底闭锁全部 DCCB 相比，采用顺序 DCCB 作为主保护的方案如果成功动作，则只有故障线路会被隔离，换流站不会闭锁。所以在本方法中没有丢失换流站，满足了保护的选择性。虽然相邻的 DCCB 进入了限流模式，但它们没有阻断功率流动，仅仅是辅助耗能和限制电流波动。因此，该方法的选择性得到了保证。

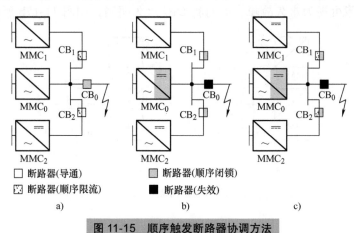

□ 断路器(导通)　　　　　□ 断路器(顺序闭锁)
▨ 断路器(顺序限流)　　　■ 断路器(失效)

a)　　　　　　　　　b)　　　　　　　　　c)

图 11-15　顺序触发断路器协调方法

a）快速恢复　b）传统后备保护方案　c）协调后备保护方法

上述多断路器协调配合逻辑框图如图 11-16 所示。主保护中一旦检测到故障，CB_0 就切断故障线路。CB_1、CB_2 进入限流模式，将相邻线路电流限制在合理范围内。如果 CB_0 动作失败，系统将切换到后备保护，MMC_0 和 CB_1、CB_2 将被闭锁。图 11-16 中用灰色标出了所提方法与传统直流断路器保护的区别在于使相邻的断路器（CB_1、CB_2）工作在限流方式，以限制相邻线路的电流波动。由于所提出的协调方法只增加了一次操作，复杂度略有增加，但其可靠性和可行性均可接受。

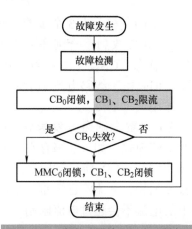

图 11-16　多断路器协调配合逻辑框图

因为所有的顺序触发 DCCB 都在启动后都先逐步投入子单元，所以无论是后备保护还是主保护在启动阶段系统动作都相同。在收到后备保护信号时，MMC_0 和 CB_1、CB_2 立即进入闭锁状态，不需要等待延时，因此该后备保护方案更快。

（3）重合闸过程的协调方案　为区分永久性故障和暂时性故障，故障线路

将在故障发生后 200～300ms 内重合断路器。传统策略中，DCCB 重合闸方法
是一次性全部重新导通主断路器模块，如果故障存在，再次关断所有子模块，如
图 11-17a 所示。协调控制中，相邻线路断路器一直保持限流模式，故障线路的
DCCB（CB_0）在重合闸之后也率先进入限流模式，I_{dc_ref} 可以设置为故障前的稳
态电流。如果故障消失，直流电流不依赖 DCCB 限流也能恢复稳定，此时可以完
全重合所有的 DCCB。如果在一定延时后，CB_0 仍然通过限流模式来控制直流电
流，则该故障可视为永久故障，此时将 CB_0 永久闭锁，如图 11-17b 所示。

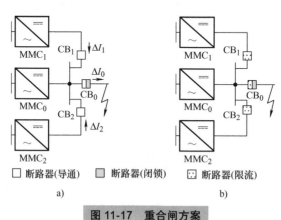

□ 断路器(导通)　■ 断路器(闭锁)　⊡ 断路器(限流)

a)　　　　　　　　　　　　　b)

图 11-17　重合闸方案

a）常规合闸方案　b）多断路器重合闸

重合闸过程分为 3 个步骤，其逻辑绘制在图 11-18 中。

1）在接收到重合闸命令之前，CB_0 处
于闭锁状态。CB_1、CB_2 持续在限流模式下
工作，但是由于线路电流小于限值，不发挥
实际作用。

2）当重合闸命令发送到 CB_0 时，CB_0
变为限流模式。如果故障存在，故障线路电
流迅速增长，CB_0 将自动限制故障电流。如
果故障消失，潮流将逐渐重新平衡，故障线
路上的电流不会超过电流限制。

3）基于 CB_0 的状态，若故障存在则再
次闭锁 CB_0。若故障消失后，将所有断路器的
UFD 和 LCS 支路导通，系统恢复正常状态。

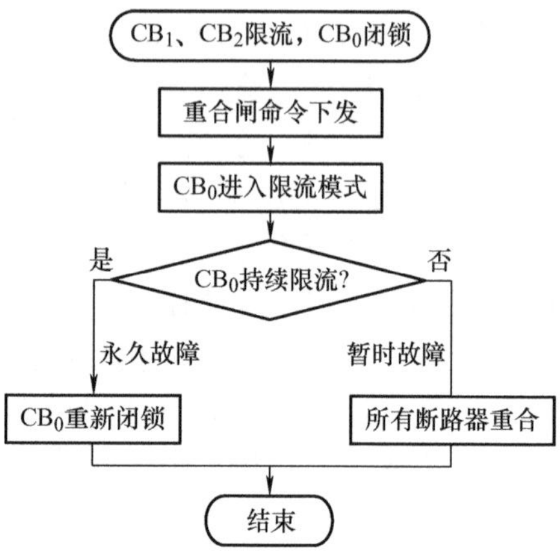

图 11-18　重合闸逻辑框图

3. 仿真验证

为展示所提方法在多连线直流电网中的适用性，分别在四端和七端 500kV
直流电网中验证了所提协调控制的优越性，如图 11-19 所示。

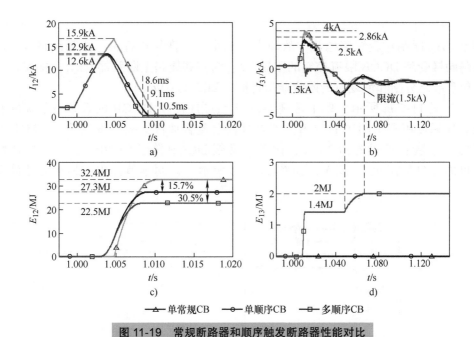

图 11-19 常规断路器和顺序触发断路器性能对比

a）故障线路电流 b）相邻线路电流 c）故障线路断路器耗能 d）相邻线路断路器耗能

对于四端直流电网（MMC₁ ～ MMC₄）而言，每个直流母线只连接两条直流线路，因此使用两个 DCCB 处理直流故障。二期工程投产后，形成七端直流电网。由于七端系统的低阻抗和高储能，耗能要求比以前提高。连接到 MMC₁、MMC₂、MMC₄ 的直流母线有 3 条直流线路，将使用 3 台直流断路器处理故障。

仿真中使用的 DCCB 与 11.2.1 节相同，有 8 个子模块，每个子单元的暂态峰值电压为 100kV。常规的 ABB 断路器仍然作为比较对象，CB₁₂ 在 t=1.005s 时完全闭锁，但是顺序控制的 DCCB 可以在 t=1.003s 时开始插入子单元。

对四端和七端直流电网的 3 种情况进行了比较和讨论：单一常规 DCCB（单常规 CB）、单一顺序闭锁 DCCB（单顺序 CB）和多顺序闭锁 DCCB（多顺序 CB）。如前所述，将单一常规 DCCB 视为基准案例进行比较。

（1）四端直流电网中的保护性能

1）主保护的故障隔离性能。在图 11-19 中绘制了顺序 DCCB 保护性能，为方便对比，单个常规 DCCB 的波形用灰线绘制。单一顺序闭锁 DCCB 可以降低故障期间的峰值电流和故障能量，仿真结果显示故障电流峰值由 15.9kA 降低到 12.9kA，故障能量降低 15.7%，如图 11-19a、c 所示。

当采用多个顺序 DCCB 协调清除故障时，峰值故障电流由 12.9kA 只降至 12.6kA，这是因为在短时间内断路器能投入的子单元有限，峰值电流下降不明显。故障能量比单一常规 DCCB 方法降低 9.9MJ（30.5%），体现了断路器配合方案在分担故障能量中的显著效果。在图 11-19b 中，从相邻线路电流 I_{31} 可以看出，由于 CB_{13} 限制对应线路电流，故障电流减小。在恢复过程中，故障线路电流的振荡同样受到 DCCB 限流控制的限制。E_{13} 为相邻线路上断路器 CB_{13} 的能量，分别包含故障分断和恢复时的限流能量耗散，如图 11-19d 所示。

如图 11-20a 所示，单个常规 DCCB 或顺序闭锁 DCCB 的系统恢复速度相似。如果使用多个顺序 DCCB，恢复过程会显著加快。故障发生后，MMC_1 的有功功率恢复时间约为 35ms，比单一常规 DCCB 降低约 20ms。电容电压峰值也由 2.6kV 降至 2.36kV，如图 11-20b 所示，说明本节提出的协调方法波动较小。

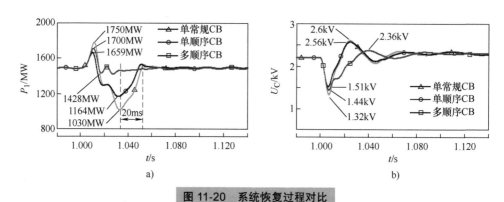

图 11-20 系统恢复过程对比

a) MMC_1 有功功率 b) MMC_1 电容电压

2）后备保护性能。所提协调控制可以降低后备断路器（CB_{13}）的能耗。在常规或顺序 DCCB 下的 I_{31} 和 E_{13} 如图 11-21 所示。由于常规的后备保护依赖于故障线路 DCCB 的故障信号，MMC_1 在 1.005s 时闭锁，CB_{13} 在 2ms 后闭锁。在协调方式下，CB_{13} 在 1.005s 收到后备保护信号后立即闭锁，MMC_1 也在 1.005s 闭锁。

采用单断路器或多断路器后备保护下的 I_{31}、E_{13} 波形如图 11-21a、b 所示。同单一常规 DCCB 相比，单一顺序 DCCB 性能更好，故障电流峰值和耗散能量分别减少 25.4% 和 29.2%。采用多顺序断路器后备保护进一步提高了系统性能，由于 DCCB 较早闭锁，相邻线路的故障电流 I_{31} 降低了 60.3%。E_{13} 耗散能量同步降低了 77.6%，表明后备保护能量损失减小，故障隔离速度更快。

（2）七端直流电网中的保护性能 在七端电网中，采用多顺序断路器的协调保护性能如图 11-22 所示。当多个断路器参与保护时，I_{12} 在 9.0ms 内降至零，故障峰值电流也有所降低，如图 11-22a 所示。相比于采用单个常规断路器，采用单个顺序断路器或多个顺序断路器，故障线路上的能量分别降低 18.5% 和 35.8%，如图 11-22b 所示。

图 11-22b、d ～ f 中展示了相邻线路的故障电流和能量。因为 CB_{13} 和 CB_{15} 都工作在限流模式，I_{31} 和 I_{51} 得以维持电路连续导通。同时由于这两条相邻线路直流电流被限制在断路器限幅值之下，线路电流波动减小，系统恢复更快。

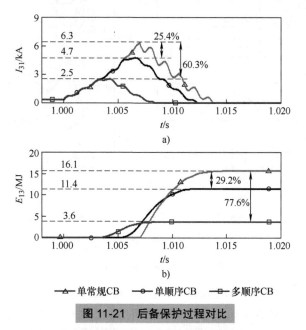

图 11-21　后备保护过程对比

a）相邻线路电流　b）相邻线路断路器能量

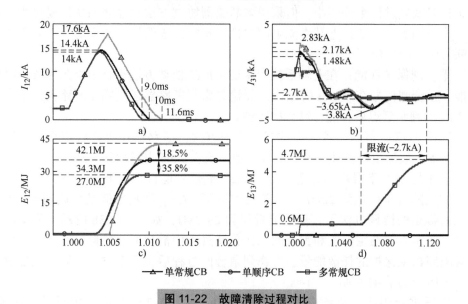

图 11-22　故障清除过程对比

a）故障线路电流 I_{12}　b）相邻线路电流 I_{31}　c）故障线路断路器 CB_{12} 能量　d）相邻线路断路器 CB_{13} 能量

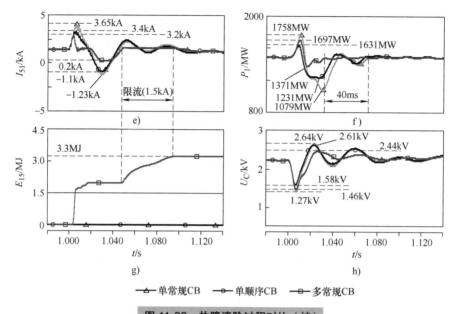

图 11-22　故障清除过程对比（续）

e）相邻线路电流 I_{51}　f）MMC$_1$ 有功功率　g）相邻线路断路器 CB$_{15}$ 能量　h）MMC$_1$ 子模块电容电压

　　MMC$_1$ 的有功功率和平均电容电压如图 11-22f、h 所示。采用多断路器协调控制后，系统在故障期间振荡较小，恢复时间比单一常规 DCCB 减少约 40ms。如果通过图 11-19、图 11-20、图 11-22 对比可以得出，仅使用单一断路器时，DCCB 对恢复过程影响很小，但采用多断路器协调方法将显著加快恢复过程。此外，该协调配合方法在七端直流电网中性能更好，表明该方法更适合在未来多端互联直流电网的应用。

　　重合闸保护性能：在七端系统中验证了所提协调方法重合于永久性故障时的性能。重合闸信号在 t=1.3s 时给出。无论是常规断路器还是顺序断路器，都在经过 2ms 的判断延迟后，进行第二次闭锁。

　　如图 11-23a 所示，若采用常规重合闸方法，断路器在重合后相当于系统二级断路器，故障电流快速上升，故障峰值电流在 2ms 内增加到 7.3kA。

　　若采用多断路器协调方案，由于 CB$_{12}$ 重合后运行在限流模式下，协调配合方法的故障电流仅达到 2.5kA。在常规方法下，CB$_{12}$ 消耗的能量将达到 51.5MJ，但在所提出的协调方法下，耗散能量仅为 29.9MJ，如图 11-23b 所示。值得注意的是，协调方法在主保护和重合闸二次分断过程中消耗的总能量，甚至小于单一常规断路器主保护的耗散能量。考虑到重合闸过程后，两个方案总耗散能量对比进一步减少到了 41.9%。

　　根据重合闸前的直流电网潮流状态，I_{13} 不会在 2ms 的时间内反转。因此，只有 CB$_{15}$ 可以参与电流限制。图 11-23c 只展示了 CB$_{15}$ 的电流。协调控制的电流被限制在 1.5kA，如果没有采用协调控制策略，I_{51} 电流将达到 2.5kA。而且在 CB_{15} 的帮助下，I_{51} 的电流波动明显较平缓。如图 11-23d 所示，与主保护相比，CB_{15} 的耗散能量仅增加了 0.4MJ。结果表明，该协调方法也可以降低重合闸过程中的峰值电流和耗散能量。同常规方案相比，重合闸过程中的故障能量仅略有增加，说明采用协调配合重合闸过程对直流电网的干扰大大降低。

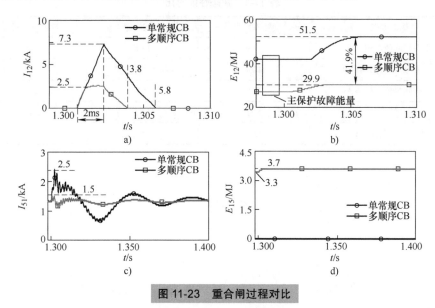

图 11-23　重合闸过程对比

a）故障线路电流 I_{12}　b）故障线路断路器 CB_{12} 能量　c）相邻线路电流 I_{51}　d）相邻线路断路器 CB_{15} 能量

4. 经济性分析

在保护性能、经济成本和工业可行性方面对所提方法与其他直流断路器方案进行比较。

在故障动态性能上，常规断路器使用单个主断路器保护每条线路，而集成 DCCB 使用一个主断路器保护所有相连线路。但是着眼于单次故障，其都需要在完成电流换相过程后，完全闭锁主断路器，因此具有相同的系统故障响应。

多顺序断路器的协调配合提高了常规断路器的可控性，从而获得更好的暂态保护性能。该方法可以有效地降低直流系统的峰值故障电流、耗散能量和恢复时间，而基于拓扑改造类的断路器方案不具备上述功能。以七端直流电网为例，表 11-1 中列出了 3 种保护方法的故障响应。

由此，采用协调配合方案可以有效地限制故障电流和故障时的能量耗散，减少系统受到的干扰，降低单个 DCCB 的成本。从可靠性角度讲，若所提方案应用于已建成的张北电网，则可以降低单次断路过程中的能量耗散，但是若发生断路器失效，已投运的断路器仍然有足够的容量独立清除故障。除耗能减少外，过电流峰值下降导致的 IGBT 过流需求降低，同样可以降低投资成本。在此进一步讨论不同保护方式下对 IGBT 的要求。当关闭大电流时，IGBT 主要受到过热的影响，IGBT 的结温（T_{vj}）可以通过其功率损失和热阻模型来计算。以七端直流电网中单常规断路器保护或多顺序协调方法为例，对比 ABB 4.5kV/3kA IGBT 和 4.5kV/2kA IGBT 的结温，如图 11-24 所示。

表 11-1 暂态性能对比

保护方案	单常规断路器	集成式断路器	多顺序断路器
主保护峰值电流 /kA	17.6	17.6	14
主保护能量 /MJ	42.1	42.1	27
重合闸峰值电流 /kA	7.3	7.3	2.5
重合闸能量 /MJ	44.5	44.5	29.9
系统恢复时间 /ms	75	75	35

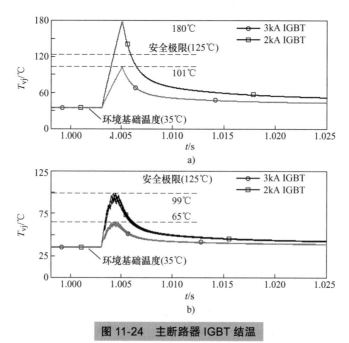

图 11-24 主断路器 IGBT 结温

a) 单常规断路器保护　b) 多顺序断路器保护

在单常规断路器保护中，若采用 3kA 的 IGBT 在关断 17.6kA 故障电流，结温将达到 101℃。若采用 2kA 的 IGBT，其结温将达到 180℃，如图 11-24a 所示。因为 2kA IGBT 的温度超过 125 ℃ 的安全限制，故常规保护方法无法使用 2kA 级 IGBT。在多断路器配合方法中，断路器 8 个模块的结温如图 11-24b 所示。3kA IGBT 的结温为 65℃。2kA IGBT 结温为 99℃。因此使用 2kA 级别 IGBT 即可满足保护要求，而使用 3kA IGBT 则会浪费 IGBT 性能。由此可知，通过降低故障期间的 IGBT 过流需求，所提协调配合方案可以降低 IGBT 投资成本。

在 3 种对比方案中，集成式断路器成本最低，因为其仅需要一条高压主断路器支路。但若进一步考虑工程可行性，集成式断路器也有一定的缺点。集成式断路器依靠多个 LCS 和 UFD 来确保每条线路上的故障电流经过整流，流经同一个主断路器的正方向，其动作逻辑较复杂。每支独立的断路器有各自对应的 LCS 和 UFD，其可靠性较高。3 种方案的投资效率对比见表 11-2，其中 n 为直流母线相连的直流线路数。

表 11-2　投资效率对比

保护方案	单常规断路器	集成式断路器	多顺序断路器
DCCB 数量	n	1	n
UFD 和 LCS 数量	n	$2n+2$	n
单次故障触发的 UFD 和 LCS 数量	1	$n+1$	n
是否具备近后备保护能力	是	否	是

在集成式 DCCB 中，每次换相过程都需要触发一半数量的 LCS 和 UFD，其中一半的 UFD 和 LCS，每个器件的失效都会干扰集成式 DCCB 的成功动作。同时因为需要将不同方向的故障电流整流，其结构也更加复杂。单常规 DCCB 仅触发故障线路 DCCB 以隔离故障，多顺序 DCCB 协调方法将触发附近的所有 DCCB，但是它们都是单体式断路器，每个设备自身的换路过程较为可靠。从冗余能力分析而言，集成式 DCCB 可靠性较低，由于本地仅有一个断路器，缺乏近端后备保护能力。协调方法中每个 DCCB 电流换相过程简单，且相邻线路的 DCCB 可实现近后备保护。

从工程潜在应用的可能性分析，因为现有的工程基于常规断路器装备，对现有的 DCCB 进行软件升级可实现 DCCB 的协调方法，不需要新建工程即可体现出所提方案的应用价值。并且由于现有的断路器基于常规保护设计，即便采用协调方法后有断路器发生误动，剩余断路器仍然有足够的容量切断直流故障电流。

11.3　直流电网中多装备协调清除直流故障研究

为研究多装备协调清除直流故障，同时为验证多种限流方式的综合线路效果，需将多种限流方式进行合理组合，并在同一四端电网模型中进行验证，具体组合方式如下：

1）利用换流站自适应限流方法（ACS），这里采用故障近端换流站限流，因为相邻线路上的断路器可以被用来抑制相邻线路的过电流，放弃使用远端换流站配合限流方式。

2）根据本章分析，将自旁路型故障限流器（FCL）改造为单向自旁路型限流器，舍弃反向限流能力，并使用电阻耗能。

3）本章所提的多断路器配合方法，故障线路上断路器CB_{12}使用顺序闭锁断路器方案，相邻线路CB_{13}使用限流模式，抑制相邻线路过电流。

4）采用钳位式断路器的能量吸收支路（EAB），用于旁路并吸收直流侧故障能量，并且保留了故障隔离和耗能解耦特性。将所提的钳位器支路使用常规断路器拓扑替代，并没有改变钳位式断路器的本质特性。

根据如上所述的组合方式，最终得到具体电路如图 11-25 所示。

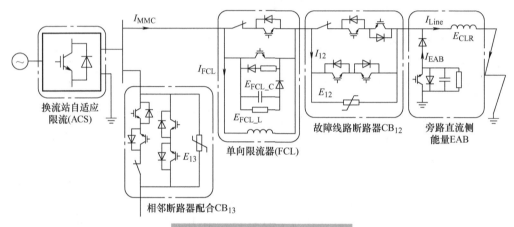

图 11-25　多种限流设备布置方案

采用图 11-25 所示配置方法后，经过 PSCAD 仿真，其限流效果如图 11-26 所示。

分析图 11-26 仿真结果，得出在综合使用多种限流措施后，故障电流峰值为 5.1kA，下降 63.7%。故障线路断路器耗能仅为 2.6MJ，下降 91%。故障隔离时间为 5.3ms，而常规手段在 5ms 时断路器才刚刚投入。多个设备投入限流的时域如图 11-26 所示，换流站自适应限流（ACS）参与了全程，直到故障线路被隔离。限流器的作用包含两个部分，分别是投入过程中抑制电流增长，可自旁路后加快电流下降，而故障电流被隔离后的自耗能过程则对系统电流没有影响。断路器投入时间较晚，因而仅在投入到故障隔离的时间发挥作用。能量吸收支路（EAB）的主要作用在断路器投入之后，辅助加快故障电流下降，并耗散直流侧能量。多个设备分别承受了故障能量，其中限流器电感能量和被动限流电抗能量为 1.9MJ，限流器电容和相邻线路断路器吸收的能量为 0.7MJ，故障过程总耗能7.8MJ，相比减少 73%。

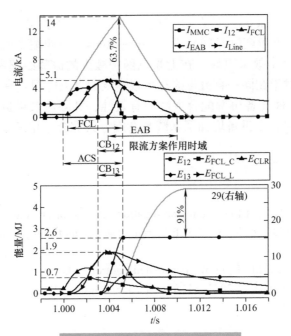

图 11-26　多种限流设备仿真结果

综上所述，通过仿真验证了多种设备协调配合方法的有效性，共同作用使其限流效果进一步提高。同时也需要认识到存在的一些问题，例如多设备参与过多，增加了系统的复杂度与耗资成本等等。因此，其综合应用还需在实际工程中具体考量。

11.4　本章小结

本章研究了多种设备在直流电网中的协调配合方法，主要目的为保护直流电网的同时，通过合理的设计，降低直流电网中对断路器投资，并取得更合理的保护效果。

1）针对限流器和断路器的配合方法，本章提出了限流器和断路器的装备整合方法、时序配合方法以及方向性配置原则，指出仅需单向限流器即可满足直流电网的保护需求。研究表明独立的限流器和断路器更有利于提高系统容错能力，并降低建造复杂度。

2）针对多断路器的配合保护方法，分别对常规断路器和顺序触发断路器进行研究。利用相邻线路断路器实现故障能量的共享，提高系统的恢复速度。讨论了主保护、后备保护和重合闸逻辑的控制方法。由于顺序 DCCB 具有比单一DCCB 更好的可控性，所以优先考虑顺序 DCCB 的协调方法。

3）所提出的多断路器协调方法增强了断路器的可控性，因此效果优于单一常规断路器保护，并在直流电网系统中得到验证。例如能耗降低了30.5% ~ 41.9%，故障恢复时间减少了 20 ~ 40ms。与四端直流电网相比，该方法在七端直流电网中效果更好，在七端电网中减少的故障线路断路器耗能更多。这表明，该方法对于在同一直流母线有多根连线的直流电网具有较好的适用性。

4）验证了多种设备协调配合方法的有效性，其限流效果进一步提高，但是限流设备参与过多，多设备增加了系统复杂度，其综合应用还需要工程中的实际考量。

参考文献

［1］ZHAO X，CHEN L，LI G，et al.Coordination method for DC fault current suppression and clearance in DC grids［J］.CSEE journal of power and energy systems，2022，8（5）：1438-1447.

［2］ZHAO X，XU J，LI G，et al.Coordinated control of DC circuit breakers in multilink HVDC grid［J/OL］.（2021-11-09）［2023-04-01］.Https：//ieeexplore.ieee.org/document/9606949.